Sammlung Schubert LVIII

Theorie des Potentials und der Kugelfunktionen

Von

Dr. A. Wangerin
Professor an der Universität Halle a. S.

I. Band

Mit 36 Figuren

Leipzig
G. J. Göschen'sche Verlagshandlung
1909

Spamersche Buchdruckerei in Leipzig

Vorwort.

Der vorliegende erste Band der Potentialtheorie enthält zunächst die Ableitung der charakteristischen Eigenschaften des Potentials, und zwar für das Körperpotential im wesentlichen nach Gauß, während für das Flächenpotential eine einfachere, von Herrn Weingarten herrührende Ableitung gewählt ist. Es folgen Erweiterungen des Potentialbegriffs, und zwar zunächst auf andere Anziehungsgesetze als das Newtonsche, speziell auf das Gesetz $\frac{1}{\varrho^p}$, dann auf das logarithmische Potential und das Potential von Doppelbelegungen. Im dritten Abschnitt werden das Potential und die Anziehung homogener Ellipsoide eingehend erörtert. Der Verfasser hat die allgemeinen Sätze möglichst durch Anwendung auf spezielle Beispiele zu erläutern gesucht. So gehen der Einführung des Potentialbegriffs verschiedene Aufgaben über Anziehung voraus, und auch im ganzen Verlauf der Entwicklung sind an passenden Stellen Beispiele eingefügt. Außerdem dürfte sich die hier gegebene Darstellung der Potentialtheorie von anderen Darstellungen durch den Inhalt des zweiten und mannigfache im dritten Abschnitt enthaltene Folgerungen unterscheiden.

Der zweite Band wird zunächst die wichtigsten Sätze über Kugelfunktionen entwickeln, dann die Anwendung dieser Funktionen auf die Potentialaufgaben der Kugel bringen, endlich eine Einführung in die allgemeine Randwertaufgabe nebst damit zusammenhängenden Sätzen.

Halle a. S., Herbst 1908.

Inhaltsverzeichnis.

II. Abschnitt.

Erweiterungen des Potentialbegriffs.

III. Abschnitt.

Potential und Anziehung homogener Ellipsoide.

Einleitung.

Die Natur bietet uns zahlreiche Erscheinungen dar, welche durch die Annahme von Kräften erklärt werden, die zwischen je zwei materiellen Teilchen im umgekehrten Verhältnis des Quadrats der Entfernung wirksam sind. Die allgemeinen Lehrsätze, welche die Eigenschaften derartiger Kräfte betreffen, bilden einen ausgedehnten Zweig der mathematischen Physik, den man die Potentialtheorie nennt. Dabei handelt es sich aber in jener Theorie nicht um die Bewegungen, die durch solche Kräfte hervorgerufen werden; die Erörterung dieser Bewegungen ist Sache der analytischen Mechanik. Es handelt sich vielmehr um allgemeine Eigenschaften, die jenen Kräften unabhängig von den durch sie entstehenden Bewegungen zukommen. Wenn man erwägt, daß zu den in Rede stehenden Kräften nicht nur die Gravitation gehört, sondern daß nach dem Coulombschen Gesetze auch die magnetischen und elektrischen Erscheinungen von derartigen Kräften abhängen, so läßt sich die Wichtigkeit der Potentialtheorie für die Physik ermessen, und es erscheint durchaus gerechtfertigt, den Anwendungen der Potentialtheorie einen besonderen Band dieser Sammlung zu widmen. Aber auch abgesehen von den Anwendungen ist die Potentialtheorie vom rein mathematischen Standpunkte aus interessant, und sie ist für die Entwicklung der Wissenschaft von größter Bedeutung gewesen, insofern durch sie der Analysis neue Probleme erschlossen sind und dadurch zur Ausbildung neuer Methoden der Anstoß gegeben ist. Sind doch mit der Ausbildung der Theorie die Namen der hervorragendsten Mathematiker verknüpft: Laplace, Poisson, Gauß, Green, Dirichlet, C. Neumann, Poincaré und andere, deren Aufzählung hier zu weit führen würde. Die mathematische Seite der Theorie ist es, die im folgenden entwickelt werden soll; und zwar soll diese Entwicklung hier unabhängig von den Ausführungen des die Anwendungen der Potentialtheorie enthaltenden Bändchens durchgeführt werden.

I. Abschnitt.

Das Potential und seine charakteristischen Eigenschaften.

Kapitel 1.

Die allgemeinen Formeln für die nach dem Newtonschen Gesetze erfolgenden Anziehungen.

a) Anziehung, die ein einzelner Massenpunkt auf einen anderen ausübt.

Wir gehen von dem Newtonschen Gesetze aus, das sich auf die Wirkung zweier Massenpunkte bezieht. Dasselbe besagt:

Zwei Massenpunkte ziehen einander an mit einer Kraft, die die Richtung ihrer Verbindungslinie hat, die ferner ihren Massen direkt und dem Quadrat ihrer Entfernung umgekehrt proportional ist.

Die beiden Massenpunkte seien A und B, m die Masse von A, μ die Masse von B, ϱ sei ihre Entfernung, dann ist die Kraft K, mit der sowohl die Masse m den Punkt B, als die Masse μ den Punkt A anzieht:

$$K = f \frac{m \mu}{\varrho^2} . \tag{I}$$

Die Bedeutung des in (I) auftretenden Faktors f erkennen wir, wenn wir $m = \mu = 1$ und $\varrho = 1$ annehmen: f ist die Kraft, mit der zwei gleiche Massen von der Größe 1 in der Entfernung 1 aufeinander wirken. Die Größe von f hängt also von dem Kraftmaße ab, und es läßt sich durch passende Verfügung über letzteres erreichen, daß $f = 1$ wird.

Neben der Größe der Kraft kommt es auf ihre Richtung an. Um eine Kraft K nach Größe und Richtung darzustellen, zerlegt man sie in ihre den Achsen eines rechtwinkligen Koordinatensystems parallelen Komponenten:

$$(1) \qquad X = K\cos\alpha\,, \quad Y = K\cos\beta\,, \quad Z = K\cos\gamma\,,$$

wo α, β, γ die Winkel bezeichnen, welche die Richtung von K mit den positiven Achsenrichtungen x, y, z bildet. Dabei ist folgendes zu bemerken: Während die Kraft K stets absolut gerechnet wird, werden ihre Komponenten positiv oder negativ gerechnet, je nachdem sie dem angezogenen Punkte eine Beschleunigung parallel der positiven oder der negativen Achsenrichtung erteilen*). Dem entsprechend sind vorher α, β, γ als diejenigen Winkel definiert, die die Richtung der Kraft mit den positiven Achsenrichtungen bildet. — Sind nun x, y, z die Koordinaten von A, ξ, η, ζ die Koordinaten von B, so ist in (I)

$$(2) \qquad \varrho^2 = (\xi - x)^2 + (\eta - y)^2 + (\zeta - z)^2\,.$$

Zur Darstellung der Winkel α, β, γ müssen wir unterscheiden zwischen der Kraft, mit der B den Punkt A anzieht, und derjenigen, mit der umgekehrt A den Punkt B anzieht. Wir wollen hier und im folgenden stets A als den angezogenen, B als den anziehenden Punkt ansehen. Dann ist die Kraft K von A nach B hin gerichtet, und demgemäß haben $\cos\alpha$, $\cos\beta$, $\cos\gamma$ die Werte:

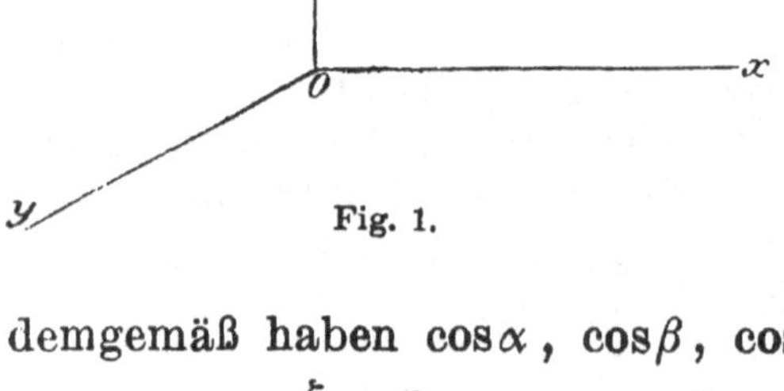

Fig. 1.

$$(3) \qquad \cos\alpha = \frac{\xi - x}{\varrho}\,, \quad \cos\beta = \frac{\eta - y}{\varrho}\,, \quad \cos\gamma = \frac{\zeta - z}{\varrho}\,.$$

*) Laplace, Gauß und Dirichlet geben in ihren Arbeiten über die Anziehung der Ellipsoide der einer Achse parallelen Kraftkomponente dann das positive Zeichen, wenn die Komponente der positiven Achse entgegengesetzt gerichtet ist. Wir ziehen die obige, in der Mechanik allein gebräuchliche Festsetzung vor.

Somit sind die Komponenten der Kraft K, mit der A von B angezogen wird:

$$\text{(Ia)} \quad X = f\,m\,\mu\frac{\xi - x}{\varrho^3}, \quad Y = f\,m\,\mu\frac{\eta - y}{\varrho^3}, \quad Z = f\,m\,\mu\frac{\zeta - z}{\varrho^3}.$$

Zusatz. In der Physik treten neben anziehenden auch abstoßende Kräfte auf. Wird A von B abgestoßen, und erfolgt die Abstoßung nach dem Newtonschen Gesetze, so hat K denselben absoluten Wert wie vorher; nur ist K jetzt nicht von A nach B hin gerichtet, sondern hat die entgegengesetzte Richtung. Demnach haben auch die Komponenten X, Y, Z dieselben absoluten Werte wie in (Ia), aber entgegengesetzte Vorzeichen. Man kann beide Fälle durch dieselben Formeln darstellen, wenn man das Vorzeichen zu f zieht und dem Faktor f bei Anziehung das positive, bei Abstoßung das negative Vorzeichen gibt. Dann stellen (Ia) in beiden Fällen die Komponenten der wirksamen Kraft dar*).

b) Anziehung beliebig vieler diskreter Massenpunkte.

Der Punkt A möge jetzt von n Massenpunkten $B_1, B_2, \ldots, B_n$ angezogen werden. Die Massen derselben seien $\mu_1, \mu_2, \ldots, \mu_n$, ihre Koordinaten resp. ξ_1, η_1, ζ_1; ξ_2, η_2, ζ_2; $\ldots$; ξ_n, η_n, ζ_n. Die Anziehung, die ein beliebiger von diesen Punkten, B_h, auf A ausübt, habe die Komponenten X_h, Y_h, Z_h. Letztere haben, wenn wieder x, y, z die Koordinaten von A sind, m die Masse von A, nach (Ia) die Werte

$$\text{(4)} \quad X_h = \frac{f\,m\,\mu_h(\xi_h - x)}{\varrho_h^3}, \quad Y_h = \frac{f\,m\,\mu_h(\eta_h - y)}{\varrho_h^3}, \quad Z_h = \frac{f\,m\,\mu_h(\zeta_h - z)}{\varrho_h^3},$$

wo ϱ_h den Ausdruck bezeichnet, der aus ϱ [Gleichung (2)] entsteht, wenn man ξ, η, ζ durch ξ_h, η_h, ζ_h ersetzt. Zerlegt man so jede der auf A wirkenden n Kräfte und setzt die derselben Achse parallelen Komponenten zusammen, bildet also nach den Regeln der Mechanik ihre

*) Der Unterschied zwischen anziehenden und abstoßenden Kräften wird häufig nicht beachtet, und so kommt es, daß in manchen Darstellungen die Vorzeichen der Anziehungskomponenten nicht richtig angegeben sind.

algebraische Summe, so erhält man die drei den Achsen parallelen Kräfte

$$(5) \qquad X = \Sigma X_h\,, \quad Y = \Sigma Y_h\,, \quad Z = \Sigma Z_h\,.$$

Man könnte X, Y, Z zu einer Resultante vereinigen, die die Größe

$$\sqrt{X^2 + Y^2 + Z^2}$$

hat und die Hauptdiagonale eines rechtwinkligen Parallelepipedons bildet, dessen eine Ecke A ist, und dessen Kanten gleich den absoluten Werten von X, Y, Z sind. Die Richtungskosinus dieser Resultante sind:

$$\frac{X}{\sqrt{X^2 + Y^2 + Z^2}}, \quad \frac{Y}{\sqrt{X^2 + Y^2 + Z^2}}, \quad \frac{Z}{\sqrt{X^2 + Y^2 + Z^2}}.$$

Wir wollen indes von der Bildung der Resultante absehen und die drei Komponenten beibehalten. Unter Benutzung der obigen Ausdrücke für X_h, Y_h, Z_h erhalten wir für dieselben die Formeln:

$$\text{(II)} \quad \begin{cases} X = f\,m \sum\limits_{h=1}^{n} \dfrac{\mu_h(\xi_h - x)}{\varrho_h^3}, \quad Y = f\,m \sum\limits_{h=1}^{n} \dfrac{\mu_h(\eta_h - y)}{\varrho_h^3}, \\ Z = f\,m \sum\limits_{h=1}^{n} \dfrac{\mu_h(\zeta_h - z)}{\varrho_h^3}. \end{cases}$$

c) Anziehung räumlicher Massen.

Von der Betrachtung diskreter Massenpunkte gehen wir zu dem Fall über, daß die Masse irgendwelches Volumen kontinuierlich erfüllt. Wir zerlegen das Volumen in Volumenelemente, die wir uns etwa als rechtwinklige Parallelepipeda vorstellen können. Je kleiner ein solches Element ist, desto genauer können wir die in ihm enthaltene Masse als punktförmig annehmen und daher auf jedes Element die Formeln (Ia), auf die durch das Zusammenwirken aller Elemente entstehende Kraft die Formeln (II) anwenden. Mit der Verkleinerung der Elemente wächst aber ihre Zahl n, und zwar muß n über alle Grenzen wachsen, wenn die Elemente wirklich als punktförmig angesehen werden sollen. Wir haben also die Grenze der in (II) auftretenden Summen zu suchen für den Fall, daß die einzelnen Massen μ_h immer kleiner werden, ihre Anzahl n immer größer. Die Grenze einer derartigen Summe von sehr vielen, sehr kleinen Größen ist aber ein bestimmtes Integral. Wir erhalten daher, wenn wir mit $d\mu$ die Masse eines Volumenelements bezeichnen, für die Komponenten der von der Gesamtmasse auf den Massenpunkt A ausgeübten Anziehung die Ausdrücke:

$$(6) \quad \begin{cases} X = f\,m\iiint \dfrac{d\mu\,(\xi - x)}{\varrho^3}, \quad Y = f\,m\iiint \dfrac{d\mu\,(\eta - y)}{\varrho^3}, \\ Z = f\,m\iiint \dfrac{d\mu\,(\zeta - z)}{\varrho^3}. \end{cases}$$

Die Integration ist über das von den Massenelementen eingenommene Volumen zu erstrecken.

Es fragt sich nun, wie Massen- und Volumenelement miteinander zusammenhängen. Dazu ist zu beachten, daß in demselben Volumen verschieden große Massen verteilt sein können. Um ein Maß für diese verschiedene Massenverteilung zu erhalten, führen wir den Begriff der Dichtigkeit ein. Nehmen wir zuerst an, es sei eine Masse μ gleichförmig in einem Volumen v verteilt, so versteht man unter der Dichtigkeit k die in der Volumeneinheit enthaltene Masse, oder, was dasselbe ist, den Quotienten aus Masse und Volumen:

$$(7) \qquad k = \frac{\mu}{v}.$$

Bei gleichförmiger Massenverteilung ändert sich k nicht, wenn wir für v einen beliebigen Teil des gegebenen Volumens nehmen und für μ die in diesem Teil enthaltene Masse, d. h. bei gleichförmiger (homogener) Massenverteilung ist die Dichtigkeit das Verhältnis eines beliebigen Massenteils zu dem zugehörigen Volumen.

Diese Definition der Dichtigkeit ist nicht mehr anwendbar, wenn die Verteilung der Masse eine ungleichförmige ist; man muß, um auch diesen Fall zu umfassen, die Definition passend erweitern. Das geschieht in ähnlicher Weise, wie man in der Mechanik den Begriff der Geschwindigkeit von der gleichförmigen auf eine beliebige Bewegung überträgt. Wir erwägen, daß, je kleiner der

Volumenteil ist, den wir betrachten, desto genauer die in ihm enthaltene Masse als gleichförmig verteilt angesehen werden kann, und wir verstehen daher unter Dichtigkeit den Grenzwert:

$$k = \lim_{\Delta v = 0} \frac{\Delta \mu}{\Delta v}, \tag{7a}$$

wo $\Delta \mu$ die in Δv enthaltene Masse bezeichnet, oder mit den Bezeichnungen der Differentialrechnung:

$$k = \frac{d\mu}{dv}, \quad d\mu = k \cdot dv. \tag{7b}$$

Die erweiterte Definition schließt, wie leicht ersichtlich, die obige, für gleichförmige Massenverteilung geltende als speziellen Fall in sich. — In dem allgemeineren Falle der ungleichförmigen Massenverteilung ist k nicht konstant, sondern eine Funktion der Koordinaten der betrachteten Stelle.

Führen wir den Ausdruck (7b) für das Massenelement $d\mu$ in (6) ein, so erhalten wir:

$$X = f\, m \iiint \frac{k(\xi - x)\, dv}{\varrho^3}, \tag{III}$$

oder auch, wenn wir als Volumenelement ein unendlich kleines rechtwinkliges Parallelepipedon annehmen, dessen Kanten den Achsen parallel sind:

$$X = f\, m \iiint \frac{k(\xi - x)}{\varrho^3}\, d\xi\, d\eta\, d\zeta. \tag{IIIa}$$

Die entsprechenden Ausdrücke für Y und Z ergeben sich, wenn man in (III) oder (IIIa) $\xi - x$ durch $\eta - y$, resp. $\zeta - z$ ersetzt. Die Grenzen der hier auftretenden dreifachen Integrale sind ebenso zu bestimmen wie bei der Berechnung der Volumina.

d) Anziehung von Flächen und Linien.

Man betrachtet in der Potentialtheorie nicht nur die Anziehung von Massen, die ein gegebenes Volumen kontinuierlich erfüllen, sondern auch die von Massen, die auf Flächen ausgebreitet sind. Man gelangt zu derartigen Massen durch folgende Abstraktion. Auf einer Fläche denke man eine Masse so verteilt, daß ihre Dicke überall sehr klein ist. Diese Dicke lasse man nun immer kleiner und kleiner werden, zugleich die Dichtigkeit der Masse größer; derart, daß der Gesamtinhalt an Masse endlich bleibt. Im Grenzfall, wo die Dicke unendlich klein, die Gesamtmasse aber endlich ist, spricht man von einer auf der Fläche ausgebreiteten Masse.

Die Anziehung derartiger Massen kann man auf dieselbe Weise ermitteln, wie in c) die Anziehung dreidimensionaler Massen. Man teile die gegebene Masse in sehr kleine Massenelemente $\Delta\mu$, wende auf diese die Formeln (II) an und gehe zur Grenze für den Fall über, daß die einzelnen $\Delta\mu$ immer kleiner und kleiner werden, ihre Anzahl immer größer. Als Grenze der Summen erhalten wir dann wieder Integrale, aber nicht, wie in (6), dreifache Integrale, sondern, da die Masse nur zweidimensional ist, Doppelintegrale, d. h. die X-Komponente der Anziehung einer auf einer Fläche ausgebreiteten Masse ist:

$$X = f\,m \iint \frac{d\mu(\xi - x)}{\varrho^3}\,. \tag{8}$$

Auch hier führt man den Begriff „Dichtigkeit" ein und versteht darunter bei gleichförmiger (homogener) Massenverteilung die auf der Flächeneinheit ausgebreitete Masse, oder, was dasselbe, den Quotienten aus einem beliebigen Massenteil, dividiert durch die zugehörige Fläche. Für den Fall ungleichförmiger Massenverteilung wird diese Definition, analog wie oben, dahin erweitert, daß, wenn $\Delta\mu$ die auf der Fläche Δo ausgebreitete Masse bezeichnet, die Dichtigkeit $\varkappa$ gleich

$$\lim_{\Delta o = 0} \frac{\Delta\mu}{\Delta o}$$

ist oder

$$\varkappa = \frac{d\mu}{do}\,, \quad d\mu = \varkappa\,do\,; \tag{9}$$

und zwar wird $\varkappa$ im allgemeinen für verschiedene Punkte der Fläche verschiedene Werte haben.

Durch Anwendung von (9) geht (8) in folgende Gleichung über:

$$X = f\,m \iint \frac{\varkappa(\xi - x)}{\varrho^3}\,do\,; \tag{IV}$$

und daraus erhält man wieder die Y- und Z-Komponente der Anziehung, indem man $\xi - x$ durch $\eta - y$, resp. $\zeta - z$ ersetzt.

Der Vollständigkeit halber erörtern wir kurz auch den weniger wichtigen Fall, daß die anziehende Masse längs einer Linie ausgebreitet ist. Man kommt auf diesen Fall durch Betrachtung einer Masse, deren senkrecht zu einer gegebenen Kurve genommener Querschnitt sehr klein ist, indem man den Querschnitt unendlich klein werden läßt, während zugleich die Masse endlich bleibt. Die Dichtigkeit $\bar{\varkappa}$ einer solchen eindimensionalen Masse wird definiert durch

$$(10) \qquad \bar{\varkappa} = \lim_{\Delta s = 0} \frac{\Delta \mu}{\Delta s} = \frac{d\mu}{ds},$$

wo ds das Bogenelement der mit Masse belegten Kurve ist; und die Anziehungskomponenten ergeben sich durch dieselben Betrachtungen wie bei anziehenden Flächen. Das Resultat unterscheidet sich von (8), resp. (IV) nur dadurch, daß, da die Masse nur eindimensional ist, an Stelle der Doppelintegrale einfache Integrale treten. Die X-Komponente der Anziehung wird hier:

$$(\mathrm{V}) \qquad X = f\, m \int \frac{\bar{\varkappa}(\xi - x)}{\varrho^3}\, ds,$$

und analog Y und Z.

Hiermit ist die Berechnung der Anziehungskomponenten beliebiger Massen zurückgeführt auf Aufgaben der Integralrechnung.

Kapitel 2.

Anwendungen der allgemeinen Formeln.

Aufgabe 1. Anziehung eines homogenen Kreisbogens auf einen Punkt, der senkrecht über dem Mittelpunkte des Kreises liegt.

Wir treffen folgende Verfügungen über die Wahl des Koordinatensystems. Zum Anfangspunkt nehmen wir den Mittelpunkt O des Kreises, die Ebene desselben zur xy-Ebene; dann geht die z-Achse durch den angezogenen Punkt A, und zwar nehmen wir die Richtung OA zur positiven z-Achse. Die positive x-Achse legen wir so, daß sie durch die Mitte C des Kreisbogens DD_1 geht. Der Radius des Kreises sei a, 2α sein Zentriwinkel, $\bar{\varkappa}$ die konstante Dichtigkeit der auf dem Kreisbogen ausgebreiteten Masse. Die Koordinaten eines anziehenden Punktes können wir dann, da derselbe auf dem Kreise mit dem Radius a liegt, so darstellen:

$$\xi = a\cos\varphi\,, \quad \eta = a\sin\varphi\,,$$
$$\zeta = 0\,,$$

während die des angezogenen Punktes

$$x = 0\,, \quad y = 0\,, \quad z > 0$$

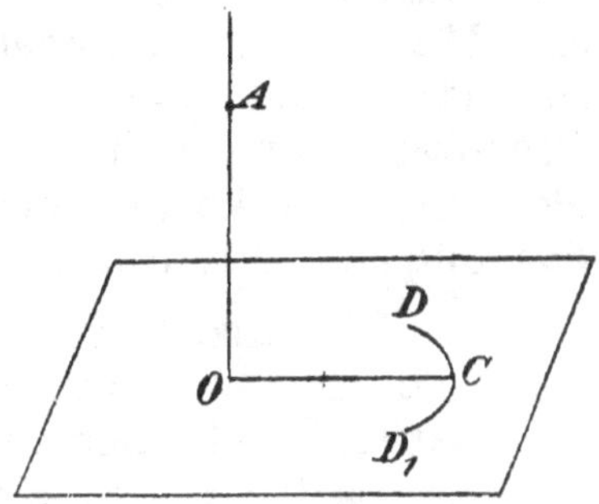

Fig. 2.

sind. Mithin ist nach (2) (S. 4)

$$\varrho = \sqrt{a^2 + z^2}\,.$$

Ferner ist

$$ds = a\,d\varphi\,,$$

und die Integration nach φ ist von $\varphi = -\alpha$ bis $\varphi = +\alpha$ zu erstrecken. Endlich ist $\bar{\varkappa}$ konstant, und daher folgt aus Formel (V):

$$X = f m \bar{\varkappa} a^2 \int_{-\alpha}^{+\alpha} \frac{\cos\varphi\, d\varphi}{(\sqrt{a^2 + z^2})^3}\,, \qquad Y = f m \bar{\varkappa} a^2 \int_{-\alpha}^{+\alpha} \frac{\sin\varphi\, d\varphi}{(\sqrt{a^2 + z^2})^3}\,,$$

$$Z = -f m \bar{\varkappa} a \int_{-\alpha}^{+\alpha} \frac{z\, d\varphi}{(\sqrt{a^2 + z^2})^3}\,.$$

Die Ausführung der Integration ergibt:

$$X = \frac{f m \bar{\varkappa} a^2\, 2\sin\alpha}{(\sqrt{a^2 + z^2})^3}\,, \qquad Y = 0\,, \qquad Z = \frac{-f m \bar{\varkappa} a z\, 2\alpha}{(\sqrt{a^2 + z^2})^3}\,.$$

Wir wenden das Resultat auf den speziellen Fall an, daß der angezogene Punkt A in den Mittelpunkt des Kreises fällt, also $z = 0$ ist. Dann wird

$$X = \frac{f m \bar{\varkappa}\, 2a\sin\alpha}{a^2}\,, \quad Y = 0\,, \quad Z = 0\,.$$

Die gesamte Anziehung hat also die Richtung der positiven x-Achse, d. h. sie ist nach der Mitte des Bogens DD_1 gerichtet. Ferner ist $2a\sin\alpha$ die zu dem Kreisbogen gehörige Sehne. Denkt man auf dieser Sehne eine Masse von der konstanten Dichtigkeit $\bar{\varkappa}$ ausgebreitet, so ist $\bar{\varkappa}2a\sin\alpha = \bar{\mu}$ die Gesamtmasse dieser Sehne. Beachtet man noch, daß $a = OC$, so ergibt die Vergleichung des Ausdrucks für X mit dem Ausdruck I (S. 3) das folgende Resultat:

> Die Anziehung, die ein homogener Kreisbogen auf den Mittelpunkt O des Kreises ausübt, ist nach Größe und Richtung gleich der Anziehung, welche die Mitte C des Kreisbogens auf O ausüben würde, falls in C diejenige Masse $\bar{\mu}$ konzentriert wird, welche die zu dem Bogen gehörige Sehne haben würde, wenn auf dieser Sehne Masse von derselben Dichtigkeit wie auf dem Kreisbogen homogen verteilt wäre.

Wir haben hier ein erstes Beispiel dafür, daß man unter Umständen die Anziehung einer nicht punktförmigen Masse durch die eines Punktes ersetzen kann. — Das Resultat des allgemeinen Falles unserer Aufgabe ($z > 0$) läßt eine so einfache Deutung nicht zu.

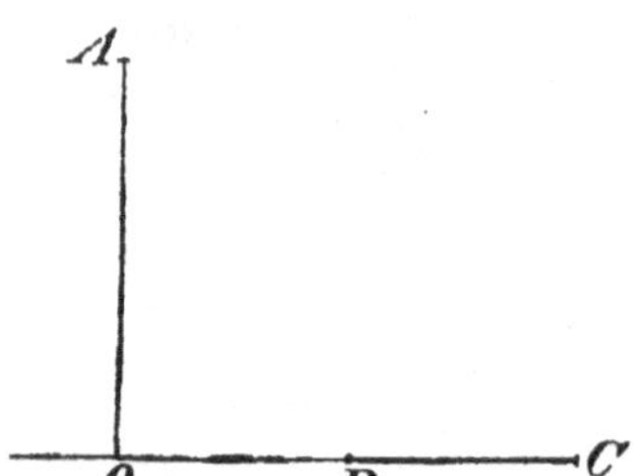

Fig. 3.

Aufgabe 2. Anziehung einer homogenen geradlinigen Strecke.

Es sei BC die anziehende Strecke, A der angezogene Punkt, der außerhalb BC liege, AO das von A auf BC gefällte Lot. Legen wir das Koordinatensystem so, daß O der Anfangspunkt ist, BC längs der x-Achse liegt, OA die positive y-Achse ist, so haben wir in (V):

$$x = 0, \quad z = 0, \quad y > 0; \quad \eta = 0, \quad \zeta = 0,$$

$$\xi \text{ von } 0 \text{ verschieden;}$$

ferner

$$ds = d\xi, \quad \varrho = \sqrt{\xi^2 + y^2};$$

und da die Dichtigkeit $\bar{\varkappa}$ konstant ist, so wird

$$\text{(a)} \quad \begin{cases} X = f m \bar{\varkappa} \displaystyle\int_b^c \frac{\xi\, d\xi}{(\sqrt{\xi^2 + y^2})^3}, \quad Y = -f m \bar{\varkappa} y \displaystyle\int_b^c \frac{d\xi}{(\sqrt{\xi^2 + y^2})^3}, \\ Z = 0; \end{cases}$$

dabei sind mit b und c die Abszissen der Punkte B und C bezeichnet.

Wir wenden diese Formeln zunächst auf den Fall an, daß A in O fällt, also $y = 0$ ist, und setzen voraus, daß O nicht auf BC selbst liegt, sondern in dessen Verlängerung. Dann haben b und c dasselbe Zeichen, und zwar mögen b und c positiv sein und $b < c$. Ferner geht $\sqrt{\xi^2 + y^2}$ in $+\xi$ über, und aus (a) folgt:

$$\text{(b)} \quad \begin{cases} X = f m \bar{\varkappa} \displaystyle\int_b^c \frac{d\xi}{\xi^2} = f m \bar{\varkappa}\left(\frac{1}{b} - \frac{1}{c}\right) = \frac{f m \bar{\varkappa}(c - b)}{c b}, \\ Y = 0, \quad Z = 0. \end{cases}$$

Das Resultat (b) läßt sich folgendermaßen deuten: $c - b$ ist die Länge, $\bar{\varkappa}(c - b)$ die Masse von BC, die wir mit $\bar{\mu}$ bezeichnen wollen. Setzen wir ferner $bc = r^2$, so hat X die Form von (I), S. 3, und zugleich ist X die ganze anziehende Kraft. Somit

> kann die Anziehung, welche eine homogene gerade Strecke BC auf einen in ihrer Verlängerung gelegenen Punkt A ausübt, ersetzt werden durch die Anziehung, die ein Punkt D auf A ausüben würde, wenn man in D die Masse $\bar{\mu}$ der Strecke BC konzentriert denkt. Der Punkt D ist dadurch bestimmt, daß AD die mittlere Proportionale von AB und AC ist.

Auch in dem allgemeinen Falle, wo y von Null verschieden ist, lassen sich die Integrationen in (a) leicht ausführen. Doch lassen die sich so ergebenden Resultate eine einfache Deutung erst nach einer umständlichen Transformation zu. Wir erledigen daher die Aufgabe durch folgende geometrische Betrachtung. Wir verbinden

A mit B und C und schlagen um A mit AO als Radius einen Kreisbogen, der AB und AC in B' und C' schneiden möge. (Ob O innerhalb oder außerhalb BC liegt, ist in diesem Falle gleichgültig.) Wir betrachten ein Linienelement MN von BC. Schneiden nun AM und AN den um A beschriebenen Kreis in M' und N', so vergleichen wir die Anziehung, welche einerseits das Linienelement MN, andererseits das Bogenelement $M'N'$ auf A ausüben, falls beide Elemente mit Masse von derselben Dichtigkeit $\bar{\varkappa}$ belegt sind.

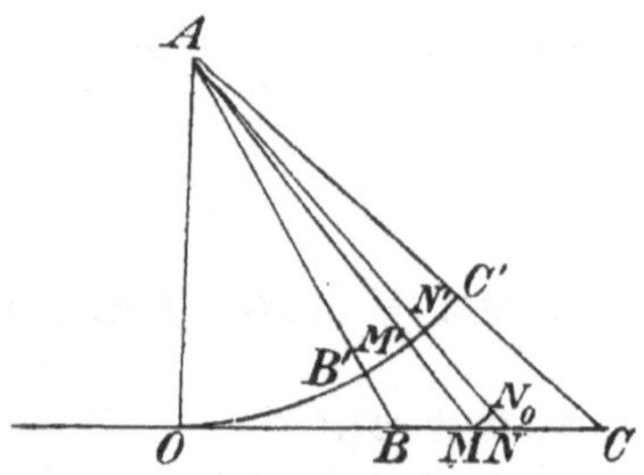

Fig. 4.

Die Anziehung, welche $\overline{MN}$ auf A ausübt, ist nach (I), S. 3

(c) $$K = \frac{f m \bar{\varkappa} \cdot \overline{MN}}{AM^2},$$

während A von dem Bogen $\widehat{M'N'}$ mit der Kraft

(d) $$K' = \frac{f m \bar{\varkappa} \cdot \widehat{M'N'}}{AM'^2}$$

angezogen wird, und K ist von A nach M, K' von A nach M' gerichtet; beide haben also dieselbe Richtung. Zur Umformung des Ausdrucks für K beschreiben wir noch mit AM um A einen Kreisbogen, der AN in N_0 treffe. Den unendlich kleinen Kreisbogen MN_0 können wir als geradlinig und, da der Bogen auf dem Radius senkrecht steht, als Projektion von MN auf die Tangente des Kreises AM ansehen. Es ist daher

$$\widehat{MN_0} = \overline{MN} \cdot \cos(NMN_0) = \overline{MN} \cdot \sin(AMO),$$

da AMO der Komplementwinkel von NMN_0 ist. Da ferner MN_0 und $M'N'$ Bogen konzentrischer Kreise sind, die zu demselben Zentriwinkel gehören, so verhalten sie sich wie die Radien, d. h.

$$\widehat{MN_0} = \widehat{M'N'} \cdot \frac{AM}{AM'}.$$

Setzt man die beiden Ausdrücke für $\widehat{MN_0}$ einander gleich, so folgt

$$\overline{MN} = \frac{\widehat{M'N'} \cdot AM}{AM' \cdot \sin(AMO)}.$$

Die Einsetzung dieses Ausdrucks in (c) gibt

$$\text{(e)} \qquad K = \frac{fm\varkappa \widehat{M'N'}}{AM' \cdot AM \cdot \sin(AMO)} = \frac{fm\varkappa \cdot \widehat{M'N'}}{AM'^2},$$

da $AM \cdot \sin AMO = AO = AM'$ ist. Die Vergleichung von (d) und (e) zeigt, daß $K = K'$ ist. Zugleich haben K und K' dieselbe Richtung. Man kann daher die Anziehung, die das Linienelement $\overline{MN}$ auf A ausübt, ersetzen durch die Anziehung des Bogenelements $\widehat{M'N'}$; und das gilt von jedem Linienelement von BC. Nun ist die Anziehung, die BC auf A ausübt, die Resultierende der Anziehungen aller Linienelemente von BC, oder, da man jedes Linienelement von BC durch das entsprechende Bogenelement von $B'C'$ ersetzen kann, gleich der Anziehung, welche der Bogen $B'C'$ auf A ausübt.

Resultat. Die Anziehung, welche eine homogene gerade Strecke auf einen äußeren, nicht in ihrer Verlängerung gelegenen Punkt ausübt, ist gleich der Anziehung eines mit Masse von derselben Dichtigkeit gleichförmig belegten Kreisbogens; letzterer gehört dem Kreise an, der den angezogenen Punkt zum Mittelpunkt hat und die Strecke oder deren Verlängerung berührt, und er wird aus diesem Kreise durch die Verbindungslinien des angezogenen Punktes mit den Endpunkten der Strecke ausgeschnitten.

Damit ist die Berechnung der Anziehung, welche eine homogene Strecke ausübt, zurückgeführt auf die Berechnung der Anziehung, welche ein homogener Kreisbogen auf den Mittelpunkt des Kreises ausübt, und letztere Anziehung ist nach Aufgabe 1 bekannt.

Aufgabe 3. Anziehung einer homogenen Kreisfläche auf einen Punkt, der senkrecht über ihrem Mittelpunkte liegt.

Wir legen den Koordinatenanfangspunkt O in den Mittelpunkt des Kreises und nehmen die Ebene des Kreises zur xy-Ebene. Der angezogene Punkt A liegt dann auf der (positiven oder negativen) z-Achse; seine Koordinaten sind

$$x = 0\,, \quad y = 0\,, \quad z \gtrless 0\,.$$

Die Koordinaten eines anziehenden Punktes sind, wenn wir in der xy-Ebene Polarkoordinaten einführen,

$$\xi = r\cos\varphi\,, \quad \eta = r\sin\varphi\,, \quad \zeta = 0\,.$$

Nach (2), S. 4, ist daher

$$\varrho = \sqrt{r^2 + z^2}\,,$$

und das Flächenelement der anziehenden Fläche ist

$$do = r\,dr\,d\varphi\,.$$

Nach (IV), S. 9, ist daher, da die Dichtigkeit $\varkappa$ konstant ist,

$$X = f m \varkappa \iint \frac{r\cos\varphi\, r\,dr\,d\varphi}{(\sqrt{r^2 + z^2})^3}\,, \quad Y = f m \varkappa \iint \frac{r\sin\varphi\, r\,dr\,d\varphi}{(\sqrt{r^2 + z^2})^3}\,,$$

$$Z = f m \varkappa \iint \frac{(-z)\, r\,dr\,d\varphi}{(\sqrt{r^2 + z^2})^3}\,,$$

und da die Integrale über eine Kreisfäche zu erstrecken sind, so sind die Grenzen 0 und 2π in bezug auf φ, 0 und R in bezug auf r, unter R der Radius des Kreises verstanden. Die Ausführung der Integration nach φ ergibt

$$X = 0\,, \quad Y = 0\,, \quad Z = -f m \varkappa \cdot 2\pi \cdot z \int_0^R \frac{r\,dr}{(\sqrt{r^2 + z^2})^3}$$

$$= -f m \varkappa\, 2\pi \left[\frac{z}{\sqrt{z^2}} - \frac{z}{\sqrt{R^2 + z^2}}\right].$$

Was den hier auftretenden Ausdruck $\sqrt{z^2}$ betrifft, so ist zu beachten, daß die Quadratwurzel aus dem Ausdruck für ϱ herrührt, und daß ϱ den absoluten Abstand zweier Punkte ausdrückt. Die im Resultat auftretenden Quadratwurzeln bezeichnen daher stets den positiven Wurzelwert. Somit ist für p o s i t i v e z stets $\sqrt{z^2} = +z$, dagegen für n e g a t i v e z $\sqrt{z^2} = -z$. Unterscheiden wir beide Fälle dadurch, daß wir der Anziehungskomponente Z

im ersten Falle den Index $+$, im zweiten den Index $-$ hinzufügen, so erhalten wir

$$Z_+ = -f m \varkappa \cdot 2\pi \left[1 - \frac{z}{\sqrt{R^2 + z^2}}\right],$$

$$Z_- = -f m \varkappa 2\pi \left[-1 - \frac{z}{\sqrt{R^2 + z^2}}\right] = +f m \varkappa 2\pi \left[1 + \frac{z}{\sqrt{R^2 + z^2}}\right].$$

Daraus folgt, daß für gleiche absolute Werte von z die Komponenten Z_+ und Z_- gleiche absolute Werte, aber entgegengesetzte Vorzeichen besitzen, ein Resultat, das man auch ohne jede Rechnung hätte voraussehen können.

Die vorstehenden Ausdrücke zeigen ferner, daß, wenn der angezogene Punkt A sich dem Mittelpunkte des Kreises nähert, wenn also $z = 0$ wird, die Z-Komponente der Anziehung nicht verschwindet, daß aber Z_+ und Z_- einem verschiedenen Grenzwerte zustreben, und zwar wird

$$\lim_{z=0} Z_+ = -f m \varkappa 2\pi, \quad \lim_{z=0} Z_- = +f m \varkappa 2\pi.$$

Diese diskontinuierliche Änderung von Z beim Durchgang des angezogenen Punktes durch die anziehende Fläche ist ein Spezialfall eines später zu beweisenden allgemeinen Satzes.

Wir untersuchen noch, welchen Wert die Anziehungskomponente Z hat, wenn der angezogene Punkt A, statt sich allmählich dem Kreismittelpunkte O zu nähern, von vornherein fest in O liegt. In diesem Falle müssen wir, damit A nicht der anziehenden Masse angehört, den Punkt O durch eine kleine Kurve einschließen und die innerhalb dieser Kurve gelegene Masse von der anziehenden Masse ausschließen. Dann liegt die anziehende Kraft, welche irgend ein Massenelement auf O ausübt, ganz in der xy-Ebene, dasselbe gilt daher auch für die resultierende Anziehung aller Elemente, d. h. die Z-Komponente der Gesamtanziehung verschwindet; und dieses Resultat bleibt bestehen, wenn die den Punkt O umgebende Abschließungskurve immer kleiner und kleiner wird, gleichgültig, welche Gestalt sie hatte; d. h. es ist in diesem Falle $Z = 0$.

Zusatz. Daß die zur z-Achse senkrechten Komponenten der Anziehung X und Y verschwinden, kann man, statt durch Rechnung, leicht durch folgende geometrische Betrachtung erkennen. Sind B und B' zwei Punkte innerhalb des Kreises, die mit O in einer Geraden liegen und von O gleichen Abstand haben, so ist $AB = AB'$. Daher sind die anziehenden Kräfte K und K', welche zwei bei B, resp. B' liegende gleiche Flächenelemente auf A ausüben, gleich groß; und die eine ist von A nach B, die andere von A nach B' gerichtet. Zerlegen wir nun sowohl K, als K' in je zwei Komponenten, deren eine in AO fällt, während die andere zu AO senkrecht steht, so haben, da $\sphericalangle BAO = B'AO$ ist, die beiden zu AO senkrechten Komponenten gleiche Größe und entgegengesetzte Richtung, heben sich also auf, während die in AO fallenden Komponenten gleiche Größe und gleiche Richtung haben, also zu addieren sind. Das gilt für beliebige Punktepaare B, B'. Also bleibt auch für die Gesamtanziehung der Kreisfläche nur eine Komponente längs AO übrig.

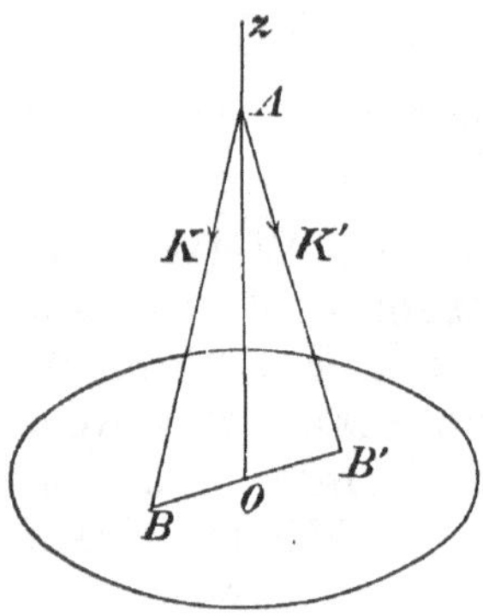

Fig. 5.

Aufgabe 4. Anziehung einer homogenen Kugelfläche.

a) Vorbereitung. (Formeln über räumliche Polarkoordinaten.) Wir benutzen zur Lösung der Aufgabe räumliche Polarkoordinaten. Bei diesen wird die Lage eines Punktes dargestellt durch seinen (absolut zu rechnenden) Abstand r vom Anfangspunkte O, durch den Winkel ϑ, den r mit einer durch O gehenden Achse (wir wählen dazu die z-Achse) bildet, endlich durch den Winkel φ, den die durch r und die z-Achse gelegte Ebene mit einer festen durch diese Achse gehenden Ebene (hier der xz-Ebene) einschließt. Zwischen den rechtwinkligen Koordinaten x, y, z und den Polarkoordinaten r, ϑ, φ desselben Punktes bestehen die Gleichungen:

$$(1) \qquad x = r \sin\vartheta \cos\varphi\,, \quad y = r \sin\vartheta \sin\varphi\,, \quad z = r \cos\vartheta\,.$$

Denn die z-Koordinate von P, $OQ = PL$, ist die Projektion von OP auf die z-Achse, also $z = r\cos\vartheta$. (Für negative z wird der Winkel ϑ ein stumpfer.) Die x-Koordinate von P ist die Projektion OR von OP auf die x-Achse. Diese kann man dadurch erhalten, daß man OP zuerst auf die xy-Ebene projiziert und die Projektion OL auf die x-Achse. Nun ist

$$OL = PQ = r \sin\vartheta$$

und

$$OR = OL \cdot \cos\varphi ;$$

denn Winkel ROL ist der Neigungswinkel φ der Ebenen zOP und zOx; mithin ist

$$x = r \sin\vartheta \cos\varphi ,$$

und analog ergibt sich die Formel für y.

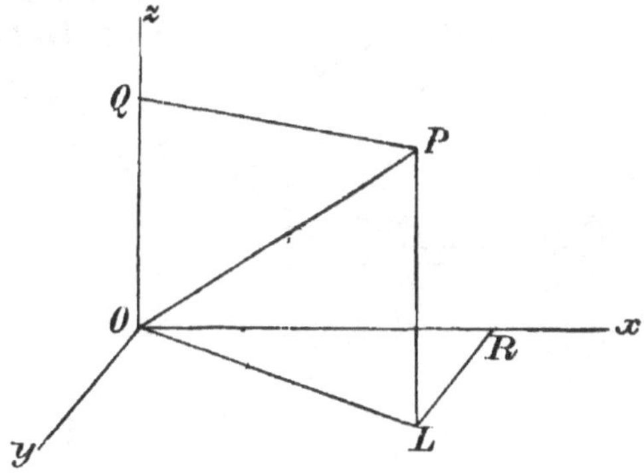

Fig. 6.

Um alle Punkte des Raumes zu erhalten, muß man r von 0 bis ∞, ϑ von 0 bis π, φ von 0 bis 2π variieren lassen. Ist r konstant, so erhält man durch Variation von ϑ und φ alle Punkte einer um O mit dem Radius OP beschriebenen Kugel. Nennt man den Punkt z, in dem die positive z-Achse die Kugel schneidet, den Pol, so ist, da man den Winkel $zOP = \vartheta$ durch den zugehörigen Bogen zP ersetzen kann, ϑ der Polabstand des Punktes P, während der von den Bogen zP und zx (x ist der Schnittpunkt der Kugel mit der x-Achse) eingeschlossene Winkel $= \varphi$ ist. Die Bestimmung der Lage eines Kugelpunktes P durch ϑ und φ entspricht der Bestimmung eines Punktes der Erdoberfläche durch geographische Länge (φ) und Breite ($\frac{1}{2}\pi - \vartheta$). Übrigens ist

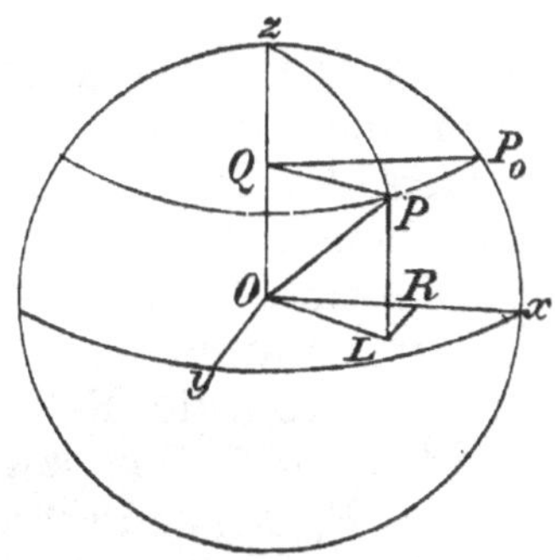

Fig. 7.

$$(2) \qquad PQ = r \sin\vartheta$$

der Radius r_1 des durch P zur xy-Ebene gelegten Parallelkreises, und φ ist zugleich der Zentriwinkel PQP_0 dieses Parallelkreises, wenn der Parallelkreis den größten Kugelkreis zx in P_0 trifft.

Als Flächenelement der in Rede stehenden Kugel nehmen wir die Fläche, die begrenzt wird von zwei unendlich nahen Meridianen PS, $P'S'$ und zwei unendlich nahen Parallelkreisen PP', SS'.

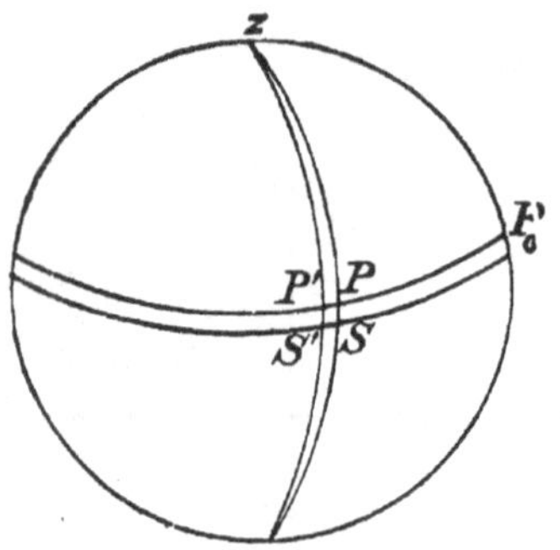

Fig. 8.

Der Bogen des Meridians ist:

$zP = r \cdot \vartheta$, mithin $PS = r \cdot d\vartheta$.

Der Bogen des Parallelkreises ist, wenn r_1 sein Radius,

$P_0P = r_1\varphi$, also $PP' = r_1 \cdot d\varphi$,

und da nach (2)

$$r_1 = PQ = r \sin\vartheta ,$$

so ist

$$PP' = r \sin\vartheta \, d\varphi .$$

Da Meridiane und Parallelkreise sich senkrecht schneiden, so ist das Flächenelement der Kugel

$$do = SPP'S' = PS \cdot PP' ,$$

d. h.

$$do = r^2 \sin\vartheta \, d\vartheta \, d\varphi . \tag{3}$$

Für spätere Anwendungen knüpfen wir hieran gleich den Ausdruck für das Volumenelement. Verbinden wir die Punkte P, P', S, S' der um O mit dem Radius r beschriebenen Kugel mit O und verlängern diese Radien, bis sie eine konzentrische Kugel vom Radius $r + dr$ resp. in den Punkten P_1, P_1', S_1, S_1' schneiden, so bilden diese vier Punkte die Ecken eines Flächenelements der Kugel $r + dr$; und das zwischen den Flächen $PSS'P'$ und $P_1S_1S_1'P_1'$ liegende Volumen ist das Volumenelement dv. Wir können dasselbe, da alle Radien die Kugel senkrecht schneiden, als ein Parallelepipedon ansehen, dessen Grundfläche $PSS'P' = do$ und dessen Höhe $= dr$ ist; mithin ist das Volumen:

$$dv = r^2 dr \sin\vartheta \, d\vartheta \, d\varphi . \tag{4}$$

b) Lösung der Aufgabe.

Wir legen ein Koordinatensystem zugrunde, dessen Anfangspunkt O im Kugelmittelpunkte liegt, und dessen positive z-Achse durch den angezogenen Punkt A geht, der seinerseits außerhalb oder innerhalb der anziehenden

Kugelfläche liegen kann. Die rechtwinkligen Koordinaten des angezogenen Punktes A sind also

$$(5) \qquad x = 0\,, \quad y = 0\,, \quad z > 0\,.$$

Die rechtwinkligen Koordinaten eines anziehenden Punktes sind nach (1), wenn R den Kugelradius bezeichnet:

$$(6) \quad \xi = R\sin\vartheta\cos\varphi\,, \quad \eta = R\sin\vartheta\sin\varphi\,, \quad \zeta = R\cos\vartheta\,.$$

Ferner ist

$$(7) \quad \varrho = \sqrt{(\xi - x)^2 + (\eta - y)^2 + (\zeta - z)^2} = \sqrt{R^2 + z^2 - 2Rz\cos\vartheta}$$

und nach (3)

$$(8) \qquad do = R^2 \sin\vartheta\, d\vartheta\, d\varphi\,.$$

Aus den Formeln (IV) S. 9 folgt daher, da $\varkappa$ nach der Voraussetzung konstant ist:

$$(9) \quad \left\{ \begin{aligned} X &= f\,m\,\varkappa \iint \frac{R\sin\vartheta\cos\varphi\, R^2\sin\vartheta\, d\vartheta\, d\varphi}{(\sqrt{R^2 + z^2 - 2Rz\cos\vartheta})^3}\,, \\ Y &= f\,m\,\varkappa \iint \frac{R\sin\vartheta\sin\varphi\, R^2\sin\vartheta\, d\vartheta\, d\varphi}{(\sqrt{R^2 + z^2 - 2Rz\cos\vartheta})^3}\,, \\ Z &= f\,m\,\varkappa \iint \frac{(R\cos\vartheta - z)\, R^2\sin\vartheta\, d\vartheta\, d\varphi}{(\sqrt{R^2 + z^2 - 2Rz\cos\vartheta})^3}\,. \end{aligned} \right.$$

Da die Integration über die ganze Kugelfläche zu erstrecken ist, so ist nach ϑ von 0 bis π, nach φ von 0 bis 2π zu integrieren. Die Integration nach φ läßt sich, da ϱ von φ unabhängig ist, sofort ausführen und ergibt:

$$(10) \quad X = 0\,, \; Y = 0\,, \; Z = f\,m\,\varkappa\, 2\pi \int_0^\pi \frac{(R\cos\vartheta - z) R^2 \sin\vartheta\, d\vartheta}{(\sqrt{R^2 + z^2 - 2Rz\cos\vartheta})^3}\,.$$

Zur Ausführung der Integration nach ϑ führen wir ϱ statt ϑ als Integrationsvariabele ein, dann wird nach (7)

$$\cos\vartheta = \frac{R^2 + z^2 - \varrho^2}{2Rz}$$

und

$$\frac{Rz\sin\vartheta\, d\vartheta}{\sqrt{R^2 + z^2 - 2Rz\cos\vartheta}} = d\varrho\,,$$

demnach

$$\int \frac{(R\cos\vartheta - z) R^2 \sin\vartheta\, d\vartheta}{(\sqrt{R^2 + z^2 - 2Rz\cos\vartheta})^3} = \frac{R}{2z^2}\int \frac{R^2 - z^2 - \varrho^2}{\varrho^2} d\varrho$$

$$= -\frac{R}{2z^2}\left[\frac{R^2 - z^2}{\varrho} + \varrho\right] = -\frac{R}{2z^2}\,\frac{R^2 - z^2 + \varrho^2}{\varrho}$$

$$= -\frac{R}{2z^2}\,\frac{2R^2 - 2Rz\cos\vartheta}{\sqrt{R^2 + z^2 - 2Rz\cos\vartheta}} = -\frac{R^2}{z^2}\,\frac{R - z\cos\vartheta}{\sqrt{R^2 + z^2 - 2Rz\cos\vartheta}}.$$

Setzt man für ϑ die Grenzen 0 und π ein, so wird

$$Z = -fm\varkappa 2\pi \cdot \frac{R^2}{z^2}\left\{\frac{R+z}{\sqrt{R^2 + z^2 + 2Rz}} - \frac{R-z}{\sqrt{R^2 + z^2 - 2Rz}}\right\}. \tag{11}$$

Betreffs der Wurzeln ist wieder zu beachten, daß dieselben die positiven Wurzelwerte bezeichnen. Daher ist, da z positiv ist,

$$\sqrt{R^2 + z^2 + 2Rz} = R + z\,,$$

der erste Summand in der Klammer ist also 1. Die zweite Wurzel aber hat einen verschiedenen Wert, je nachdem $z > R$ oder $z < R$ ist. Ist zunächst $z > R$, d. h. liegt der angezogene Punkt außerhalb der anziehenden Kugelfläche, so ist der positive Wert von

$$\sqrt{R^2 + z^2 - 2Rz} = z - R\,,$$

d. h. es ist

$$\frac{R - z}{\sqrt{R^2 + z^2 - 2Rz}} = -1\,,$$

und daher wird

$$Z = -\frac{fm\varkappa 4\pi R^2}{z^2} \qquad (z > R). \tag{12}$$

Ist dagegen $z < R$, so ist $\sqrt{R^2 + z^2 - 2Rz} = R - z$. In der Klammer in (11) ist also der Minuendus sowohl, als der Subtrahendus $= 1$, daher die Differenz $= 0$, und

$$Z = 0 \qquad (z < R). \tag{13}$$

Zur Deutung des ersten Resultats müssen wir beachten, daß $4\pi R^2$ der Flächeninhalt der Kugelfläche,

$\varkappa 4 \pi R^2$ also die gesamte auf der Kugelfläche ausgebreitete Masse ist. Bezeichnen wir letztere mit μ, so ist nach (12)

$$Z = -\frac{f m \mu}{z^2}. \tag{12a}$$

Da $X = 0$ und $Y = 0$ ist [Gleichung (10)], so folgt aus dem negativen Vorzeichen von Z, daß die ganze Kraft die Richtung der negativen z-Achse hat, also von A nach dem Kugelmittelpunkte gerichtet ist. Abgesehen von diesem Vorzeichen, ist der Ausdruck (12a) für Z derselbe, wie der, den das Newtonsche Gesetz für die Anziehung zweier Massenpunkte O und A mit den Massen μ und m und dem Abstande z ergibt. Wir haben also den Satz:

Die Anziehung, welche eine homogene Kugelfläche auf einen äußeren Massenpunkt A ausübt, ist nach Größe und Richtung gleich der Anziehung, welche die im Mittelpunkte der Kugel konzentrierte Masse auf A ausüben würde.

Das zweite Resultat, daß für $z < R$ $X = 0$, $Y = 0$, $Z = 0$ ist, enthält den Satz:

Eine homogene Kugelfläche übt auf einen im Innern gelegenen Massenpunkt gar keine Anziehung aus.

Zusatz. Zur Ableitung der Resultate war eine besondere Lage des Koordinatensystems zugrunde gelegt. Hinterher kann man von dieser abstrahieren und zur Berechnung der Anziehung, welche die Kugelfläche auf einen äußeren Punkt ausübt, einfach die Formeln (Ia), S. 5, anwenden, indem man darin für ξ, η, ζ die Koordinaten des Kugelmittelpunktes, für μ die auf der Kugelfläche ausgebreitete Masse setzt.

c) Geometrische Ableitung des Satzes, daß eine homogene Kugelfläche auf innere Punkte keine Anziehung ausübt.

Für das zweite der obigen Resultate wollen wir noch einen einfachen, von Newton herrührenden Beweis geben. Wir betrachten zu dem Zwecke ein Flächenelement do der Kugel, das wir in der Figur durch den Bogen BC

andeuten. Dies Element übt auf A eine Anziehung aus, die von A nach B gerichtet, und deren Größe

$$K = \frac{f m \varkappa\, do}{\overline{AB}^2}$$

ist. Wir verbinden nun alle Punkte des Umfangs von do mit A und verlängern diese Linien bis zum abermaligen Schnitt mit der Kugel, wodurch auf dieser ein zweites Flächenelement do' (in der Figur $B'C'$) ausgeschnitten wird. Dasselbe übt auf A die Anziehung

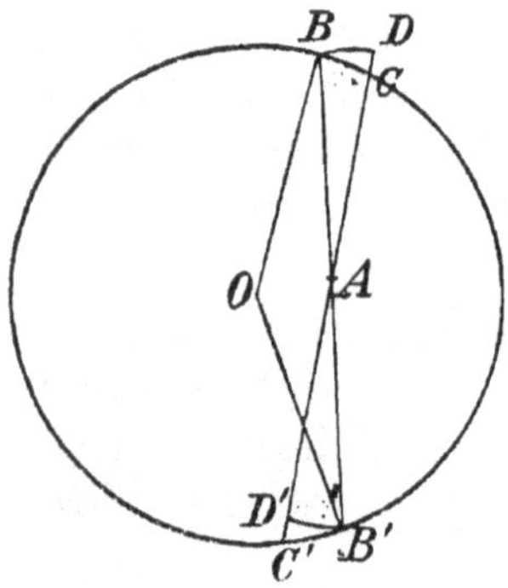

Fig. 9.

$$K' = \frac{f m \varkappa\, do'}{\overline{AB'}^2}$$

aus, und zwar ist diese von A nach B' gerichtet. K und K' haben also entgegengesetzte Richtungen; können wir noch zeigen, daß beide gleichen absoluten Wert haben, so heben sie sich gegenseitig auf; und gilt das für zwei beliebige Elemente do und do', die aus der Kugel durch einen Kegel von sehr kleiner Öffnung mit dem Scheitel A und seinen Scheitelkegel ausgeschnitten werden, so heben sich die von allen Elementen der Kugelfläche auf A ausgeübten Anziehungen gegenseitig auf, die Kugelfläche übt daher auf A gar keine Anziehung aus. Es kommt also darauf an, nachzuweisen, daß

$$\frac{do}{\overline{AB}^2} = \frac{do'}{\overline{AB'}^2} \tag{14}$$

ist. Dazu verlängern wir den Kegel, der A mit dem Umfange von do verbindet, bis er eine um A mit dem Radius AB beschriebene Hilfskugel trifft, aus der er das Flächenelement $d\omega$ (in der Figur BD) ausschneidet. Ebenso betrachten wir das Element $d\omega'$ (in der Figur $B'D'$), das der Scheitelkegel jenes Kegels aus einer mit AB' um A beschriebenen Hilfskugel ausschneidet. Da der Kugelradius auf der Kugelfläche senkrecht steht, so können wir $d\omega$ als Projektion von do auf die erste Hilfskugel betrachten und haben daher

$$d\omega = do \cdot \cos(do\,,\, d\omega)\,,$$

wo $(do\,,\, d\omega)$ den spitzen Winkel zwischen den Flächenelementen do und $d\omega$ bezeichnet. Dieser Winkel ist derselbe wie der, den die Normalen beider Elemente bilden, also $(do\,,\, d\omega) = ABO$, daher

$$d\omega = do \cdot \cos(ABO)\,, \qquad do = \frac{d\omega}{\cos(ABO)}\,.$$

Analog folgt

$$do' = \frac{d\omega'}{\cos(AB'O)}\,.$$

Die Winkel ABO und $AB'O$ sind aber gleich, also ist

$$\frac{do}{do'} = \frac{d\omega}{d\omega'}\,. \tag{15}$$

Ferner sind $d\omega$ und $d\omega'$ solche Stücke zweier konzentrischen Kugeln, die von demselben vom Mittelpunkte ausgehenden Kegel ausgeschnitten werden, und verhalten sich daher wie die Quadrate der Radien, d. h.

$$\frac{d\omega}{d\omega'} = \frac{\overline{AB}^2}{\overline{AB'}^2}\,, \tag{16}$$

folglich wegen (15) auch

$$\frac{do}{do'} = \frac{\overline{AB}^2}{\overline{AB'}^2}\,, \tag{17}$$

womit (14) bewiesen ist. Damit ist auch das an die Spitze gestellte Resultat abgeleitet.

Aufgabe 5. Anziehung einer von zwei konzentrischen Kugeln begrenzten homogenen Masse.

Die Lösung dieser Aufgabe ergibt sich unmittelbar aus der der vorhergehenden. Denken wir uns nämlich zu den gegebenen Kugeln alle möglichen konzentrischen konstruiert und nennen die von zwei unendlich nahen konzentrischen Kugeln begrenzte Schale eine Elementarschale, so können wir jede Elementarschale als eine gleichförmig mit Masse belegte Kugelfläche ansehen. Liegt nun der angezogene Punkt im inneren hohlen Raume, ist also sein Abstand vom Mittelpunkte kleiner als der Radius der inneren Grenzfläche der Masse, so übt keine der Elementarschalen eine Anziehung auf den Punkt aus, mithin auch nicht die ganze Schale.

Liegt ferner der angezogene Punkt im Außenraume, ist also sein Abstand vom Mittelpunkte größer als der Radius der äußeren Grenzfläche, so können wir die Anziehung jeder einzelnen Elementarschale ersetzen durch die Anziehung des gemeinsamen Mittelpunktes, darin die Masse der betreffenden Elementarschale konzentriert gedacht. Mithin können wir auch die Anziehung der ganzen Schale ersetzen durch die Anziehung des Mittelpunktes, darin die ganze Masse der Schale vereinigt gedacht.

Diese Argumentation bleibt auch für den Fall gültig, daß für die verschiedenen Elementarschalen die Dichtigkeit k nicht mehr denselben Wert hat, falls nur in jeder einzelnen Elementarschale k konstant ist, d. h.:

> Die für eine anziehende Kugelfläche, S. 23, gefundenen Resultate gelten auch für eine von zwei konzentrischen Kugeln begrenzte räumliche Masse, falls die Dichtigkeit entweder konstant oder eine beliebige Funktion des Abstandes r vom Kugelmittelpunkte ist.

Analytisch hätte sich das Resultat in ähnlicher Art ergeben wie das der Aufgabe 4. Man hätte zu dem Zwecke nur dieselbe Lage des Koordinatensystems wie in jener Aufgabe wählen, dann in den Ausdrücken für X, Y, Z das konstante R durch den veränderlichen Abstand r eines Massenelements vom Mittelpunkte ersetzen und an Stelle des Flächenelements do [Gleichung (8), S. 21] das Volumenelement dv [Gleichung (4), S. 20] nehmen müssen. An Stelle der Doppelintegrale würden zugleich dreifache treten, in denen die Grenzen für ϑ und φ dieselben wären wie oben S. 21, während nach r von R_0 bis R_1 zu integrieren wäre, unter R_0 und R_1 die Radien der die Masse begrenzenden Kugeln verstanden.

Kapitel 3.

Einführung des Potentialbegriffs. Niveauflächen und Kraftlinien.

a) Das Potential.

Lagrange hat zuerst die Bemerkung gemacht, daß die durch die Formeln (Ia) und (II), S. 5 u. 6, bestimmten Anziehungskomponenten sich als die partiellen Differentialquotienten einer und derselben Funktion nach den Koordinaten des angezogenen Punktes darstellen lassen, und Laplace hat dies Resultat auf die Formeln (III), (IV), (V), d. h. auf die Anziehung beliebiger Massen ausgedehnt.

Wir betrachten zuerst die Anziehung zweier Massenpunkte aufeinander. Die Anziehungskomponenten sind in diesem Falle durch die Formeln (Ia), S. 5, dargestellt. Aus der Gleichung (2), S. 4, folgt nun:

$$\varrho \frac{\partial \varrho}{\partial x} = -(\xi - x), \qquad \frac{\partial \varrho}{\partial x} = -\frac{\xi - x}{\varrho},$$

$$\frac{\partial \frac{1}{\varrho}}{\partial x} = -\frac{1}{\varrho^2}\frac{\partial \varrho}{\partial x} = \frac{\xi - x}{\varrho^3}$$

und ebenso

$$\frac{\partial \frac{1}{\varrho}}{\partial y} = \frac{\eta - y}{\varrho^3}, \qquad \frac{\partial \frac{1}{\varrho}}{\partial z} = \frac{\zeta - z}{\varrho^3}.$$

Die Ausdrücke (Ia) nehmen daher, wenn man die konstanten Faktoren unter das Differentiationszeichen setzt, die Form an:

$$\text{(Ib)} \quad X = \frac{\partial}{\partial x}\left(\frac{f m \mu}{\varrho}\right), \quad Y = \frac{\partial}{\partial y}\left(\frac{f m \mu}{\varrho}\right), \quad Z = \frac{\partial}{\partial z}\left(\frac{f m \mu}{\varrho}\right).$$

Für die Anziehung beliebig vieler diskreter Massenpunkte ist nach (II)

$$\text{(IIb)} \quad X = f m \sum_{h=1}^{n} \mu_h \frac{\xi_h - x}{\varrho_h^3} = f m \sum_{h=1}^{n} \mu_h \frac{\partial \frac{1}{\varrho_h}}{\partial x} = \frac{\partial}{\partial x}\left(f m \sum_{h=1}^{n} \frac{\mu_h}{\varrho_h}\right),$$

und die Ausdrücke für Y und Z ergeben sich daraus durch Vertauschung von ξ_h und x mit η_h und y, resp. mit ζ_h und z. Da durch diese Vertauschung der Ausdruck

$$f m \sum_{h=1}^{n} \frac{\mu_h}{\varrho_h}$$

nicht geändert wird, so existiert auch hier eine Funktion, deren partielle Ableitungen nach x, y, z die Anziehungskomponenten darstellen.

Für den Fall einer irgend einen Raum kontinuierlich erfüllenden Masse haben wir nach (III), S. 8:

$$X = f m \iiint \frac{k(\xi - x)\,dv}{\varrho^3} = f m \iiint k \frac{\partial \frac{1}{\varrho}}{\partial x}\, d\xi\, d\eta\, d\zeta\,.$$

In dem rechts stehenden Integral sind ξ, η, ζ die Integrationsveränderlichen, x, y, z aber variable Parameter. Nun wird ein bestimmtes Integral nach einem Parameter differentiiert, indem man die zu integrierende Funktion differentiiert, vorausgesetzt, daß der Parameter nicht in den Integrationsgrenzen auftritt. Dieser Satz kann hier angewandt werden, da die Integrationsgrenzen nur von der anziehenden Masse, nicht aber von der Lage des angezogenen Punktes abhängen. So erhalten wir, da auch k nur von ξ, η, ζ, nicht aber von x, y, z abhängt:

$$\text{(III b)} \qquad X = \frac{\partial}{\partial x}\left(f m \iiint \frac{k}{\varrho}\, d\xi\, d\eta\, d\zeta\right),$$

und Y, resp. Z ergeben sich ebenso als die partiellen Ableitungen des in der Klammer stehenden Ausdrucks nach y, resp. z.

Analoges gilt endlich auch für anziehende Flächen und Linien.

In allen Fällen existiert also eine Funktion V von der Beschaffenheit, daß

$$\text{(A)} \qquad X = \frac{\partial V}{\partial x}, \quad Y = \frac{\partial V}{\partial y}, \quad Z = \frac{\partial V}{\partial z}$$

ist*), und zwar ist für anziehende diskrete Massenpunkte

$$(B_1) \qquad V = fm \sum_{h=1}^{n} \frac{\mu_h}{\varrho_h},$$

für anziehende räumliche Massen

$$(B_2) \qquad V = fm \iiint \frac{k\,dv}{\varrho},$$

für anziehende Flächen

$$(B_3) \qquad V = fm \iint \frac{\varkappa\,do}{\varrho},$$

für anziehende Linien endlich

$$(B_4) \qquad V = fm \int \frac{\bar{\varkappa}\,ds}{\varrho}.$$

Für die hier auftretende Funktion hat Gauß (1839) den Namen Potential eingeführt, Green hatte dafür (1828) die Bezeichnung „Potentialfunktion" vorgeschlagen. Da die Greensche Abhandlung, wenn auch früher verfaßt als die Gaußsche, erst viel später allgemein bekannt geworden ist, so hat sich der Name Potential eingebürgert.

In ähnlicher Weise wie die den Koordinatenachsen parallelen Kraftkomponenten X, Y, Z hängen auch die nach beliebigen Richtungen genommenen Kraftkom-

---

*) In manchen Abhandlungen und Lehrbüchern findet man statt der Formeln (A) die anderen:

$$(A') \qquad X = -\frac{\partial V}{\partial x}, \qquad Y = -\frac{\partial V}{\partial y}, \qquad Z = -\frac{\partial V}{\partial z},$$

während doch V durch die Gleichungen (B_1)—(B_4) bestimmt wird. Der Grund für diese Abweichung ist entweder der, daß man statt der anziehenden Kräfte abstoßende betrachtet. Für diese gelten die Gleichungen (A'), wenn man in (B_1)—(B_4) f als positiv annimmt. Oder aber man muß, wenn man die Gleichungen (A') auf anziehende Kräfte anwendet, das Vorzeichen der Kraftkomponenten abweichend von der in der Mechanik gebräuchlichen Definition festsetzen (vgl. die Anmerkung S. 4). Bei der S. 4 über das Vorzeichen der Kraftkomponenten getroffenen Festsetzung sind für anziehende Kräfte nur die Gleichungen (A) richtig, nicht die Gleichungen (A').

ponenten von V ab, d. h. ist V das Potential irgendwelcher anziehenden Massen, K die von diesen Massen auf einen Massenpunkt A ausgeübte Kraft, K_s die nach der Richtung s genommene Komponente dieser Kraft, so ist:

$$K_s = \frac{\partial V}{\partial s}\,. \tag{A''}$$

Die Richtigkeit der Gleichung (A″) ergibt sich am einfachsten durch folgende Überlegung. In den vorhergehenden Erörterungen war die Lage des Koordinatensystems ganz beliebig. Legt man dasselbe so, daß die Richtung von ds in die x-Achse fällt, so ist $K_s = X$ und zugleich $\frac{\partial V}{\partial s} = \frac{\partial V}{\partial x}$; die Einsetzung dieser Ausdrücke in die erste Gleichung (A) gibt sofort (A″).

Wir geben noch eine andere Ableitung von (A″). Da V direkt nur von x, y, z abhängt, von s nur insofern, als x, y, z selbst sich mit s ändern, so ist

$$\begin{aligned}\frac{\partial V}{\partial s} &= \frac{\partial V}{\partial x}\frac{dx}{ds} + \frac{\partial V}{\partial y}\frac{dy}{ds} + \frac{\partial V}{\partial z}\frac{dz}{ds}\,,\\ &= X\frac{dx}{ds} + Y\frac{dy}{ds} + Z\frac{dz}{ds}\,.\end{aligned}$$

Nun ist, da X, Y, Z die den Achsen parallelen Komponenten der anziehenden Kraft K sind,

$$X = K\cos(K\,,\,x)\,,\qquad Y = K\cos(K\,,\,y)\,,\qquad Z = K\cos(K\,,\,z)\,,$$

wo (K, x) den Winkel bezeichnet, den K mit der positiven x-Achse bildet usw. Ferner ist dx die zur Änderung ds von s gehörige Änderung von x, d. h. dx ist die Projektion von ds auf die x-Achse, daher mit analoger Bezeichnung der Winkel

$$\frac{dx}{ds} = \cos(ds\,,\,x)\,,\qquad \frac{dy}{ds} = \cos(ds\,,\,y)\,,\qquad \frac{dz}{ds} = \cos(ds\,,\,z)\,,$$

weiter

$$\begin{aligned}\frac{\partial V}{\partial s} &= K\{\cos(K\,,\,x)\cos(ds\,,\,x) + \cos(K\,,\,y)\cos(ds\,,\,y)\\ &\qquad + \cos(K\,,\,z)\cos(ds\,,\,z)\}\,,\\ &= K\cdot\cos(K\,,\,ds)\,,\end{aligned}$$

und $K \cos(K, ds)$ ist die der Richtung von ds parallele Kraftkomponente K_s.

b) Niveauflächen und Kraftlinien. Das Potential V ist eine Funktion der Koordinaten des angezogenen Punktes, die im allgemeinen beim Übergang von einem Punkte P zu einem anderen P_1 ihren Wert ändert. Doch wird es gewisse Punkte geben, in denen V denselben Wert wie in P hat. Ist dieser Wert V_0, so stellt die Gleichung

$$V = V_0 \tag{1}$$

[wie jede Gleichung von der Form $f(x, y, z) = \text{konst.}$] eine Fläche dar, die diejenigen Teile des Raumes, in denen $V < V_0$ ist, von denen trennt, für die $V > V_0$ ist. Eine solche Fläche heißt eine Niveaufläche oder Äquipotentialfläche. Sie hat die Eigenschaft, daß

die Richtung der Kraft überall auf der Niveaufläche senkrecht steht.

Denn ist P ein Punkt der Niveaufläche, ds ein von P ausgehendes Bogenelement der Fläche, so ist einerseits

$$\frac{\partial V}{\partial s} = 0,$$

da V beim Fortgang auf der Fläche seinen Wert nicht ändert. Andererseits ist

$$\frac{\partial V}{\partial s} = K \cos(K, ds),$$

und da K für Punkte außerhalb der anziehenden Masse im allgemeinen nicht verschwinden kann, so muß

$$\cos(K, ds) = 0$$

sein, d. h. die anziehende Kraft steht im Punkte P senkrecht auf allen von P ausgehenden Bogenelementen der Niveaufläche, hat also die Richtung der Normale N jener Fläche.

$$\frac{\partial V}{\partial N}$$

stellt daher die ganze Kraft dar.

Erteilt man in der Gleichung (1) der Konstante V_0 andere und andere Werte, so erhält man ein System von

Niveauflächen, für die V_0 ein variabler Parameter ist. Diese bilden, als nur von einem Parameter abhängig, eine einfach unendliche Schar. Zwei Flächen der Schar können sich, da sie zu verschiedenen Werten von V_0 gehören, nie schneiden. Diejenigen Kurven, welche alle Flächen der Schar senkrecht schneiden, haben die Eigenschaft, daß jede Tangente an eine dieser Kurven die Richtung der Normale der durch den Berührungspunkt gehenden Niveaufläche und damit die Richtung der auf den Berührungspunkt ausgeübten Kraft hat. Jene Kurven heißen daher Kraftlinien. Wir können uns eine Kraftlinie folgendermaßen entstehend denken: Wir gehen von einem Punkte P einer Niveaufläche in der Richtung der Flächennormale bis zum Schnitte Q dieser Flächennormale mit einer zweiten Niveaufläche, von Q längs der Flächennormale der zweiten Niveaufläche zu einer dritten Niveaufläche, die von der zweiten Normale in R getroffen werden möge usf. Lassen wir dann die einzelnen Niveauflächen einander unendlich nahe rücken, so geht die gebrochene Linie $PQR\ldots$ im Grenzfalle in die gesuchte Kurve über.

c) Einfache Beispiele für Niveauflächen und Kraftlinien.

1. Für einen einzelnen anziehenden Massenpunkt ist nach (B_1) S. 29

$$V = \frac{f m \mu}{\varrho}.$$

Die Niveauflächen $\varrho =$ konst. sind daher konzentrische Kugeln, die den anziehenden Punkt zum gemeinsamen Mittelpunkte haben; die Kraftlinien sind die Kugelradien.

Dasselbe Resultat gilt für eine anziehende homogene Kugel, da man nach Aufgabe 5, Kap. 2, deren Anziehung durch die des Mittelpunktes ersetzen kann.

Auch für die Anziehung zweier oder mehrerer diskreter Massenpunkte erhält man die Gleichung der Niveauflächen unmittelbar aus der Formel (B_1).

2. Die Niveauflächen einer anziehenden homogenen geraden Strecke ergeben sich ohne Rechnung durch folgende Überlegung. Nach Aufgabe 2, Kap. 2, kann man die Anziehung, welche die Strecke BC auf den Punkt A ausübt, ersetzen durch die Anziehung des homogenen Bogens $B'C'$

(s. Fig. 4, S. 14), letztere, nach Aufgabe 1, Kap. 2, wiederum durch die Anziehung, die eine gewisse, in der Mitte des Bogens konzentrierte Masse auf A ausübt. Die von BC auf A ausgeübte Kraft ist daher nach der Mitte des Bogens $B'C'$ gerichtet und halbiert den Winkel $B'AC'$, der mit dem Winkel BAC identisch ist. Für jede Lage des Punktes A hat also die wirkende Kraft die Richtung der Halbierungslinie des Winkels BAC. Andererseits halbiert die Normale derjenigen durch A gehenden Ellipse, welche B und C zu Brennpunkten hat, den Winkel BAC. Jede in irgend einer durch BC gelegten Ebene liegende Ellipse, die B und C zu Brennpunkten hat, steht also senkrecht auf der Kraft, die von BC auf einen Punkt der Ellipse ausgeübt wird. Durch Rotation dieser Ellipsen um BC als Achse entstehen verlängerte konfokale Rotationsellipsoide, und da die Normale einer Rotationsfläche zusammenfällt mit der Normale ihrer Meridiankurve, so stehen auch alle genannten Rotationsellipsoide auf der wirkenden Kraft senkrecht und sind somit die gesuchten Niveauflächen.

Die Kraftlinien sind in diesem Falle ferner solche Kurven, welche in einem beliebigen Punkte P die Halbierungslinie des Winkels BAC zur Tangente haben. Diese Eigenschaft haben alle Hyperbeln mit den Brennpunkten B, C, und daß diese Hyperbeln die vorher betrachteten Ellipsen mit denselben Brennpunkten und somit auch die Niveauflächen senkrecht schneiden, ist ein bekannter Satz aus der Lehre von den Kegelschnitten.

Resultat. Die Niveauflächen einer anziehenden homogenen geraden Strecke BC sind konfokale verlängerte Rotationsellipsoide, die die Endpunkte der Strecke zu Brennpunkten haben; und die Kraftlinien sind Hyperbeln mit denselben Brennpunkten, die in den durch BC gelegten Ebenen liegen.

d) Allgemeine Bestimmung der Kraftlinien. Ist das Potential V der anziehenden Masse bekannt, so kennt man auch die Richtungskosinus der Normalen einer beliebigen Niveaufläche. Diese Richtungskosinus sind proportional $\frac{\partial V}{\partial x}$, $\frac{\partial V}{\partial y}$, $\frac{\partial V}{\partial z}$. Ist andererseits ds ein Bogenelement einer Kraftlinie, dx, dy, dz die Projektionen desselben auf die Koordinatenachsen, so sind $\frac{dx}{ds}, \frac{dy}{ds}, \frac{dz}{ds}$ die Richtungskosinus der Tangente der Kraftlinie, und da diese Tangente für alle Kurvenpunkte auf der Niveaufläche des betrachteten Punktes senkrecht steht, so sind die einen Richtungskosinus mit den anderen identisch, d. h. es ist

$$\pm\frac{\partial V}{\partial x} : \pm\frac{\partial V}{\partial y} : \pm\frac{\partial V}{\partial z} = \frac{dx}{ds} : \frac{dy}{ds} : \frac{dz}{ds},$$

und zwar sind in allen drei Gliedern links dieselben Zeichen zu nehmen. Die vorstehende Proportion kann man so schreiben:

$$\frac{dx}{\frac{\partial V}{\partial x}} = \frac{dy}{\frac{\partial V}{\partial y}} = \frac{dz}{\frac{\partial V}{\partial z}}. \tag{2}$$

Wir haben damit, da V eine bekannte Funktion von x, y, z ist, zwei simultane partielle Differentialgleichungen. Aus ihrer Integration ergeben sich zwei endliche Gleichungen zwischen x, y, z mit zwei willkürlichen Konstanten. Durch zwei solche Gleichungen wird, wenn man den Konstanten bestimmte Werte erteilt, eine Raumkurve bestimmt.

Beispiel. Die Kraftlinien für die Anziehung zweier Massenpunkte von gleicher Masse. Die beiden Massenpunkte B_1, B_2 mögen die gleiche Masse μ haben, ihr Abstand sei $2l$. Wir legen ein Koordinatensystem zugrunde, dessen Anfangspunkt O die Mitte der Verbindungslinie $B_1 B_2$ ist, während die positive x-Achse von O nach B_1 gerichtet ist. Die Koordinaten von B_1 sind dann $+l, 0, 0$, die von B_2 $-l, 0, 0$. Irgend ein Punkt A des Raumes, mit den Koordinaten x, y, z, habe von B_1 den Abstand ϱ_1, von B_2 den Abstand ϱ_2, so ist:

$$\begin{cases} \varrho_1^2 = (x-l)^2 + y^2 + z^2 = (x-l)^2 + \eta^2, \\ \varrho_2^2 = (x+l)^2 + y^2 + z^2 = (x+l)^2 + \eta^2, \end{cases} \tag{3}$$

wo

$$\eta = \sqrt{y^2 + z^2} \tag{3a}$$

der Abstand des Punktes A von der x-Achse ist. Nach (B_1), S. 29, ist:

$$V = f m \mu \left\{ \frac{1}{\varrho_1} + \frac{1}{\varrho_2} \right\},$$

daher

$$\frac{\partial V}{\partial x} = -f m \mu \left\{ \frac{x-l}{\varrho_1^3} + \frac{x+l}{\varrho_2^3} \right\},$$

$$\frac{\partial V}{\partial y} = -f m \mu \left\{ \frac{y}{\varrho_1^3} + \frac{y}{\varrho_2^3} \right\}, \qquad \frac{\partial V}{\partial z} = -f m \mu \left\{ \frac{z}{\varrho_1^3} + \frac{z}{\varrho_2^3} \right\}.$$

Nach (2) werden daher die Differentialgleichungen der Kraftlinien:

$$\frac{dx}{\frac{x-l}{\varrho_1^3} + \frac{x+l}{\varrho_2^3}} = \frac{dy}{y\left(\frac{1}{\varrho_1^3} + \frac{1}{\varrho_2^3}\right)} = \frac{dz}{z\left(\frac{1}{\varrho_1^3} + \frac{1}{\varrho_2^3}\right)}, \tag{4}$$

d. h. es ist:

$$\frac{dy}{y} = \frac{dz}{z}, \tag{4a}$$

woraus durch Integration

$$\log z = \log y + \log C_1$$

folgt, falls $\log C_1$ die Integrationskonstante bezeichnet, oder

$$z = C_1 y\,. \tag{5}$$

Das ist die Gleichung einer durch die x-Achse gelegten Ebene. Alle Kraftlinien liegen also in einer durch $B_1 B_2$ gehenden Ebene, ein Resultat, das man auch ohne Rechnung hätte voraussehen können, da die Resultierende der von B_1 und B_2 auf A ausgeübten Anziehungen in der Ebene $A B_1 B_2$ liegt.

Weiter folgt aus (4a):

$$\frac{dy}{y} = \frac{y\,dy}{y^2} = \frac{z\,dz}{z^2} = \frac{y\,dy + z\,dz}{y^2 + z^2} = \frac{\eta\,d\eta}{\eta^2} = \frac{d\eta}{\eta}.$$

Dadurch geht die erste Gleichung (4) in folgende über:

$$\frac{dx}{\frac{x-l}{\varrho_1^3} + \frac{x+l}{\varrho_2^3}} = \frac{d\eta}{\eta\left(\frac{1}{\varrho_1^3} + \frac{1}{\varrho_2^3}\right)}$$

oder

$$\text{(6)} \qquad \frac{\eta\, dx - (x-l)\, d\eta}{\varrho_1^3} + \frac{\eta\, dx - (x+l)\, d\eta}{\varrho_2^3} = 0 .$$

Multipliziert man (6) mit η und beachtet, daß nach (3)

$$\eta\, d\eta = \varrho_1\, d\varrho_1 - (x-l)\, dx = \varrho_2\, d\varrho_2 - (x+l)\, dx ,$$

so erhält man:

$$\frac{[\eta^2 + (x-l)^2]\, dx - (x-l)\, \varrho_1\, d\varrho_1}{\varrho_1^3} + \frac{[\eta^2 + (x+l)^2]\, dx - (x+l)\, \varrho_2\, d\varrho_2}{\varrho_2^3} = 0$$

oder

$$\text{(7)} \qquad \frac{\varrho_1^2\, dx - (x-l)\, \varrho_1\, d\varrho_1}{\varrho_1^3} + \frac{\varrho_2^2\, dx - (x+l)\, \varrho_2\, d\varrho_2}{\varrho_2^3} = 0 .$$

Hebt man den ersten Bruch durch ϱ_1, den zweiten durch ϱ_2, so sind beide Brüche vollständige Differentiale, und es folgt:

$$\text{(8)} \qquad d\left(\frac{x-l}{\varrho_1}\right) + d\left(\frac{x+l}{\varrho_2}\right) = 0 ,$$

also:

$$\text{(9)} \qquad \frac{x-l}{\varrho_1} + \frac{x+l}{\varrho_2} = C .$$

(5) und (9) zusammen sind die Gleichungen der Kraftlinien.

Kapitel 4.

Allgemeine Eigenschaften des Potentials beliebiger Massen für äußere Punkte.

Wir behalten die bisher stets gemachte Voraussetzung, daß der angezogene Punkt ein äußerer ist, d. h. nicht der anziehenden Masse angehört, bei und wollen zugleich der Einfachheit wegen die konstanten Faktoren fm in den Ausdrücken für das Potential [Gleichung (B_1)—(B_4), S. 29] fortlassen, was darauf hinauskommt, daß wir die Masse des angezogenen Punktes gleich der Masseneinheit annehmen und das Maß der Kraft so wählen, daß $f = 1$ wird.

Das Potential irgendwelcher Massen in bezug auf äußere Punkte hat folgende Eigenschaften.

a) **Das Potential und seine Differentialquotienten sind überall endliche und kontinuierliche Funktionen der Koordinaten des angezogenen Punktes.**

Da der angezogene Punkt ein äußerer, ist ϱ für kein Massenelement $= 0$, also $\frac{1}{\varrho}$ nie unendlich, k ist seiner Natur nach eine überall endliche Funktion, und ebenso sind in (B_2)—(B_4) die Integrationsbereiche endlich, da die anziehende Masse stets einen bestimmten endlichen Raum einnimmt. Eine überall endliche Funktion, innerhalb endlicher Grenzen integriert, gibt stets einen endlichen Wert. Die gleichen Schlüsse gelten für die Anziehungskomponenten und ebenso für die höheren Differentialquotienten des Potentials. Daß dasselbe Resultat auch für das Potential diskreter Massenpunkte (B_1) gilt, wo eine Summation an Stelle der Integration tritt, liegt auf der Hand.

Die Kontinuität des Potentials folgt daraus, daß die zu integrierende Funktion eine kontinuierliche Funktion der Koordinaten des angezogenen Punktes ist. In der Tat, ändert der angezogene Punkt A seine Lage unendlich wenig, während die anziehende Masse ihre Lage nicht ändert, so erfährt der Abstand ϱ des Punktes A von einem beliebigen Massenelement die unendlich kleine Änderung $\delta\varrho$, $\frac{1}{\varrho}$ die Änderung $\frac{-\delta\varrho}{\varrho^2}$, das Potential V also die Änderung:

$$\delta V = -\iiint \frac{k\,\delta\varrho\,dv}{\varrho^2}\,.$$

Ist nun $\delta\varrho_0$ der absolut größte Wert aller $\delta\varrho$, so ist:

$$|\delta V| \lesssim \delta\varrho_0 \iiint \frac{|k|\,dv}{\varrho^2}\,,$$

falls, wie üblich, mit $|\ |$ der absolute Wert bezeichnet wird. Nun ist das rechts stehende Integral endlich, $\delta\varrho_0$ unendlich klein, daher ist auch das Produkt beider und damit $|\delta V|$ unendlich klein; d. h. aber V ändert sich kontinuierlich, falls der angezogene Punkt seine Lage ändert.

Diese Argumentation gilt ohne weiteres auch für die Integrale (B_3), (B_4), ebenso auch für die endliche Summe (B);

ferner läßt sie sich ohne weiteres in allen Fällen auf die Anziehungskomponenten sowie auf die höheren Differentialquotienten des Potentials übertragen.

b) Verhalten des Potentials und seiner Ableitungen im Unendlichen.

Wir fassen zunächst den Fall ins Auge, der bei Anziehungen allein in Frage kommt, daß die Dichtigkeit k positiv ist. Für einen zwar weit entfernten, aber noch im Endlichen gelegenen Punkt A seien ϱ_1 der kleinste, ϱ_2 der größte Abstand von der Masse, so ist

$$\varrho_2 > \varrho > \varrho_1 ,$$

daher

$$\frac{1}{\varrho_2} < \frac{1}{\varrho} < \frac{1}{\varrho_1}$$

und

$$\frac{k}{\varrho_2} < \frac{k}{\varrho} < \frac{k}{\varrho_1} ,$$

weiter

$$\iiint \frac{k}{\varrho_2} dv < \iiint \frac{k}{\varrho} dv < \iiint \frac{k}{\varrho_1} dv ,$$

da die zu integrierende Funktion positiv ist und die Grenzen in allen drei Integralen dieselben sind. Nun sind ϱ_1 und ϱ_2 von der Integrationsvariablen unabhängig, daher kann die letzte Ungleichung geschrieben werden

$$\frac{1}{\varrho_2}\iiint k\, dv < \iiint \frac{k}{\varrho} dv < \frac{1}{\varrho_1}\iiint k\, dv ,$$

d. h.

$$\frac{M}{\varrho_2} < V < \frac{M}{\varrho_1} , \tag{1}$$

wo

$$M = \iiint k\, dv \tag{2}$$

die gesamte anziehende Masse bezeichnet. Rückt der angezogene Punkt ins Unendliche, so wird $\varrho_1 = \varrho_2 = \infty$, $\frac{M}{\varrho_1} = \frac{M}{\varrho_2} = 0$, daher

$$\lim V = 0 . \tag{3}$$

Multiplizieren wir (1) mit r, wo r die Entfernung des angezogenen Punktes von einem beliebigen, fest mit der Masse verbundenen Punkte O (z. B. vom Anfangspunkte) darstellt, so erhalten wir

$$(4)\qquad \frac{rM}{\varrho_2} < rV < \frac{rM}{\varrho_1}\,.$$

Rückt der angezogene Punkt ins Unendliche, so wird mit ϱ_1 und ϱ_2 auch r unendlich, aber

$$(5)\qquad \lim_{r=\infty}\frac{r}{\varrho_2} = 1 \quad \text{und} \quad \lim_{r=\infty}\frac{r}{\varrho_1} = 1\ ^{*)},$$

also

$$(6)\qquad \lim_{r=\infty}(rV) = M\,.$$

Ein analoges Resultat gilt für die Anziehungskomponenten. Es ist

$$X = \frac{\partial V}{\partial x} = \iiint \frac{k}{\varrho^2}\,\frac{\xi - x}{\varrho}\,dv\,.$$

$\frac{\xi - x}{\varrho}$ ist ein echter Bruch, und daher gilt für den absoluten Wert von $\frac{\partial V}{\partial x}$ die Relation:

$$(7)\qquad \left|\frac{\partial V}{\partial x}\right| < \iiint \frac{k}{\varrho^2}\,dv\,.$$

---

*) Der strenge Nachweis für die Gleichungen (5) läßt sich so führen. Ist O der Anfangspunkt, hat ferner der Punkt, dessen Abstand von $A = \varrho_1$ ist, die Koordinaten ξ_1, η_1, ζ_1, so ist

$$r^2 = x^2 + y^2 + z^2\,,$$
$$\varrho_1^2 = (x - \xi_1)^2 + (y - \eta_1)^2 + (z - \zeta_1)^2\,,$$
$$= r^2 - 2(\xi_1 x + \eta_1 y + \zeta_1 z) + \xi_1^2 + \eta_1^2 + \zeta_1^2\,,$$

daher

$$\frac{\varrho_1^2}{r^2} = 1 - 2\left(\frac{x}{r}\frac{\xi_1}{r} + \frac{y}{r}\frac{\eta_1}{r} + \frac{z}{r}\frac{\zeta_1}{r}\right) + \left(\frac{\xi_1}{r}\right)^2 + \left(\frac{\eta_1}{r}\right)^2 + \left(\frac{\zeta_1}{r}\right)^2.$$

Rückt der angezogene Punkt ins Unendliche, so wird, da ξ_1, η_1, ζ_1 endlich bleiben, $\frac{\xi_1}{r} = 0$, $\frac{\eta_1}{r} = 0$, $\frac{\zeta_1}{r} = 0$, während $\frac{x}{r}$, $\frac{y}{r}$, $\frac{z}{r}$ als Richtungskosinus der Linie OA, absolut genommen, kleiner als 1 sind, daher $\lim\left(\frac{\varrho_1}{r}\right)^2 = 1$.

Wendet man auf das Integral

$$J = \iiint \frac{k}{\varrho^2} dv \tag{8}$$

dieselben Betrachtungen an wie oben auf V, so ergibt sich, daß, wenn $r = \sqrt{x^2 + y^2 + z^2}$ unendlich wird,

$$\lim_{r=\infty} J = 0\,, \qquad \lim_{r=\infty} r^2 J = M\,, \tag{9}$$

mithin

$$\lim_{r=\infty} \left|\frac{\partial V}{\partial x}\right| = 0\,, \qquad \lim_{r=\infty} r^2 \left|\frac{\partial V}{\partial x}\right| < M \tag{10}$$

wird und weiter erst recht

$$\lim_{r=\infty} x^2 \left|\frac{\partial V}{\partial x}\right| < M\,. \tag{10a}$$

$\lim r^2 \left|\frac{\partial V}{\partial x}\right|$ und $\lim x^2 \left|\frac{\partial V}{\partial x}\right|$ haben also endliche Werte.

Auch für die höheren Differentialquotienten von V lassen sich analoge Betrachtungen anstellen.

Der Beweis bedarf einer Ergänzung für den Fall, daß die Dichtigkeit k teils positiv, teils negativ ist. Auf diese Annahme, die eine Erweiterung der früheren Definition der Dichtigkeit enthält, wird man geführt, wenn die wirkenden Massen aus ungleichartigen Teilen bestehen, die teils anziehend, teils abstoßend wirken. Die X-Komponente der Wirkung ist in diesem Falle

$$X = \pm \frac{f\, m\, \mu}{\varrho^2} \frac{\xi - x}{\varrho}\,,$$

und zwar gilt, falls m und μ absolut genommen werden, das $+$ Zeichen für den Fall, daß m von μ angezogen, das $-$ Zeichen für den Fall, daß m von μ abgestoßen wird. Ziehen wir das Zeichen $\pm$ zu μ und setzen fest, daß die Masse jedes Massenteilchens positiv oder negativ zu rechnen ist, je nachdem es anziehend oder abstoßend wirkt, so müssen wir, da das Volumenelement stets absolut zu rechnen ist, auch die Dichtigkeit mit dem entsprechenden Vorzeichen versehen.

Um zu zeigen, daß unsere Formeln (3), (6), (10) auch für den Fall gelten, daß die Dichtigkeit teils positiv, teils negativ ist, teilen wir das die wirkende Masse enthaltende Volumen v in zwei Teile v_1, v_2, so daß v_1 nur die Massenteile mit positiver, v_2 die mit negativer Dichtigkeit enthält. Die Gesamtmasse von v_1 sei M_1, die Dichtigkeit eines Massenelementes $+k_1$, die Gesamtmasse von v_2 sei $-M_2$, die Dichtigkeit eines Massenelementes $-k_2$, so wird

$$V = \underbrace{\iiint}_{v_1} \frac{k_1 \, dv_1}{\varrho} + \underbrace{\iiint}_{v_2} \frac{(-k_2) \, dv_2}{\varrho} = V_1 - V_2 \, ,$$

falls

$$V_1 = \underbrace{\iiint}_{v_1} \frac{k_1 \, dv_1}{\varrho} \, , \qquad V_2 = \underbrace{\iiint}_{v_2} \frac{(+k_2) \, dv_2}{\varrho}$$

ist. Auf V_1 und V_2 können wir das obige Resultat anwenden, da k_1 und k_2 positiv sind, also

$$\lim_{r=\infty} (r V_1) = M_1 \, , \qquad \lim_{r=\infty} (r V_2) = M_2 \, ,$$

und weiter

$$\lim_{r=\infty} (r V) = M_1 - M_2 = M \, ,$$

falls M die Gesamtmasse ist.

Für die Anziehungskomponenten ergibt sich durch eine analoge Zerlegung, wie ohne weiteres ersichtlich ist, das Resultat, daß für $r = \infty$

$$\text{(10b)} \qquad \lim \left| \frac{\partial V}{\partial x} \right| = 0 \, , \qquad \lim r^2 \left| \frac{\partial V}{\partial x} \right| \qquad \text{und} \qquad \lim x^2 \left| \frac{\partial V}{\partial x} \right|$$

aber endlich sind.

Bei der Ableitung von (3), (6), (10), (10a) ist das Potential räumlichen Massen zugrunde gelegt [(B_2), S. 29]. Die ganze Argumentation läßt sich ohne jede Änderung auch auf (B_3), (B_4) und (B_1), d. h. auf das Potential von Flächen, Linien und diskreten Punkten übertragen.

c) Die Laplacesche Differentialgleichung.

Aus

$$\varrho^2 = (\xi - x)^2 + (\eta - y)^2 + (\zeta - z)^2$$

folgt, wie wir bereits wissen,

$$\frac{\partial \frac{1}{\varrho}}{\partial x} = \frac{\xi - x}{\varrho^3}.$$

Durch weiteres Differentiieren folgt daraus

$$\frac{\partial^2 \frac{1}{\varrho}}{\partial x^2} = \frac{\partial \frac{\xi - x}{\varrho^3}}{\partial x} = -\frac{1}{\varrho^3} + \frac{3(\xi - x)^2}{\varrho^5}.$$

Bilden wir ebenso $\frac{\partial^2 \frac{1}{\varrho}}{\partial y^2}$ und $\frac{\partial^2 \frac{1}{\varrho}}{\partial z^2}$ und addieren, so folgt

$$(11) \quad \begin{cases} \frac{\partial^2 \frac{1}{\varrho}}{\partial x^2} + \frac{\partial^2 \frac{1}{\varrho}}{\partial y^2} + \frac{\partial^2 \frac{1}{\varrho}}{\partial z^2} = -\frac{3}{\varrho^3} + \frac{3[(\xi-x)^2+(\eta-y)^2+(\zeta-z)^2]}{\varrho^5} \\ \qquad = -\frac{3}{\varrho^3} + \frac{3\varrho^2}{\varrho^5} = 0. \end{cases}$$

Da die Gleichung (11) für jedes in (B_1) S. 29 auftretende ϱ_h gilt, so folgt für das Potential diskreter Massenpunkte sofort

$$(12) \qquad \frac{\partial^2 V}{\partial x^2} + \frac{\partial^2 V}{\partial y^2} + \frac{\partial^2 V}{\partial z^2} = 0.$$

Daß dieselbe Gleichung auch für beliebige anziehende Massen gilt, ergibt sich so: Aus (B_2) S. 29,

$$V = \iiint \frac{k\,dv}{\varrho},$$

folgt, da x, y, z weder in den Grenzen, noch in k enthalten sind,

$$\frac{\partial V}{\partial x} = \iiint k \frac{\partial \frac{1}{\varrho}}{\partial x} dv, \qquad \frac{\partial^2 V}{\partial x^2} = \iiint k \frac{\partial^2 \frac{1}{\varrho}}{\partial x^2} dv,$$

$$\frac{\partial^2 V}{\partial x^2} + \frac{\partial^2 V}{\partial y^2} + \frac{\partial^2 V}{\partial z^2} = \iiint k \left[\frac{\partial^2 \frac{1}{\varrho}}{\partial x^2} + \frac{\partial^2 \frac{1}{\varrho}}{\partial y^2} + \frac{\partial^2 \frac{1}{\varrho}}{\partial z^2}\right] dv = 0;$$

denn wenn die zu integrierende Funktion $=0$ ist, so gilt dasselbe von dem bestimmten Integral. Das gleiche gilt bei Zugrundelegung von (B_3) und (B_4).

Die Gleichung (12) heißt die Laplacesche Differentialgleichung, die linke Seite derselben wird als Laplacescher Differentialausdruck bezeichnet. Für denselben ist die Abkürzung

$$\frac{\partial^2 V}{\partial x^2} + \frac{\partial^2 V}{\partial y^2} + \frac{\partial^2 V}{\partial z^2} = \Delta V \tag{13}$$

gebräuchlich, so daß man die Laplacesche Differentialgleichung auch so schreiben kann:

$$\Delta V = 0 . \tag{12a}$$

Beim Übergang von einem rechtwinkligen Koordinatensystem x, y, z zu einem anderen x', y', z' geht (12) über in:

$$\frac{\partial^2 V}{\partial x'^2} + \frac{\partial^2 V}{\partial y'^2} + \frac{\partial^2 V}{\partial z'^2} = 0 , \tag{12b}$$

wie daraus folgt, daß bei Ableitung der Gleichung (12) keinerlei Voraussetzung über die Lage des Koordinatensystems gemacht ist. Diese Gleichung gilt daher für jedes rechtwinklige Koordinatensystem. Übrigens läßt sich der Beweis für die Identität der linken Seiten von (12) und (12b) auch durch Benutzung der bekannten Formeln für die Transformation der Koordinaten führen. Der Laplacesche Differentialausdruck ist also eine Invariante bei jener Transformation.

d) Anwendung auf das Potential einer von zwei konzentrischen Kugeln begrenzten Schale.

Wenngleich sich das allgemeine Integral der Laplaceschen Differentialgleichung nicht in endlicher Form darstellen läßt, genügt in gewissen Spezialfällen diese Gleichung, verbunden mit den in a) und b) gefundenen allgemeinen Eigenschaften, zur Bestimmung des Potentials. Einen solchen Fall bildet die Ermittelung des Potentials einer von zwei konzentrischen Kugeln begrenzten Masse, wenn die Dichtigkeit eine Funktion des Abstandes vom Mittelpunkte ist.

Wir beweisen zunächst folgenden Satz. Das gesuchte Potential hat für zwei Punkte A und A', die gleichen

Abstand von dem gemeinsamen Mittelpunkte der die Massen begrenzenden Kugeln haben, denselben Wert. Es sei

$$V = \sum \frac{k\,dv}{\varrho}$$

das Potential der Masse für den Punkt A,

$$V' = \sum \frac{k'\,dv'}{\varrho'}$$

das Potential für den Punkt A'; die Summen (resp. Integrationen) sind beide Male über die ganze gegebene Masse auszudehnen. Nun existiert zu jedem Summanden von V ein gleicher Summand von V'. Ist nämlich B ein beliebiger Punkt der Masse, $BA = \varrho$, so trage man in A' an OA' den Winkel OAB an $= OA'B'$ (in irgend einer durch OA' gelegten Ebene) und mache $A'B' = AB$. Dann ist auch $OB = OB'$, daher ist die Dichtigkeit in B und B' die gleiche, also für gleiche Volumenelemente $k\,dv = k'\,dv'$, ferner $\varrho = AB = A'B' = \varrho'$, also

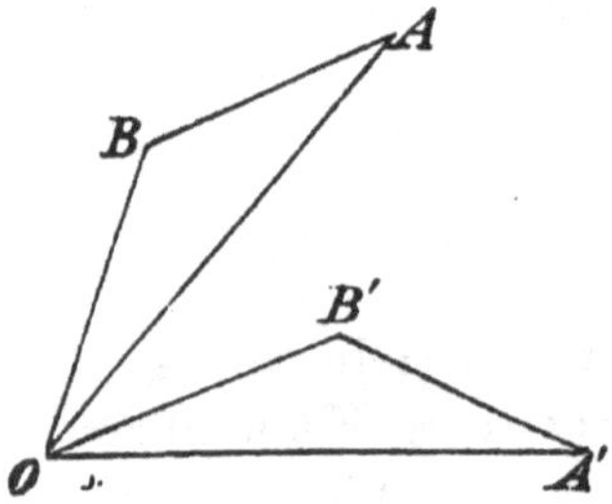

Fig. 10.

$$\frac{k\,dv}{\varrho} = \frac{k'\,dv'}{\varrho'}.$$

Es sind also die einzelnen Summanden von V und V' gleich, daher auch die Summen.

Aus diesem Satze folgt, daß der Wert des Potentials V in unserem Falle lediglich von der Entfernung des angezogenen Punktes vom Kugelmittelpunkte abhängt. Bezeichnen wir diese mit r, so ist V nur insofern eine Funktion von x, y, z, als r von diesen Größen abhängt.

Da

$$r^2 = x^2 + y^2 + z^2,$$

so ist

$$r\frac{\partial r}{\partial x} = x, \qquad \frac{\partial r}{\partial x} = \frac{x}{r},$$

daher

$$\frac{\partial V}{\partial x} = \frac{dV}{dr} \cdot \frac{\partial r}{\partial x} = \frac{dV}{dr} \frac{x}{r},$$

$$\frac{\partial^2 V}{\partial x^2} = \frac{d^2 V}{dr^2} \left(\frac{x}{r}\right)^2 + \frac{dV}{dr} \left[\frac{1}{r} - \frac{x^2}{r^3}\right]$$

und analog $\frac{\partial^2 V}{\partial y^2}$, $\frac{\partial^2 V}{\partial z^2}$. Daher wird:

$$\Delta V = \frac{d^2 V}{dr^2} \frac{x^2 + y^2 + z^2}{r^2} + \frac{dV}{dr} \left[\frac{3}{r} - \frac{x^2 + y^2 + z^2}{r^3}\right]$$

$$= \frac{d^2 V}{dr^2} + \frac{2}{r} \frac{dV}{dr}.$$

Die Laplacesche Gleichung $\Delta V = 0$ geht also in unserem Falle in folgende über:

(14) $$\frac{d^2 V}{dr^2} + \frac{2}{r} \frac{dV}{dr} = 0.$$

Zur Integration derselben setzen wir $\frac{dV}{dr} = V_1$, so wird:

$$\frac{dV_1}{dr} + \frac{2}{r} V_1 = 0,$$

oder wenn man mit r^2 multipliziert,

$$\frac{d(r^2 V_1)}{dr} = 0,$$

woraus weiter folgt:

$$V_1 = -\frac{c}{r^2},$$

(15) $$V = \frac{c}{r} + c_1,$$

wo c und c_1 willkürliche Konstante sind. Zu ihrer Bestimmung ziehen wir die allgemeinen Eigenschaften des Potentials heran. Liegt der angezogene Punkt zunächst im äußeren Raume, so kann $r = \infty$ werden, und für $r = \infty$ muß V verschwinden, also muß $c_1 = 0$ sein, ferner ist $c = M$, da

$$\lim_{r=\infty} (r V) = M$$

ist. Für einen Punkt im äußeren Raume haben wir also:

$$V = \frac{M}{r}, \tag{16}$$

eine Gleichung, die aussagt, daß das Potential unserer Masse denselben Wert hat, als wäre die Masse M im Mittelpunkte konzentriert, in Übereinstimmung mit dem, was in Kap. 2, Aufgabe 5, über die Anziehung einer solchen Masse gefunden ist.

Liegt aber der angezogene Punkt im inneren Hohlraum, so kann r nicht unendlich werden, wohl aber $= 0$. Für $r = 0$ gibt der Ausdruck (15) $V = \infty$. Wir wissen aber, daß für alle Punkte außerhalb der Masse V endlich sein muß, also muß hier $c = 0$ sein. V hat also für Punkte des inneren Hohlraumes den konstanten Wert c_1. Die Differentialquotienten von V verschwinden daher, d. h. auf einen Punkt des inneren hohlen Raumes wird keine Anziehung ausgeübt, ein bereits bekanntes Resultat.

Um den konstanten Wert c_1 des Potentials in unserem Falle zu ermitteln, genügt es, V für irgend einen Punkt des inneren Hohlraumes zu berechnen. Wir wählen dazu den Mittelpunkt der konzentrischen Kugeln. Für ihn ist:

$$x = y = z = 0,$$

daher

$$\varrho = \sqrt{\xi^2 + \eta^2 + \zeta^2},$$

$$V = \iiint \frac{k\,dv}{\sqrt{\xi^2 + \eta^2 + \zeta^2}}.$$

Führen wir räumliche Polarkoordinaten ein:

$$\xi = r_1 \sin\vartheta_1 \cos\varphi_1, \qquad \eta = r_1 \sin\vartheta_1 \sin\varphi_1, \qquad \zeta_1 = r_1 \cos\vartheta_1$$

und drücken dv in räumlichen Polarkoordinaten aus [Gleichung (4), S. 20], so wird:

$$V = \iiint \frac{k\,r_1^2\,dr_1 \sin\vartheta_1\,d\vartheta_1\,d\varphi_1}{r_1},$$

und es ist nach ϑ_1 von 0 bis π, nach φ_1 von 0 bis 2π zu integrieren, nach r_1 von R_0 bis R_1, wenn R_0 und R_1

die Radien der die Masse begrenzenden Kugeln sind. Da k nur von r_1 abhängt, nicht aber von ϑ_1 und φ_1, so folgt:

$$V = 4\pi \int_{R_0}^{R_1} k\, r_1\, dr_1 = c_1 . \tag{17}$$

Für den Fall, daß k konstant ist, ergibt sich:

$$V = c_1 = 2\pi k (R_1^2 - R_0^2) . \tag{17a}$$

Für den Fall des konstanten k ist ferner:

$$M = \tfrac{4}{3} \pi k (R_1^3 - R_0^3) ,$$

also das Potential eines äußeren Punktes:

$$V = \frac{4}{3} \frac{\pi k (R_1^3 - R_0^3)}{r} . \tag{16a}$$

Kapitel 5.

Das Potential und die Anziehungskomponenten räumlicher Massen für Punkte, die der Masse angehören.

a) Erläuterung an dem Fall einer homogenen Kugel.

Wir lassen jetzt die bisher stets gemachte Voraussetzung, daß der angezogene Punkt von der anziehenden Masse räumlich getrennt sei, fallen und untersuchen, ob und wieweit die bisherigen Resultate noch gültig sind, wenn der angezogene Punkt mit einem Punkte der anziehenden Masse zusammenfällt. Für anziehende diskrete Punkte verlieren allerdings alle Formeln ihren Sinn, wenn der angezogene Punkt in einen anziehenden Massenpunkt fällt. Denn in dem Ausdruck (B_1), S. 29, für V wird dann einer der Nenner $= 0$, während der Zähler von 0 verschieden ist, also wird $V = \infty$. Dasselbe gilt auch von den Anziehungskomponenten, für die ja die Formel gilt:

$$X = \sum_{h=1}^{n} \frac{\mu_h}{\varrho_h^2} \frac{\xi_h - x}{\varrho_h} .$$

Der Faktor $\frac{\xi_h - x}{\varrho_h}$ drückt den Kosinus eines Winkels aus, sein absoluter Wert ist kleiner als 1 und bleibt < 1, auch wenn sich der angezogene Punkt einem anziehenden Punkte beliebig nähert, dagegen wird ϱ_h^2 dabei immer kleiner, $|X|$ immer größer und schließlich unendlich groß.

Anders verhält sich die Sache bei einer in einem Raume oder auf einer Fläche kontinuierlich ausgebreiteten Masse, da hier das Potential nicht durch eine endliche Summe, sondern durch ein bestimmtes Integral ausgedrückt wird; denn ein bestimmtes Integral kann unter Umständen auch dann noch einen endlichen Wert haben, wenn die zu integrierende Funktion innerhalb des Integrationsintervalles oder an den Grenzen unendlich wird. Beim Potential und den Anziehungskomponenten kontinuierlicher Massen ist daher die Möglichkeit, daß sie auch für Punkte der Masse endlich bleiben, nicht von vornherein ausgeschlossen. Ihr Verhalten in diesem Falle bedarf aber einer eingehenden Untersuchung, bei der die Fälle der drei-, zwei- oder eindimensionalen Massen getrennt zu behandeln sind.

Der allgemeinen Untersuchung schicken wir die Erörterung eines speziellen Falles voraus. Wir fragen: welche Werte nehmen das Potential und die Anziehungskomponenten einer homogenen Kugel an, wenn der angezogene Punkt der anziehenden Masse angehört? Zur Beantwortung der Frage verfahren wir folgendermaßen. Ist R der Radius der Kugel und hat der angezogene Punkt A vom Kugelmittelpunkte den Abstand $r < R$, so konstruieren wir zwei zu der Kugel R konzentrische Kugeln mit den Radien $r + \varepsilon$ und $r - \varepsilon'$, wo ε und ε' kleine Größen sind, und abstrahieren zunächst von dem zwischen diesen Hilfskugeln liegenden Teil der anziehenden Masse. Nach Ausschluß dieses Teiles besteht die anziehende Masse aus zwei Teilen, 1. einer von den konzentrischen Kugeln R und $r + \varepsilon$ begrenzten homogenen Kugelschale, 2. einer homogenen Vollkugel vom Radius $r - \varepsilon'$, beide von gleicher Dichtigkeit k. Die Potentiale dieser beiden Teile, V_1 und V_2, sind, da A weder der Masse des einen, noch des anderen Teils angehört, viel-

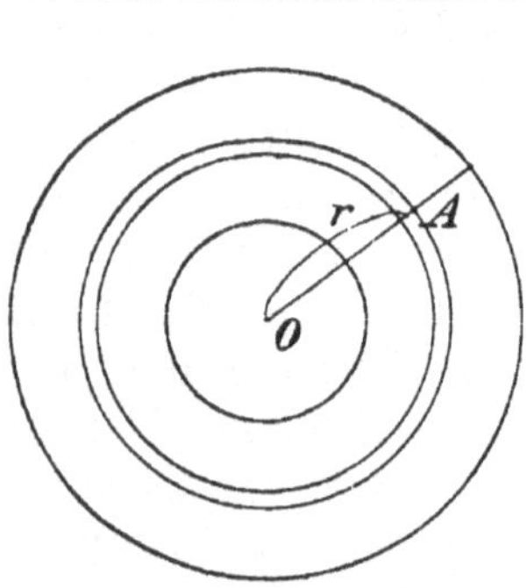

Fig. 11.

mehr für beide ein äußerer Punkt ist, nach den Formeln (17a) und (16a), S. 47:

$$(1)\qquad \begin{cases} V_1 = 2\pi k\,[R^2 - (r+\varepsilon)^2]\,, \\ V_2 = \dfrac{4}{3}\,\dfrac{\pi k\,(r-\varepsilon')^3}{r}\,; \end{cases}$$

und das Gesamtpotential beider Teile in bezug auf A ist:

$$(2)\qquad V = V_1 + V_2\,.$$

Lassen wir jetzt ε und ε' immer mehr der Null, also die den Punkt A ausschließenden Hilfskugelflächen immer mehr diesem Punkte sich nähern, so erhalten wir schließlich das Potential der Vollkugel für den inneren Punkt A. Bezeichnen wir dieses mit V_i, so ist also:

$$(3)\qquad \begin{cases} V_i = \lim\limits_{\varepsilon=0,\,\varepsilon'=0} V = 2\pi k(R^2 - r^2) + \frac{4}{3}\pi k r^2 \\ = 2\pi k(R^2 - \frac{1}{3}r^2)\,. \end{cases}$$

Das Potential hat also in diesem Falle auch für Punkte der Masse einen endlichen Wert, und zwar ist derselbe für $r = 0$, d. h. im Kugelmittelpunkte, ein Maximum.

Wir wollen die analogen Untersuchungen noch für die Anziehungskomponenten anstellen. Sind X_1 und X_2 die X-Komponenten der Anziehung der vorher (vor dem Grenzübergange) mit (1) und (2) bezeichneten Teile, so ist zunächst:

$$(4)\qquad X_1 = 0\,,$$

da eine von zwei konzentrischen Kugeln begrenzte homogene Schale auf einen Punkt des inneren Hohlraumes keine Anziehung ausübt. Da man ferner die Anziehung einer homogenen Vollkugel auf einen äußeren Punkt dadurch ersetzen kann, daß man die ganze Masse M im Mittelpunkte konzentriert, so ist:

$$(5)\qquad X_2 = -\frac{Mx}{r^3}\,,$$

oder da:

$$M = \tfrac{4}{3}\pi k(r-\varepsilon')^3$$

ist,

$$(5\text{a})\qquad X_2 = -\frac{4}{3}\,\frac{\pi k(r-\varepsilon')^3 x}{r^3}\,.$$

Für den Grenzfall $\varepsilon = 0$, $\varepsilon' = 0$ folgt daraus:

(6) $$X_i = \lim (X_1 + X_2) = -\tfrac{4}{3}\pi k x ,$$

und analog:

(6a) $$Y_i = -\tfrac{4}{3}\pi k y , \qquad Z_i = -\tfrac{4}{3}\pi k z .$$

Die Anziehungskomponenten behalten daher für Punkte der Masse ebenfalls endliche Werte. Beachten wir noch, daß in (3):

$$r^2 = x^2 + y^2 + z^2 ,$$

R aber konstant ist, so sehen wir, daß:

(7) $$X_i = \frac{\partial V_i}{\partial x} , \qquad Y_i = \frac{\partial V_i}{\partial y} , \qquad Z_i = \frac{\partial V_i}{\partial z} .$$

Auch für Punkte der Masse sind die Anziehungskomponenten die partiellen Ableitungen des Potentials nach den Koordinaten des angezogenen Punktes.

Wir wollen noch die Formeln (3), (6) mit denen vergleichen, die wir früher für Punkte außerhalb der anziehenden Masse gefunden hatten. Ist V_a das Potential, X_a die X-Komponente der Anziehung für einen äußeren Punkt, so ist nach (16a), S. 47:

(8) $$V_a = \frac{4}{3}\frac{\pi k R^3}{r} , \qquad X_a = \frac{\partial V_a}{\partial x} = -\frac{4}{3}\frac{\pi k R^3 x}{r^3} .$$

V_a und X_a ändern sich also nach ganz anderen Gesetzen als V_i und X_i. Lassen wir aber den angezogenen Punkt einerseits von innen, andererseits von außen sich der die Masse begrenzenden Kugelfläche R nähern, suchen wir also die Grenzwerte, die unsere Ausdrücke für $r = R$ annehmen, so sehen wir

(9) $$\begin{cases} \lim\limits_{r=R} V_a = \lim\limits_{r=R} V_i = \tfrac{4}{3}\pi k R^2 , \\ \lim\limits_{r=R} X_a = \lim\limits_{r=R} X_i = -\tfrac{4}{3}\pi k x . \end{cases}$$

Das Potential sowohl, als die Anziehungskomponenten sind also sowohl außerhalb der anziehenden Masse, als innerhalb derselben endliche, kontinuierliche Funktionen der Koordinaten des angezogenen Punktes. Diese Funktionen sind für äußere und innere Punkte ganz verschiedene, an der Grenzfläche der Masse aber schließen sich die Außenwerte den Innenwerten kontinuierlich an.

Untersuchen wir noch das Verhalten der zweiten Differentialquotienten. Nach (6) und (7) ist

$$\frac{\partial V_i}{\partial x} = -\tfrac{4}{3}\pi k x\,, \ \ldots,$$

also

$$\frac{\partial^2 V_i}{\partial x^2} = -\tfrac{4}{3}\pi k\,, \quad \frac{\partial^2 V_i}{\partial y^2} = -\tfrac{4}{3}\pi k\,, \quad \frac{\partial^2 V_i}{\partial z^2} = -\tfrac{4}{3}\pi k\,. \tag{10}$$

Andererseits folgt aus (8):

$$\frac{\partial^2 V_a}{\partial x^2} = -\frac{4}{3}\,\frac{\pi k R^3}{r^3}\left[1 - \frac{x^2}{r^2}\right]. \tag{11}$$

Für den Grenzfall $r = R$ ist daher im allgemeinen

$$\lim_{r=R} \frac{\partial^2 V_i}{\partial x^2} \gtrless \lim_{r=R} \frac{\partial^2 V_a}{\partial x^2}\,. \tag{12}$$

Die zweiten Differentialquotienten des Potentials sind also zwar im ganzen Außen- und im ganzen Innenraum kontinuierlich, ändern sich aber beim Übergang von dem einen zum andern diskontinuierlich.

Ferner folgt aus (10):

$$\Delta V_i = \frac{\partial^2 V_i}{\partial x^2} + \frac{\partial^2 V_i}{\partial y^2} + \frac{\partial^2 V_i}{\partial z^2} = -4\pi k\,, \tag{13}$$

während, wie wir wissen,

$$\Delta V_a = 0 \tag{13a}$$

ist. Für Punkte der Masse gilt also die Laplacesche Differentialgleichung nicht mehr, an ihre Stelle tritt die Gleichung (13), ein Resultat, das zuerst von Poisson gefunden ist, weshalb (13) auch als Poissonsche Gleichung bezeichnet wird.

Zusatz. Aus den Gleichungen (6) und (6a) läßt sich der folgende Satz ableiten.

Der Raum zwischen zwei exzentrischen Kugeln mit den Radien R und R_1, von denen die kleinere (R_1) ganz innerhalb der größeren (R) liegt, sei homogen mit Masse gefüllt. Wir suchen die Anziehung dieser Schale auf einen

Punkt P des inneren hohlen Raumes. Zu dem Zwecke denken wir uns auch diesen hohlen Raum (d. h. das Innere der Kugel R_1) mit Masse von derselben Dichtigkeit gefüllt, die die Schale besitzt. Dann sind die Anziehungskomponenten X, Y, Z der Schale die Differenzen der entsprechenden Anziehungskomponenten der Vollkugeln R und R_1, also nach (6) und (6a):

$$X = -\tfrac{4}{3}\pi k(x - x'), \quad Y = -\tfrac{4}{3}\pi k(y - y'),$$
$$Z = -\tfrac{4}{3}\pi k(z - z').$$

Darin sind x, y, z die Koordinaten von P für ein rechtwinkliges System, dessen Anfangspunkt der Mittelpunkt M der Kugel R ist, während x', y', z' die Koordinaten von P in einem System mit parallelen Achsen sind, dessen Anfangspunkt der Mittelpunkt M_1 der Kugel R_1 ist. Legen wir die Koordinatensysteme so, daß die Achsen x und x' in die Zentrale MM_1 fallen und die positiven Achsen von M nach M_1 hin gerichtet sind, während die Achsen y und y' parallel sind, ebenso z und z', so ist

$$x' = x - c, \quad y' = y, \quad z' = z,$$

wo c die Länge der Zentrale MM_1 bezeichnet. Somit wird

$$X = -\tfrac{4}{3}\pi k c, \quad Y = 0, \quad Z = 0.$$

Das sind die Komponenten einer Kraft von der konstanten Größe $\frac{4}{3}\pi k c$, die die Richtung der negativen x-Achse hat. Wir haben damit den

Satz: Die Anziehung, welche eine von zwei exzentrischen Kugeln begrenzte homogene Schale auf einen Punkt des inneren hohlen Raumes ausübt, hat konstante Größe und Richtung.

b) Allgemeiner Nachweis der Endlichkeit des Potentials und der Anziehungskomponenten für Punkte der Masse.

Um den angezogenen Punkt A, der zunächst irgendwo innerhalb der anziehenden Masse liege, beschreibe man eine Kugelfläche mit dem kleinen Radius δ, betrachte die

Anziehung, welche der außerhalb dieser kleinen Kugel liegende Teil der Masse auf A ausübt, und untersuche dann, was aus den Ausdrücken für das Potential und die Anziehungskomponenten wird, wenn δ sich beliebig dem Werte Null nähert. Führt man statt der rechtwinkligen Koordinaten räumliche Polarkoordinaten ein, mit A als Anfangspunkt und einer durch A zur x-Achse gezogenen Parallelen als Polarachse, so sind die rechtwinkligen Koordinaten eines beliebigen Punktes der anziehenden Masse:

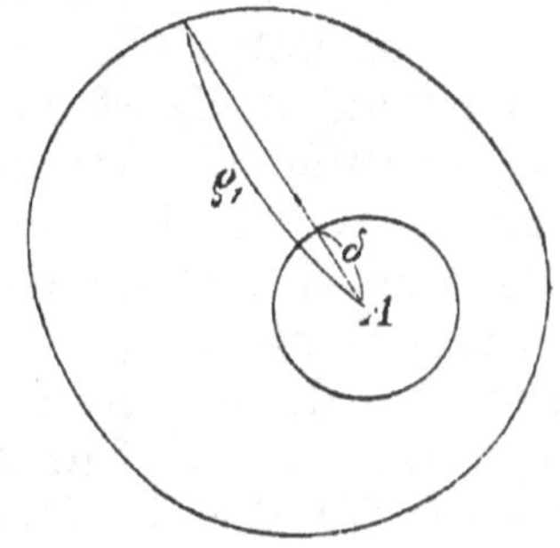

Fig. 12.

$$(14) \qquad \begin{cases} \xi = x + \varrho\cos\vartheta\,, \quad \eta = y + \varrho\sin\vartheta\cos\varphi\,, \\ \zeta = z + \varrho\sin\vartheta\sin\varphi\,, \end{cases}$$

falls x, y, z die rechtwinkligen Koordinaten von A sind, ϱ der Abstand des Punktes ξ, η, ζ von A. Das Volumenelement der anziehenden Masse ist dann

$$(14\,a) \qquad dv = \varrho^2\,d\varrho\sin\vartheta\,d\vartheta\,d\varphi$$

und somit

$$(15) \qquad V = \iiint \frac{k\,dv}{\varrho} = \iiint \frac{k\varrho^2\,d\varrho\sin\vartheta\,d\vartheta\,d\varphi}{\varrho}\,,$$

und da die Integration über das von der Masse eingenommene Volumen, mit Ausschluß des Inneren der Kugel δ, zu erstrecken ist, so sind, falls zuerst nach ϱ integriert wird, die Grenzen $\varrho = \delta$ und $\varrho = \varrho_1$, unter ϱ_1 den Abstand eines beliebigen Punktes der Grenzfläche des Körpers von A verstanden. Die Grenzen für ϑ und φ sind, da nach der Voraussetzung A ganz von der Körpermasse umschlossen wird, 0 und π, resp. 0 und 2π. Das innere Integral ist

$$(15\,a) \qquad \int_\delta^{\varrho_1} k\,\varrho\,d\varrho\,;$$

unter dem Integral steht daher, da k eine überall endliche Funktion der Koordinaten ist, eine Funktion, die auch für $\varrho = 0$ endlich ist, d. h. auch beim Übergang zu

$\delta = 0$ behält das Integral (15a) und daher der Ausdruck (15) für V einen endlichen Wert.

Für den Fall, daß der Punkt A nicht im Innern der anziehenden Masse liegt, sondern auf der Grenzfläche, ist die vorstehende Argumentation dahin zu modifizieren, daß man die x-Achse mit der inneren Flächennormale des Punktes A zusammenfallen läßt und die Integration nach ϑ von 0 bis $\frac{1}{2}\pi$, statt von 0 bis π, erstreckt. V bleibt auch in diesem Falle endlich.

Durch die Substitution (14) und (14a) erhält man ferner für die X-Komponente der Anziehung:

$$(16) \quad X = \iiint \frac{k(\xi - x)\,dv}{\varrho^3} = \iiint \frac{k\,\varrho \cos\vartheta\,\varrho^2\,d\varrho \sin\vartheta\,d\vartheta\,d\varphi}{\varrho^3}.$$

Das Integral nach ϱ ist hier

$$(16\text{a}) \quad \int_\delta^{\varrho_1} k\,d\varrho\,,$$

und dies bleibt für $\delta = 0$ ebenfalls endlich, mithin auch X und ebenso Y und Z.

Zusatz. Um die Umgebung des Punktes A zunächst vom Integrationsgebiet auszuschließen, ist hier eine um A beschriebene Kugelfläche gewählt. Man hätte an deren Stelle eine beliebige andere geschlossene Fläche nehmen können; dann würde δ die (mit der Richtung veränderliche) Verbindungslinie des Punktes A mit einem Punkte jener Fläche bezeichnen. Beim Grenzübergang wird auch hier $\delta = 0$, das Resultat bleibt dasselbe, ist also unabhängig von der besonderen Natur der Abschließungsfläche.

c) Auch für Punkte der Masse gelten die Gleichungen (A), S. 28.

Durch unsere Transformation haben die Ausdrücke für X und V Formen angenommen, die nicht mehr den Zusammenhang zwischen V und X erkennen lassen. Der Grund dafür liegt darin, daß dem angezogenen Punkte dadurch, daß er zum Anfangspunkte der Polarkoordinaten gemacht ist, eine feste Lage gegeben ist; beim Differentiieren nach x, y, z aber ist der Punkt als veränderlich anzusehen. Um zu zeigen, daß auch noch für Punkte der Masse die Gleichungen (A), S. 28 gelten, kann man folgendermaßen verfahren:

Man berechne den Wert des Potentials V nicht für den Punkt A, den Anfangspunkt der Polarkoordinaten, sondern für einen veränderlichen Punkt $A_1\,(x_1, y_1, z_1)$, der aber innerhalb der um A mit dem Radius δ beschriebenen Kugel liegt. Handelt es sich um die Untersuchung der X-Komponente, so braucht man nur die x-Koordinate von (A_1) als veränderlich anzunehmen, kann also $y_1 = y$ und $z_1 = z$ setzen. Dann gilt für $V(A_1)$, d. h. das Potential im Punkte A_1, die Gleichung

$$V(A_1) = \iiint \frac{k\,dv}{\varrho'},$$

wo

$$\varrho' = \sqrt{(\xi - x_1)^2 + (\eta - y)^2 + (\zeta - z)^2}$$

ist. Führt man wieder räumliche Polarkoordinaten mittels der Gleichungen (14), (14a) ein, so wird

$$\varrho' = \sqrt{\varrho^2 \sin^2\vartheta + (\varrho\cos\vartheta + x - x_1)^2},$$

daher

$$V(A_1) = \iiint \frac{k\,\varrho^2\,d\varrho \sin\vartheta\,d\vartheta\,d\varphi}{\sqrt{\varrho^2\sin^2\vartheta + (\varrho\cos\vartheta + x - x_1)^2}}, \tag{15b}$$

wobei die Grenzen für ϱ, ϑ, φ dieselben sind wie oben. Differentiiert man (15b) nach x_1, so folgt:

$$\frac{\partial V(A_1)}{\partial x_1} = \iiint \frac{k\,\varrho^2\,d\varrho \sin\vartheta\,d\vartheta\,d\varphi\,(\varrho\cos\vartheta + x - x_1)}{\left(\sqrt{\varrho^2\sin^2\vartheta + (\varrho\cos\vartheta + x - x_1)^2}\right)^3}, \tag{15c}$$

und nimmt jetzt die Veränderliche x_1 den Wert x an, so geht $V(A_1)$ in $V(A) = V$ über, und

$$\left(\frac{\partial V(A_1)}{\partial x_1}\right)_{x_1 = x}$$

stellt den Wert dar, den $\frac{\partial V}{\partial x}$ im A annimmt. Andererseits geht für $x = x_1$ die rechte Seite von (15c) in den Ausdruck (16) für X über, mithin ist auch für Punkte der Masse

$$X = \frac{\partial V}{\partial x}.$$

d) **Kontinuität des Potentials und seiner ersten Ableitungen für Punkte der Masse.**

Zur Vorbereitung betrachten wir die über das Volumen einer beliebigen Kugel erstreckten Integrale:

$$(17)\qquad J_1 = \iiint \frac{dv}{\varrho}\,, \qquad J_2 = \iiint \frac{dv}{\varrho^2}\,,$$

in denen ϱ den Abstand des Volumenelements dv von einem festen Punkte A innerhalb der Kugel bedeutet. Den Wert von J_1 können wir sofort angeben, da J_1 das Potential einer homogenen Kugel, deren Dichtigkeit $k = 1$ ist, für einen Punkt der Masse darstellt. Nach Gleichung (3), S. 49, ist also:

$$(17\text{a})\qquad J_1 = 2\pi(R^2 - \tfrac{1}{3}r^2)\,,$$

falls R der Kugelradius ist, r der Abstand des Punktes A vom Kugelmittelpunkte.

Um J_2 zu ermitteln, machen wir A zum Anfangspunkte eines Systems von Polarkoordinaten, so wird, da ϱ den Abstand eines Volumenelementes von A bezeichnet:

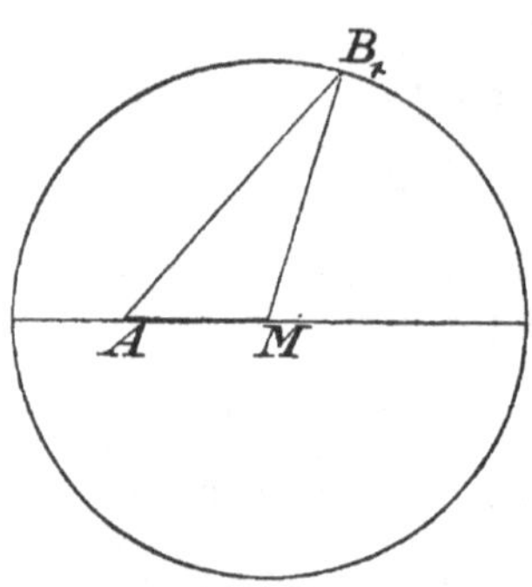

Fig. 13.

$$dv = \varrho^2\, d\varrho \sin\vartheta\, d\vartheta\, d\varphi$$

und

$$(17\text{b})\qquad J_2 = \iiint d\varrho \sin\vartheta\, d\vartheta\, d\varphi\,.$$

Die Grenzen der Integration nach ϱ sind $\varrho = 0$ und $\varrho = \varrho_1$, falls ϱ_1 den Abstand des Punktes A von einem Punkte B_1 der Kugeloberfläche bezeichnet. Ist M der Mittelpunkt der Kugel, ist ferner $MA = r_0$, und wird die Linie AM zur Achse der Polarkoordinaten genommen, so sind in dem Dreieck MAB_1 die drei Seiten $MA = r_0$, $AB_1 = \varrho_1$ und $B_1M = R$, und der Winkel B_1AM ist $= \vartheta$, daher:

$$R^2 = \varrho_1^2 + r_0^2 - 2\,\varrho_1 r_0 \cos\vartheta\,,$$

woraus:

$$(18)\qquad \varrho_1 = r_0 \cos\vartheta + \sqrt{R^2 - r_0^2 \sin^2\vartheta}$$

folgt. (Die zweite Wurzel der quadratischen Gleichung für ϱ_1 wird negativ, und ϱ_1 ist stets positiv.) Führt man in (17b) die Integration nach ϱ aus, so erhält man also, da nach ϑ von 0 bis π, nach φ von 0 bis 2π zu integrieren ist:

$$(17\text{c})\quad \begin{cases} J_2 = \int\limits_0^{\pi} \sin\vartheta\, d\vartheta \int\limits_0^{2\pi} d\varphi (r_0 \cos\vartheta + \sqrt{R^2 - r_0^2 \sin^2\vartheta}) \\ \quad = 2\pi \int\limits_0^{\pi} \sqrt{R^2 - r_0^2 \sin^2\vartheta}\, \sin\vartheta\, d\vartheta\,. \end{cases}$$

Hierin ist:

$$\sqrt{R^2 - r_0^2 \sin^2\vartheta} < R\,,$$

daher, da $\sin\vartheta$ innerhalb der Integrationsgrenzen positiv ist:

$$(17\text{d})\qquad J_2 < 2\pi R \int\limits_0^{\pi} \sin\vartheta\, d\vartheta\,, \qquad \text{d. h.}\quad J_2 < 4\pi R\,.$$

Nach diesen Vorbereitungen betrachten wir zwei sehr nahe Punkte A, A' der Masse und konstruieren eine Kugel mit dem Mittelpunkte M und dem sehr kleinen Radius δ derart, daß A und A' beide innerhalb der Kugel liegen. Durch die Kugelfläche δ wird die anziehende Masse in zwei Teile zerlegt, den Teil I außerhalb, den Teil II innerhalb der Kugel δ. Dementsprechend zerfällt das Gesamtpotential V der Masse für die Punkte A und A' in zwei Teile:

$$V = V_I + V_{II}\,.$$

In bezug auf den Teil I sind A und A' äußere Punkte, V_I ändert sich daher kontinuierlich beim Übergang von A nach A'. Ferner ist:

$$V_{II} = \iiint \frac{k\,dv}{\varrho}\,,$$

wobei die Integration über das Innere der Kugel δ zu erstrecken ist. Setzen wir hierin statt des veränderlichen k den größten absoluten Wert K, den k innerhalb der Kugel annehmen kann, so wird:

$$|V_{II}| < K \iiint \frac{dv}{\varrho}\,, \quad \text{d. h.}\quad (V_{II}) < K\, 2\pi(\delta^2 - \tfrac{1}{3}\overline{MA}^2)\,,$$

[nach (17a)], also sicher:

$$|V_{II}| < 2\pi K \cdot \delta^2\,.$$

Ist nun der Abstand der Punkte A und A' unendlich klein, so kann man δ unendlich klein von derselben Ordnung nehmen, V_{II} wird also für A und für A' unendlich klein von der Ordnung δ^2, also wird auch die Änderung von V_{II} beim Übergang von A nach A' unendlich klein von höchstens derselben Ordnung; mithin ist die Gesamtänderung von V bei diesem Übergang unendlich klein, d. h. V ändert sich kontinuierlich.

Für die X-Komponente haben wir entsprechend:

$$X = X_I + X_{II} ,$$

und zwar ist:

$$X_{II} = \iiint \frac{k(\xi - x)}{\varrho^3} dv ,$$

wobei die Integration über das Innere der Kugel δ zu erstrecken ist. $\frac{\xi - x}{\varrho}$ ist als Kosinus des Winkels, den ϱ mit der x-Achse bildet, absolut genommen, kleiner als 1. Setzen wir dafür 1 und zugleich an Stelle von k wieder seinen absolut größten Wert, so wird:

$$|X_{II}| < K \iiint \frac{dv}{\varrho^2} < 4 \pi K \delta$$

[nach (17d)]. X_{II} wird also für A und für A' mit δ unendlich klein von gleicher Ordnung; dasselbe gilt von der Änderung von X_{II} beim Übergange von A nach A', und X_I ändert sich bei diesem Übergange unendlich wenig, da A und A' in bezug auf den Teil I äußere Punkte sind. Mithin ändert sich auch X für Punkte der Masse kontinuierlich.

Die vorstehende Argumentation, die voraussetzte, daß A und A' innerhalb der anziehenden Masse lagen, läßt sich leicht auf den Fall übertragen, daß die Punkte A und A' der Oberfläche der Masse unendlich nahe liegen, und zwar A innerhalb, A' außerhalb. Konstruieren wir auch hier eine die Punkte A und A' umschließende Kugel vom Radius δ, so tritt gegen vorher nur der Unterschied ein, daß der mit II bezeichnete Teil der Masse nicht das ganze Innere der Kugel δ einnimmt, sondern nur einen Teil des Kugelvolumens. Die vorher mit J_1 und J_2 bezeichneten Integrale sind daher nicht über eine volle Kugel zu erstrecken, sondern nur über einen Teil derselben; die absoluten Integralwerte werden dadurch noch kleiner als vorher, und die Relationen:

$$|V_{II}| < 2\pi K \delta^2, \qquad |X_{II}| < 4\pi K \delta$$

gelten erst recht. Es bleiben also alle daraus gezogenen Schlüsse bestehen. Wir haben somit den

Satz: Das Potential und seine ersten Ableitungen, die Anziehungskomponenten, ändern sich sowohl für Punkte der Masse, als beim Übergange von diesen zu äußeren Punkten kontinuierlich.

Kapitel 6.

Die zweiten Ableitungen des Potentials für Punkte der Masse.

a) Die Methode des Kap. 5 versagt hier.

Wird, wie in Kap. 5, um den angezogenen Punkt A (x, y, z) eine Kugel vom Radius δ beschrieben, der innerhalb dieser Kugel liegende Teil der Masse zunächst ausgeschlossen, dann der Wert von V nicht für den Punkt A, sondern für den Punkt A_1 mit den Koordinaten x_1, y, z berechnet, so wird $V(A_1)$ durch die Formel (15b), S. 55, seine Ableitung nach x_1 durch (15c) bestimmt. Differentiiert man (15c) nochmals nach x_1, so folgt:

$$\frac{\partial^2 V(A_1)}{\partial x_1^2} = \iiint k\,\varrho^2\,d\varrho \sin\vartheta\,d\vartheta\,d\varphi \left\{\frac{-1}{\left(\sqrt{\varrho^2\sin^2\vartheta + (\varrho\cos\vartheta + x - x_1)^2}\right)^3} + \frac{3(\varrho\cos\vartheta + x - x_1)^2}{\left(\sqrt{\varrho^2\sin^2\vartheta + (\varrho\cos\vartheta + x - x_1)^2}\right)^5}\right\}.$$

Setzt man hierin $x_1 = x$, so wird:

$$\left(\frac{\partial^2 V(A_1)}{\partial x_1^2}\right)_{x_1=x} = \iiint k\,\varrho^2 \sin\vartheta\,d\vartheta\,d\varphi \left(-\frac{1}{\varrho^3} + \frac{3\,\varrho^2\cos^2\vartheta}{\varrho^5}\right)$$
$$= \iint (-1 + 3\cos^2\vartheta)\sin\vartheta\,d\vartheta\,d\varphi \int \frac{k}{\varrho}\,d\varrho\,.$$

Die Grenzen des inneren Integrals sind $\varrho = \delta$ und $\varrho = \varrho_1$, und um den Wert von $\frac{\partial^2 V}{\partial x^2}$ im Punkte A zu erhalten, muß man den Grenzwert des Integrals für $\delta = 0$ suchen. Nun ist:

$$\lim_{\delta=0} \int_{\delta}^{\varrho_1} \frac{k}{\varrho} \, d\varrho$$

logarithmisch unendlich. Wegen des Faktors $(-1 + 3\cos^2\vartheta)$, der, da ϑ von 0 bis π variiert, teils positiv, teils negativ ist, stellt also der Ausdruck von $\frac{\partial^2 V(A_1)}{\partial x_1^2}$ für $x_1 = x$, $\delta = 0$ eine Summe von Gliedern dar, die unendlich groß, aber teils positiv, teils negativ sind, d. h. unsere Transformation führt auf einen unbestimmten Ausdruck für $\frac{\partial^2 V}{\partial x^2}$. Die Umformung, die für V und $\frac{\partial V}{\partial x}$ zum Ziele führte, versagt hier also. Zur Untersuchung der zweiten Ableitungen von V, deren Verhalten wir in dem speziellen Falle einer homogenen Kugel früher kennen gelernt haben, muß daher ein anderer Weg eingeschlagen werden.

b) Die Gaußschen Hilfssätze*).

Der Untersuchung der zweiten Ableitungen des Potentials für innere Punkte schicken wir zwei Hilfssätze voraus, die auch später vielfach anzuwenden sein werden.

I. Sind f und φ zwei Funktionen von ξ, η, ζ, die innerhalb eines endlichen Raumes T überall endlich, stetig und einwertig sind und bestimmte endliche erste Ableitungen besitzen, so ist:

$$\text{(I)} \qquad \iiint f \frac{\partial \varphi}{\partial \xi} dv = \iint f \varphi \cos(N, \xi) \, do - \iiint \frac{\partial f}{\partial \xi} \varphi \, dv ,$$

wobei die dreifachen Integrale über das Volumen von T, das Doppelintegral über die Oberfläche von T zu erstrecken sind; (N, ξ) ist dabei der Winkel, den die positive Richtung

[1]) Obwohl Gauß die hier zu beweisenden Sätze nicht allgemein ausgesprochen, sondern nur spezielle Fälle derselben abgeleitet hat, ist die Benennung der Sätze nach Gauß doch gerechtfertigt, da von ihm die Methode der Ableitung herrührt; vgl. Gauß' Abhandlung über die Anziehung der Ellipsoide, Commentationes Soc. reg. scient. Gottingensis, Vol. II, 1813.

der ξ-Achse mit der äußeren Normale des Integrationsraumes bildet.

Beweis. Ersetzen wir in dem linksstehenden Integral dv durch $d\xi\, d\eta\, d\zeta$ und nehmen die Integration nach ξ als innere, so heißt das: es soll zunächst über die Volumenelemente integriert werden, die längs einer Parallele zur ξ-Achse liegen. Die Grenzen von ξ bestimmen sich durch die Werte, die ξ an den Stellen annimmt, in denen jene Parallele in T eintritt und austritt. Die in Rede stehende Parallele kann die Oberfläche von T in zwei, vier, sechs oder mehr Punkten schneiden; die Zahl der Schnittpunkte ist, da der Raum T ein endlicher ist, stets gerade. Nehmen wir

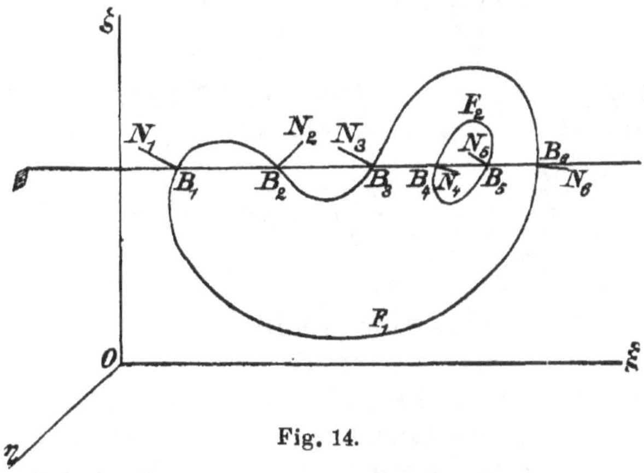

Fig. 14.

z. B. an, der Raum T habe eine schalenförmige Gestalt, sei also von zwei Flächen F_1, F_2 begrenzt, von denen die erstere die zweite ganz umschließt, und F_1 habe außerdem eine Einbiegung, so wird eine Parallele zur Achse ξ die Oberfläche von T in zwei oder vier oder sechs Punkten treffen. Für den Fall von sechs Schnittpunkten haben wir drei Eintrittspunkte B_1, B_3, B_5 und drei Austrittspunkte B_2, B_4, B_6. Bezeichnen wir die ξ-Koordinaten dieser Punkte durch die entsprechenden Indizes, so ist nach ξ zu integrieren von ξ_1 bis ξ_2, ferner von ξ_3 bis ξ_4, endlich von ξ_5 bis ξ_6. Somit ist:

$$(1)\quad \iiint f\frac{\partial\varphi}{\partial\xi}dv = \iint d\eta\, d\zeta\left\{\int_{\xi_1}^{\xi_2} f\frac{\partial\varphi}{\partial\xi}d\xi + \int_{\xi_3}^{\xi_4} f\frac{\partial\varphi}{\partial\xi}d\xi + \int_{\xi_5}^{\xi_6} f\frac{\partial\varphi}{\partial\xi}d\xi\right\},$$

und für Parallele, die nur viermal treffen, fällt das letzte Integral rechts, für Parallele, die nur zweimal treffen, fallen die beiden letzten Integrale fort. Die Grenzen für η und ζ ergeben sich aus der Projektion der äußeren Grenzfläche F_1 auf die $\eta\,\zeta$-Ebene. Integriert man rechts nach ξ teilweise, so folgt:

$$(2)\quad \left\{\begin{aligned} \iiint f\frac{\partial\varphi}{\partial\xi}\,dv = \iint d\eta\,d\zeta\,\{&-(f\varphi)_{\xi_1}+(f\varphi)_{\xi_2}-(f\varphi)_{\xi_3}\\ &+(f\varphi)_{\xi_4}-(f\varphi)_{\xi_5}+(f\varphi)_{\xi_6}\}\\ -\iint d\eta\,d\zeta\Bigg\{\int\limits_{\xi_1}^{\xi_2}\frac{\partial f}{\partial\xi}\varphi\,d\xi &+\int\limits_{\xi_3}^{\xi_4}\frac{\partial f}{\partial\xi}\varphi\,d\xi+\int\limits_{\xi_5}^{\xi_6}\frac{\partial f}{\partial\xi}\varphi\,d\xi\Bigg\}.\end{aligned}\right.$$

Darin ist $(f\varphi)_{\xi_1}$ der Wert, den $f\varphi$ für $\xi=\xi_1$ annimmt usw. Ferner können wir, analog wie in (1):

$$(2\text{a})\quad \iint d\eta\,d\xi\Bigg\{\int\limits_{\xi_1}^{\xi_2}\frac{\partial f}{\partial\xi}\varphi\,d\xi+\int\limits_{\xi_3}^{\xi_4}\frac{\partial f}{\partial\xi}\varphi\,d\xi+\int\limits_{\xi_5}^{\xi_6}\frac{\partial f}{\partial\xi}\varphi\,d\xi\Bigg\}=\iiint\frac{\partial f}{\partial\xi}\varphi\,dv$$

setzen, wo die Integration rechts über den Raum T zu erstrecken ist. Was ferner die Doppelintegrale auf der rechten Seite von (2) betrifft, so können wir diese durch ein über die gesamte Oberfläche zu erstreckendes Integral ersetzen. Betrachten wir nämlich ein Flächenelement $d\eta\,d\zeta$ der $\eta\,\zeta$-Ebene und errichten über demselben als Grundfläche ein rechtwinkliges Parallelepipedon, so schneidet dasselbe an den Stellen B_1, B_2, ... aus der Grenzfläche von T je ein Flächenelement aus, do_1 in B_1, do_2 in B_2, ..., und das betrachtete Element $d\eta\,d\zeta$ ist sowohl die Projektion von do_1, als von do_2 usw. auf die $\eta\,\zeta$-Ebene. Zwischen einer Fläche do und ihrer Projektion $d\eta\,d\zeta$ besteht aber die Relation

$$d\eta\,d\zeta = do\cdot\cos(do\,,\,\eta\,\zeta)\,,$$

wo $(do\,,\,\eta\,\zeta)$ den spitzen Winkel zwischen do und der $\eta\,\zeta$-Ebene bezeichnet, und dieser ist gleich dem spitzen Winkel zwischen der ξ-Achse und der Normale von do. Um diesen Winkel unzweideutig zu bezeichnen, nennen wir (N, ξ) denjenigen Winkel, welchen die positive Richtung der ξ-Achse mit der (in bezug auf den Integrationsraum) nach außen gerichteten Normale bildet, und geben, je nachdem es sich um die Stelle $B_1, B_2, B_3, \ldots$ handelt, der Normale N den Index 1, 2, 3, ... Dann ist unmittelbar ersichtlich, daß bei jedem Eintritt in den Integrationsraum die Parallele zur positiven ξ-Achse mit der äußeren Normale einen stumpfen, bei jedem Austritt einen spitzen Winkel bildet. Es ist also der spitze Winkel zwischen der Normale und der ξ-Achse 1. an den Stellen $B_1, B_3, B_5, \ldots$ resp. $\pi-(N_1, \xi)$, $\pi-(N_3, \xi)$, $\pi-(N_5, \xi), \ldots$, 2. dagegen an den Stellen $B_2, B_4, \ldots$ (N_2, ξ), $(N_4, \xi), \ldots$ Somit haben wir:

$$
\begin{aligned}
d\eta\, d\zeta &= do_1 \cdot \cos[\pi-(N_1, \xi)] \quad \text{oder} \quad & d\eta\, d\zeta &= -do_1 \cos(N_1, \xi), \\
&= do_2 \cdot \cos(N_2, \xi) & &= +do_2 \cos(N_2, \xi), \\
&= do_3 \cdot \cos[\pi-(N_3, \xi)] & &= -do_3 \cos(N_3, \xi), \\
&= \ldots\ldots\ldots & &= \ldots\ldots\ldots
\end{aligned}
$$

Wenn wir nun in dem Doppelintegral auf der rechten Seite von (2) $d\eta\, d\zeta$ an der Stelle ξ_1 durch $-do_1 \cos(N_1, \xi)$, an der Stelle ξ_2 durch $+do_2 \cos(N_2, \xi), \ldots$ ersetzen, so erhalten wir:

$$
(3) \quad \left\{
\begin{aligned}
&\iint d\eta\, d\zeta \{-(f\varphi)_{\xi_1} + (f\varphi)_{\xi_2} - (f\varphi)_{\xi_3} + \cdots\} \\
&= \iint \{+ (f\varphi)_{\xi_1} do_1 \cos(N_1, \xi) + (f\varphi)_{\xi_2} do_2 \cos(N_2, \xi) \\
&\qquad + (f\varphi)_{\xi_3} do_3 \cos(N_3, \xi) + \cdots\}.
\end{aligned}
\right.
$$

Da links über die Fläche der $\eta\zeta$-Ebene zu integrieren ist, die sich durch die Projektion der äußeren Grenzfläche von T auf die $\eta\zeta$-Ebene ergibt, und da man, wenn man zu jedem Element $d\eta\, d\zeta$ des Integrationsgebietes die zugehörigen $do_1, do_2, do_3, \ldots$ nimmt, alle Elemente der Gesamtoberfläche von T erhält, so kann man das Integral auf der rechten Seite von (3) kurz so schreiben:

$$
(3\text{a}) \qquad \iint f\varphi \cos(N, \xi)\, do,
$$

wobei die Integration über die gesamte Oberfläche des Integrationsraumes zu erstrecken ist. Mittels der Gleichungen (2a), (3), (3a) geht die Gleichung (2) unmittelbar in die zu beweisende Gleichung (I) über.

Die Argumentation gilt für jeden endlichen Integrationsraum T, welches auch die Gestalt seiner Grenzflächen ist.

Zusatz. In derselben Weise ergeben sich zwei zu (I) analoge Gleichungen, die man erhält, wenn man in (I) ξ mit η, resp. ζ vertauscht.

Folgerungen. Für den Fall $f = 1$ geht die Gleichung (I) in folgende über:

$$\iiint \frac{\partial \varphi}{\partial \xi}\, dv = \iint \varphi \cos(N, \xi)\, do\,, \tag{4}$$

und aus dieser wiederum ergeben sich, indem man $\varphi = 1$, resp. $\varphi = \xi$ setzt, die beiden Gaußschen Sätze:

1. Das über die ganze Oberfläche eines Körpers erstreckte Integral

$$\iint \cos(N, \xi)\, do$$

hat den Wert Null.

2. Das Volumen eines Körpers wird durch das über die ganze Oberfläche erstreckte Integral

$$\iint \xi \cos(N, \xi)\, do$$

ausgedrückt.

Der Satz 1 ließe sich übrigens noch erweitern, wenn man φ nicht $= 1$, sondern gleich einer willkürlichen Funktion von η und ζ setzt, die aber ξ nicht enthält. Es ist also

$$\iint \psi(\eta\,, \zeta) \cos(N, \xi)\, do = 0\,.$$

II. Es seien f und φ wieder zwei Funktionen, die innerhalb eines endlichen Raumes T überall endlich, stetig und einwertig sind und je eine bestimmte endliche Ableitung nach ϱ besitzen. Es bezeichne ferner ϱ den Abstand eines Punktes von T von dem festen Punkte O. Wir betrachten das über T erstreckte Integral

$$J = \iiint f \frac{\partial \varphi}{\partial \varrho} \frac{dv}{\varrho^2} \tag{5}$$

und unterscheiden dabei drei Fälle: α) der feste Punkt O liegt außerhalb des Raumes T, β) O liegt innerhalb T, γ) O liegt auf der Oberfläche von T.

In allen Fällen führen wir räumliche Polarkoordinaten mit O als Anfangspunkt ein. Das Volumenelement von T ist dann

(5a) $$dv = \varrho^2 d\varrho \sin\vartheta d\vartheta d\varphi ,$$

und in dem dreifachen Integral (5) nehmen wir die Integration nach ϱ als innere.

Fall α). Liegt O außerhalb T, so schneide ein beliebiger von O aus gezogener Radius die Grenzfläche von T in B_1 und B_2 (der Einfachheit halber nehmen wir vorläufig an, daß nur zwei Schnittpunkte existieren), und ϱ_1, ϱ_2 seien die Werte, die ϱ in B_1, B_2 annimmt. Dann wird

(6) $$J = \iint \sin\vartheta d\vartheta d\varphi \int_{\varrho_1}^{\varrho_2} f \frac{\partial \varphi}{\partial \varrho} d\varrho .$$

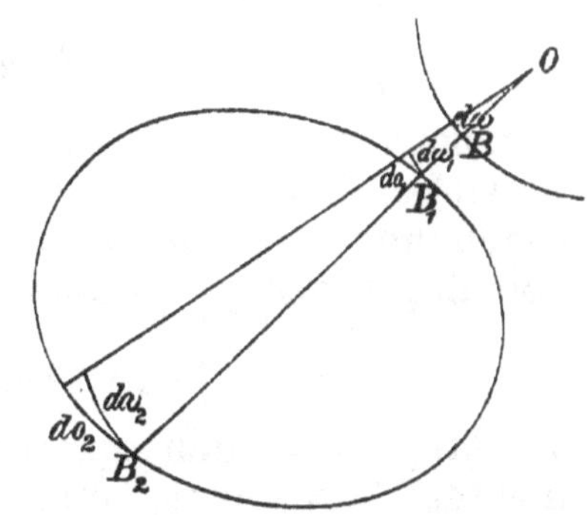

Fig. 15.

$\sin\vartheta d\vartheta d\varphi = d\omega$ ist ferner das Flächenelement einer um O beschriebenen Kugel vom Radius 1, und die Grenzen in bezug auf ϑ, φ werden durch den Teil der in Rede stehenden Kugelfläche bestimmt, der aus dieser durch den von O an die Oberfläche von T gelegten Tangentialkegel ausgeschnitten wird. Durch teilweise Integration folgt

(7) $$J = \iint d\omega \{-(f\varphi)_{\varrho_1} + (f\varphi)_{\varrho_2}\} - \iint d\omega \int_{\varrho_1}^{\varrho_2} \frac{\partial f}{\partial \varrho} \varphi \, d\varrho .$$

Entsprechend (5) können wir das dreifache Integral auf der rechten Seite von (7) so schreiben:

(7') $$\iint d\omega \int_{\varrho_1}^{\varrho_2} \frac{\partial f}{\partial \varrho} \varphi \, d\varrho = \iiint \frac{\partial f}{\partial \varrho} \varphi \frac{dv}{\varrho^2} .$$

Das in (7) auftretende Doppelintegral läßt sich durch ein über die Oberfläche von T erstrecktes Integral ausdrücken. Trifft der Radius OB_1B_2 die um O beschriebene

Einheitskugel in B und ist $d\omega$ das bei B liegende Flächenelement dieser Kugel, so verbinden wir alle Punkte des Umfangs von $d\omega$ mit O; dadurch entsteht eine Kegelfläche (in weiterem Sinne), die (eventuell verlängert) aus der Oberfläche von T in B_1 das Flächenelement do_1, in B_2 das Flächenelement do_2 ausschneidet. Wir beschreiben ferner um O mit den Radien $OB_2 = \varrho_2$ und $OB_1 = \varrho_1$ Hilfskugeln, aus denen jener Kegel die Flächenelemente $d\omega_2$, resp. $d\omega_1$ ausschneiden möge. Da $d\omega_2$, $d\omega_1$ und $d\omega$ entsprechende Stücke konzentrischer Kugelflächen sind, so verhalten sie sich wie die Quadrate der Radien, d. h. es ist

$$d\omega_2 = \varrho_2^2 d\omega\,, \qquad d\omega_1 = \varrho_1^2 d\omega\,. \tag{8}$$

Ferner können wir, da alle durch den Umfang von do_2 gehenden Kugelradien auch durch den Umfang von $d\omega_2$ gehen und auf $d\omega_2$ senkrecht stehen, $d\omega_2$ als Projektion von do_2 ansehen. Daher ist

$$d\omega_2 = do_2 \cdot \cos(do_2\,, d\omega_2)\,,$$

wo $(do_2\,, d\omega_2)$ den spitzen Winkel zwischen beiden Elementen bezeichnet, und dieser spitze Winkel ist gleich demjenigen Winkel $(N_2\,, \varrho_2)$, den die äußere Flächennormale von do_2 mit der Richtung des wachsenden ϱ (d. h. also mit der Richtung von O nach B_2 hin) bildet, also

$$d\omega_2 = do_2 \cdot \cos(N_2\,, \varrho_2)\,. \tag{9}$$

Eine ähnliche Beziehung findet auch zwischen $d\omega_1$ und do_1 statt; nur ist zu beachten, daß an der Eintrittsstelle B_1 die Richtung des wachsenden ϱ mit der äußeren Flächennormale N_1 einen stumpfen Winkel bildet, daß dort also

$$d\omega_1 = do_1 \cos[\pi - (N_1\,, \varrho_1)] = -do_1 \cos(N_1\,, \varrho_1)\,. \tag{9a}$$

Mittels (8), (9), (9a) können wir $d\omega$ sowohl durch do_2, als durch do_1 ausdrücken:

$$d\omega = \frac{+do_2 \cos(N_2\,, \varrho_2)}{\varrho_2^2} = \frac{-do_1 \cos(N_1\,, \varrho_1)}{\varrho_1^2}\,. \tag{10}$$

Ersetzen wir in dem Doppelintegral auf der rechten Seite von (7) $d\omega$ einmal durch den einen, das andere Mal durch den zweiten dieser Werte, so erhalten wir

$$(11)\quad \begin{cases} \iint d\omega \{-(f\varphi)_{\varrho_1} + (f\varphi)_{\varrho_2}\} \\ = \iint \left\{ (f\varphi)_{\varrho_1} \dfrac{\cos(N_1, \varrho_1)}{\varrho_1^2} do_1 + (f\varphi)_{\varrho_2} \dfrac{\cos(N_2, \varrho_2)}{\varrho_2^2} do_2 \right\}, \end{cases}$$

und da den sämtlichen in Betracht kommenden Flächenelementen $d\omega$ der Einheitskugel die sämtlichen Flächenelemente do der Oberfläche von T entsprechen, so stellt die rechte Seite von (11) ein über die ganze Oberfläche von T erstrecktes Integral dar, das wir kurz so schreiben:

$$(11\text{a})\qquad \overline{\iint} f\varphi \frac{\cos(N, \varrho)}{\varrho^2} do\,.$$

Wir haben daher für den Fall α), wo O außerhalb des Integrationsraumes liegt, das Resultat:

$$(\text{II}\alpha)\quad \begin{cases} \iiint f \dfrac{\partial \varphi}{\partial \varrho} \dfrac{dv}{\varrho^2} \\ = \iint f\varphi \dfrac{\cos(N, \varrho)}{\varrho^2} do - \iiint \dfrac{\partial f}{\partial \varrho} \varphi \dfrac{dv}{\varrho^2}, \end{cases}$$

wo die dreifachen Integrale über das Volumen, das Doppelintegral über die Oberfläche von T zu erstrecken sind.

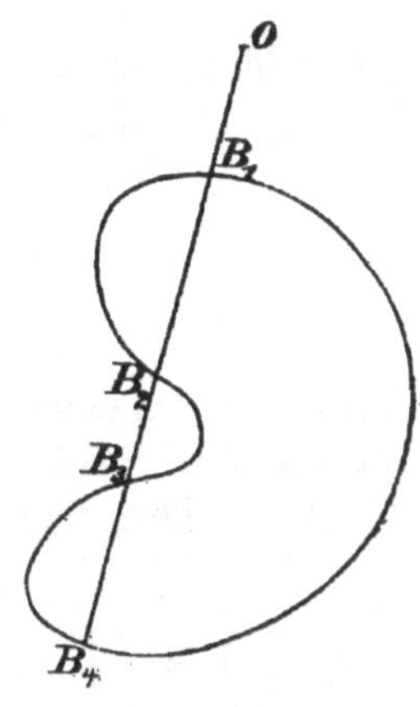

Fig. 16.

Zusatz. Daß das Resultat auch richtig bleibt, wenn die von O aus gezogenen Radien oder ein Teil derselben die Oberfläche von T in mehr als zwei Punkten schneiden, ergibt sich folgendermaßen. Die Zahl der Schnittpunkte muß stets eine gerade sein; ist sie z. B. 4, so tritt an Stelle der Gleichung (6) die folgende:

$$J = \iint \sin\vartheta\, d\vartheta\, d\varphi \left\{ \int_{\varrho_1}^{\varrho_2} f \frac{\partial \varphi}{\partial \varrho} d\varrho + \int_{\varrho_3}^{\varrho_4} f \frac{\partial \varphi}{\partial \varrho} d\varrho \right\}.$$

Zu den Gleichungen (10) kommen ferner noch die folgenden hinzu

$$d\omega = \frac{+do_4 \cos(N_4, \varrho_4)}{\varrho_4^2} = \frac{-do_3 \cos(N_3, \varrho_3)}{\varrho_3^2},$$

und die beiden Seiten von (11) haben vier statt zweier Summanden. Ausdruck (11a) aber bleibt ungeändert, da sich hier erst aus den vier Summanden sämtliche Oberflächenelemente von T ergeben.

Ist das Integrationsgebiet T schalenförmig, so kann O natürlich auch dem inneren hohlen Raume angehören.

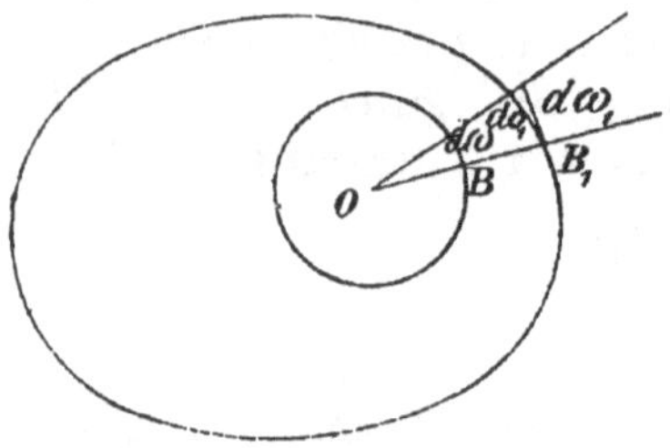

Fig. 17.

Fall β). Liegt O im Innern von T, so tritt nur die Änderung ein, daß der Wert $\varrho = 0$, der vorher außerhalb des Integrationsgebietes lag, jetzt demselben angehört, daß infolgedessen die untere Grenze von ϱ Null ist, die obere der Wert ϱ_1, der dem Punkte B_1 angehört, in dem irgend ein Radius die Oberfläche von T schneidet. An Stelle der Gleichung (6) haben wir daher:

$$(6\beta) \qquad J = \iint \sin\vartheta\, d\vartheta\, d\varphi \int_0^{\varrho_1} f \frac{\partial \varphi}{\partial \varrho} d\varrho\,.$$

Ferner erstreckt sich die Integration nach ϑ, φ über die ganze Oberfläche der um O mit dem Radius 1 beschriebenen Kugel. Die teilweise Integration ergibt hier:

$$(7\beta) \qquad J = \iint d\omega \{-(f\varphi)_0 + (f\varphi)_{\varrho_1}\} - \iint d\omega \int_0^{\varrho_1} \frac{\partial f}{\partial \varrho} \varphi\, d\varrho\,.$$

Nun ist zu beachten, daß $(f\varphi)_0$ den Wert von $f \cdot \varphi$ im Punkte O bezeichnet, und dieser ist für alle $d\omega$ derselbe. An der Stelle B_1 ferner ist, da B_1 hier eine Austrittsstelle von ϱ bezeichnet,

$$d\omega = \frac{+do_1 \cos(N_1, \varrho_1)}{\varrho_1^2}\,.$$

Somit wird

$$J = -(f\varphi)_0 \iint d\omega + \iint \frac{do_1 \cos(N_1, \varrho_1)(f\varphi)_{\varrho_1}}{\varrho_1^2} - \iint d\omega \int_0^{\varrho_1} \frac{\partial f}{\partial \varrho} \varphi\, d\varrho\,.$$

Das Integral

$$\iint d\omega$$

stellt die Oberfläche der um O mit dem Radius 1 beschriebenen Kugel dar, ist also $= 4\pi$. Die sämtlichen do_1 bilden die ganze Oberfläche von T, und in dem dreifachen Integral rechts kann man wieder $d\omega \cdot d\varrho$ durch $\frac{dv}{\varrho^2}$ ersetzen. Demnach erhalten wir, falls O innerhalb des Integrationsraumes T liegt, das Resultat:

$$(\text{II}\beta)\quad \iiint f \frac{\partial \varphi}{\partial \varrho} \frac{dv}{\varrho^2} = \iint \frac{f\varphi \cos(N,\varrho)\, do}{\varrho^2} - \iiint \frac{\partial f}{\partial \varrho} \varphi \frac{dv}{\varrho^2} - 4\pi (f\varphi)_0,$$

wo $(f\varphi)_0$ den Wert von $f\varphi$ im Punkte O bezeichnet.

Zusatz. Schneidet ein Teil der von O ausgehenden Radien die Oberfläche von T in mehr als einem Punkte, so kann man T durch eine Hilfsfläche in zwei Teile zerlegen, einen Teil T_1, innerhalb dessen O liegt und dessen Oberfläche von jedem Radius nur einmal getroffen wird, und einen Teil T_2, für den O ein äußerer Punkt ist. Das über den Raum T erstreckte Integral zerfällt dann in zwei Integrale, über T_1 und über T_2, und für das erste derselben gilt die Gleichung (IIβ), für das zweite die Gleichung (IIα). Addiert man die so erhaltenen Gleichungen, so ist die Summe der über T_1 und T_2 erstreckten Integrale gleich dem über T erstreckten; und was die Oberflächenintegrale betrifft, so heben die über die Hilfsfläche erstreckten Teile derselben wegen der entgegengesetzten Normalenrichtung einander auf. Somit gilt auch in diesem Falle die Gleichung (IIβ).

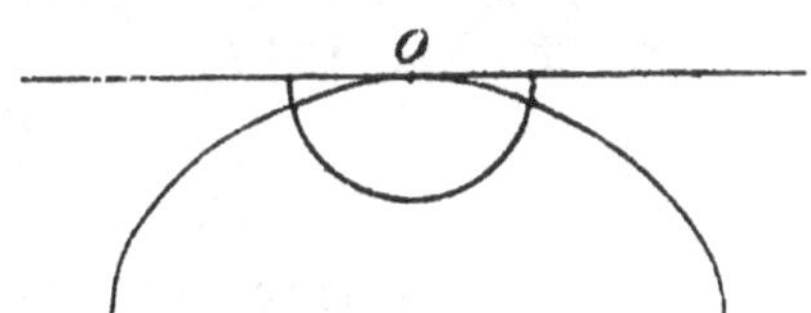

Fig. 18.

Fall γ). Liegt der Punkt O auf der Oberfläche von T, so kann man die Argumentation des Falles β) wörtlich anwenden, nur mit dem Unterschiede, daß das Integral $\iint d\omega$ hier nicht über die ganze Kugelfläche zu erstrecken ist, sondern nur über eine Halbkugel. Denn die von O aus nach anderen Punkten der Oberfläche von T

gezogenen Radien treffen von der um O beschriebenen Einheitskugel nur die Punkte derjenigen Halbkugel, die begrenzt wird von der in O an die Oberfläche von T gelegten Tangentialebene, vorausgesetzt, daß jeder dieser Radien die Oberfläche von T außer in O nur einmal schneidet. Im Falle γ) erhalten wir somit dasselbe Resultat wie im Falle β), nur daß im letzten Summanden rechts in (IIβ) 4π durch 2π zu ersetzen ist.

Sind weitere Schnittpunkte vorhanden, so ist dieselbe Überlegung anzuwenden, wie im Zusatz zu Fall β).

Die Resultate der drei Fälle können folgendermaßen zusammengefaßt werden:

Unter den obigen Voraussetzungen über f, φ (s. S. 64) gilt für irgend einen endlichen Raum, dessen Volumenelement dv und dessen Oberflächenelement do ist, die Gleichung

$$\text{(II)} \qquad \iiint f \frac{\partial \varphi}{\partial \varrho} \frac{dv}{\varrho^2} = \iint \frac{f\varphi \cos(N, \varrho)\, do}{\varrho^2} - \iiint \frac{\partial f}{\partial \varrho} \varphi \frac{dv}{\varrho^2} + K\,;$$

und zwar hat K, je nachdem der Punkt O, von dem aus ϱ gerechnet wird, außerhalb T, innerhalb T oder auf der Oberfläche von T liegt, resp. den Wert:

$$\text{(II')} \qquad 0\,, \quad -4\pi(f\varphi)_0\,, \quad -2\pi(f\varphi)_0\,.$$

Folgerungen. Aus (II) ergeben sich mehrere interessante, zuerst von Gauß ausgesprochene Folgerungen, wenn man $f = 1$ setzt und der Funktion φ spezielle Werte erteilt.

$f = 1$, $\varphi = 1$ gibt den Satz:

Das über die gesamte Oberfläche eines Körpers erstreckte Integral

$$\iint \frac{do \cos(N, \varrho)}{\varrho^2}$$

wird entweder $= 0$ oder $= 2\pi$ oder $= 4\pi$, je nachdem der Anfangspunkt von ϱ außerhalb des Körpers liegt oder auf seiner Oberfläche oder innerhalb des Körpers liegt.

$f = 1$, $\varphi = \frac{1}{3}\varrho^3$ gibt, da hier $(\varphi)_0 = 0$ ist, den Satz:

Das Volumen eines Körpers ist gleich dem über die ganze Oberfläche erstreckten Integral

$$\tfrac{1}{3}\iint \varrho \cos(N, \varrho)\, do\,.$$

c) Transformation der Ausdrücke für die Anziehungskomponenten.

Ehe wir zu unserer eigentlichen Aufgabe übergehen, wenden wir den Hilfssatz I zur Transformation der Anziehungskomponenten einer räumlichen Masse an; und damit die Voraussetzungen des Satzes I über die Endlichkeit der Funktionen f und φ erfüllt sind, nehmen wir zunächst an, der angezogene Punkt liege außerhalb der anziehenden Masse.

Neben der im Kapitel 3 abgeleiteten Gleichung

$$\frac{\xi - x}{\varrho^3} = \frac{\partial \frac{1}{\varrho}}{\partial x}$$

besteht, da eine Vertauschung von x und ξ den Ausdruck von ϱ nicht ändert, die andere:

$$\frac{\partial \frac{1}{\varrho}}{\partial \xi} = \frac{x - \xi}{\varrho^3} = -\left(\frac{\xi - x}{\varrho^3}\right).$$

Daher wird für irgend eine anziehende räumliche Masse

$$(12) \quad X = \frac{\partial V}{\partial x} = \iiint \frac{k(\xi - x)\, dv}{\varrho^3} = -\iiint k \frac{\partial \frac{1}{\varrho}}{\partial \xi} dv\,.$$

Unter der Voraussetzung, daß k stetig ist und bestimmte endliche erste Ableitungen besitzt, kann man auf (12) den ersten Hilfssatz anwenden. Dadurch wird

$$(12\text{a}) \quad \frac{\partial V}{\partial x} = -\iint \frac{k \cos(N, \xi)\, do}{\varrho} + \iiint \frac{\partial k}{\partial \xi} \frac{dv}{\varrho}\,;$$

und zwar ist das dreifache Integral über das von der anziehenden Masse eingenommene Volumen, das Doppelintegral über die Oberfläche der Masse zu erstrecken.

Von dieser für äußere Punkte abgeleiteten Formel läßt sich nun zeigen, daß sie auch noch gilt, wenn der angezogene Punkt ein innerer ist, d. h. der anziehenden Masse angehört, falls nur überall k stetig und $\frac{\partial k}{\partial \xi}$ endlich ist. Zu diesem Zweck umschließen wir, wie früher, den angezogenen Punkt A durch eine Kugel von dem kleinen Radius δ und bezeichnen mit I den Teil der anziehenden Masse außerhalb dieser Kugel, mit V_I das Potential dieses Teiles. Auf V_I können wir die Formel (12a) anwenden, da ja A der anziehenden Masse nicht angehört; nur ist dabei zu beachten, daß auch die Kugelfläche δ zur Begrenzung des Teiles I gehört, daß daher das in (12a) auftretende Oberflächenintegral sowohl über die äußere Grenzfläche F der gesamten Masse, als über die Kugelfläche δ, die wir mit K bezeichnen wollen, zu erstrecken ist. Bezeichnen wir das Integrationsgebiet dadurch, daß wir F, K, I zu dem betreffenden Integralzeichen hinzufügen, so haben wir also

$$\text{(12b)} \quad \frac{\partial V_I}{\partial x} = -\iint\limits_F \frac{k \cos(N, \xi)\, do}{\varrho} - \iint\limits_K \frac{k \cos(N, \xi)\, do}{\varrho} + \iiint\limits_I \frac{\partial k}{\partial \xi} \frac{dv}{\varrho} .$$

N ist dabei die Richtung der äußeren, d. h. der der anziehenden Masse abgewendeten Normale, also für K die nach dem Innern der Kugel gerichtete Normale.

In dem Integral

$$J = -\iint\limits_K \frac{k \cos(N, \xi)\, do}{\varrho}$$

führen wir räumliche Polarkoordinaten mit A als Anfangspunkt ein, so wird

$$do = \delta^2 \sin\vartheta \, d\vartheta \, d\varphi ;$$

zugleich ist an der Kugelfläche K:

$$\varrho = \delta .$$

Es wird also:

$$J = -\delta \iint k \cos(N, \xi) \sin\vartheta \, d\vartheta \, d\varphi$$

und, wenn wir für $-k \cos(N, \xi)$ den größten absoluten Wert k_1 setzen:

$$|J| < \delta k_1 \iint \sin\vartheta \, d\vartheta \, d\varphi , \qquad \text{d. h.:} \quad |J| < \delta k_1 4\pi .$$

k_1 ist jedenfalls endlich, daher wird:

$$\lim_{\delta=0} |J| = 0 .$$

Zugleich geht für $\delta = 0$ der Raum I in den ganzen mit Masse gefüllten Raum über. Daß für $\delta = 0$ das dreifache Integral auf der rechten Seite von (12b) einen endlichen Wert hat, folgt aus der sogleich noch zu erörternden Bedeutung dieses Integrals. Somit geht für $\delta = 0$ die Gleichung (12b) in (12a) über, und diese gilt demnach auch für Punkte der anziehenden Masse.

Was die Bedeutung der in (12a) auftretenden Integrale betrifft, so stellt:

(13a) $$U = \iiint \frac{\partial k}{\partial \xi} \frac{dv}{\varrho}$$

das Potential derjenigen Masse dar, die in dem gegebenen Volumen mit der Dichtigkeit $\frac{\partial k}{\partial \xi}$ ausgebreitet ist. Entsprechend ist:

(13b) $$W = -\iint \frac{k \cos(N, \xi)\, do}{\varrho}$$

das Potential der mit Masse von der Dichtigkeit $\varkappa = -k \cos(N, \xi)$ belegten Begrenzungsfläche F des gegebenen Volumens. Wir haben damit sowohl für äußere, als für innere Punkte der Masse $\frac{\partial V}{\partial x}$ dargestellt als Summe zweier Potentiale, eines Oberflächenpotentials und eines Raumpotentials:

(13) $$\frac{\partial V}{\partial x} = W + U\,.$$

d) **Transformation der zweiten Ableitungen von V. Die Poissonsche Gleichung.** Die Gleichung (13) für $\frac{\partial V}{\partial x}$ ermöglicht die Untersuchung der zweiten Ableitungen von V für Punkte der Masse. Denn da (13) sowohl für äußere, als für innere Punkte gilt, so ist für beide auch:

(14) $$\frac{\partial^2 V}{\partial x^2} = \frac{\partial W}{\partial x} + \frac{\partial U}{\partial x}\,.$$

$\frac{\partial U}{\partial x}$ ist als Differentialquotient eines Raumpotentials sowohl für äußere, als für innere Punkte endlich und kontinuierlich, vorausgesetzt, daß die Dichtigkeit, d. h. $\frac{\partial k}{\partial \xi}$, überall endlich ist. Für das Flächenpotential W ist der angezogene Punkt, wenn er nicht gerade auf der Oberfläche der gegebenen Masse liegt, ein äußerer, und daher ändern sich W und $\frac{\partial W}{\partial x}$ kontinuierlich. Auf den Fall, daß der angezogene Punkt auf der Oberfläche liegt, wenden wir die Gleichung (14) vorläufig nicht an, da wir das Verhalten von Flächenpotentialen und ihren Ableitungen für den Fall, daß der angezogene Punkt der anziehenden Fläche angehört, noch nicht kennen. Liegt also der angezogene Punkt beliebig entweder außerhalb oder innerhalb der anziehenden räumlichen Masse, nur nicht auf ihrer Oberfläche, so sind die beiden Summanden der rechten Seite von (14) endlich und kontinuierlich, und das gleiche gilt mithin von $\frac{\partial^2 V}{\partial x^2}$.

Bilden wir aus (13a) und (13b) $\frac{\partial U}{\partial x}$ und $\frac{\partial W}{\partial x}$, so erhalten wir:

$$\text{(14a)} \quad \frac{\partial^2 V}{\partial x^2} = -\iint \frac{k \cos(N, \xi)(\xi - x)}{\varrho^3} do + \iiint \frac{\partial k}{\partial \xi} \frac{\xi - x}{\varrho^3} dv ,$$

und diese Formel gilt sowohl für äußere, als für innere Punkte, mit Ausnahme von Punkten der Oberfläche. Analoge Ausdrücke ergeben sich für $\frac{\partial^2 V}{\partial y^2}$ und $\frac{\partial^2 V}{\partial z^2}$; man erhält sie, wenn man in (14a) ξ, x mit η, y, resp. mit ζ, z vertauscht. Durch Addition der so erhaltenen Ausdrücke folgt:

$$\text{(15)} \quad \begin{cases} \Delta V = \frac{\partial^2 V}{\partial x^2} + \frac{\partial^2 V}{\partial y^2} + \frac{\partial^2 V}{\partial z^2} \\ \quad = -\iint k \left\{ \cos(N, \xi) \frac{\xi - x}{\varrho} + \cos(N, \eta) \frac{\eta - y}{\varrho} \right. \\ \qquad \left. + \cos(N, \zeta) \frac{\zeta - z}{\varrho} \right\} \frac{do}{\varrho^2} \\ \quad + \iiint \left\{ \frac{\partial k}{\partial \xi} \frac{\xi - x}{\varrho} + \frac{\partial k}{\partial \eta} \frac{\eta - y}{\varrho} + \frac{\partial k}{\partial \zeta} \frac{\zeta - z}{\varrho} \right\} \frac{dv}{\varrho^2} . \end{cases}$$

Zur Vereinfachung von (15) beachten wir, daß $\frac{\xi - x}{\varrho}$, $\frac{\eta - y}{\varrho}$, $\frac{\zeta - z}{\varrho}$ die Richtungskosinus von ϱ sind, und zwar für die Richtung vom angezogenen Punkte A nach einem Massenpunkte hin. Daher ist:

$$
(16)\qquad \begin{cases} \cos(N, \xi)\dfrac{\xi - x}{\varrho} + \cos(N, \eta)\dfrac{\eta - y}{\varrho} \\ \qquad + \cos(N, \zeta)\dfrac{\zeta - z}{\varrho} = \cos(N, \varrho)\,. \end{cases}
$$

Führen wir ferner räumliche Polarkoordinaten mit A als Anfangspunkt ein, setzen also:

$$\xi = x + \varrho\cos\vartheta\,, \quad \eta = y + \varrho\sin\vartheta\cos\varphi\,, \quad \zeta = z + \varrho\sin\vartheta\sin\varphi\,,$$

so wird:

$$\frac{\partial\xi}{\partial\varrho} = \cos\vartheta = \frac{\xi - x}{\varrho}\,, \qquad \frac{\partial\eta}{\partial\varrho} = \frac{\eta - y}{\varrho}\,, \qquad \frac{\partial\zeta}{\partial\varrho} = \frac{\zeta - z}{\varrho}\,,$$

daher:

$$
(16\text{a})\qquad \begin{cases} \dfrac{\partial k}{\partial\xi}\dfrac{\xi - x}{\varrho} + \dfrac{\partial k}{\partial\eta}\dfrac{\eta - y}{\varrho} + \dfrac{\partial k}{\partial\zeta}\dfrac{\zeta - z}{\varrho} \\ = \dfrac{\partial k}{\partial\xi}\dfrac{\partial\xi}{\partial\varrho} + \dfrac{\partial k}{\partial\eta}\dfrac{\partial\eta}{\partial\varrho} + \dfrac{\partial k}{\partial\zeta}\dfrac{\partial\zeta}{\partial\varrho} = \dfrac{\partial k}{\partial\varrho}\,. \end{cases}
$$

Durch Anwendung von (16) und (16a) geht (15) in folgende Gleichung über:

$$(15\text{a})\qquad \Delta V = -\iint k\cos(N, \varrho)\frac{do}{\varrho^2} + \iiint\frac{\partial k}{\partial\varrho}\,\frac{dv}{\varrho^2}\,.$$

Auf das dreifache Integral rechts wenden wir nun den Hilfssatz II (S. 70) an, indem wir in demselben $f = 1$, $\varphi = k$ setzen, zugleich den dort mit O bezeichneten Punkt, von dem die Radien ϱ ausgehen, mit dem angezogenen Punkte A zusammenfallen lassen. Nach jenem Hilfssatze wird:

α) Wenn A außerhalb der anziehenden Masse, also außerhalb des Integrationsraumes liegt:

$$\iiint\frac{\partial k}{\partial\varrho}\,\frac{dv}{\varrho^2} = +\iint\frac{k\cos(N, \varrho)\,do}{\varrho^2}$$

und daher

(15c) $$\Delta V_a = 0 ,$$

wie es die Laplacesche Gleichung fordert.

β) Liegt dagegen A innerhalb der anziehenden Masse (mit Ausschluß der Oberfläche), so wird:

$$\iiint \frac{\partial k}{\partial \varrho} \frac{dv}{\varrho^2} = + \iint \frac{k \cos(N, \varrho)\, do}{\varrho^2} - 4\pi (k)_{\varrho=0} ;$$

also wird, da $(k)_{\varrho=0}$ der Wert von k im Punkte A ist:

$$\Delta V_i = -4\pi \cdot k_A .$$

Da dies für jeden Punkt im Innern der Masse gilt, so haben wir (mit Weglassung des Index) für innere Punkte beliebiger anziehender Massen die Poissonsche Gleichung:

(15d) $$\Delta V_i = -4\pi k .$$

Die Vergleichung von (15c) und (15d) ergibt unmittelbar,

daß sich ΔV beim Übergang von äußeren Punkten zu Punkten der Masse diskontinuierlich ändert.

Denn für Punkte der Masse hat ΔV, wie nahe der angezogene Punkt auch der Oberfläche liegen möge, einen von Null verschiedenen Wert; für äußere Punkte dagegen ist, wie nahe dieselben auch der Oberfläche liegen, $\Delta V = 0$. An der Oberfläche selbst hat demnach ΔV keinen bestimmten Wert. —

Unsere Beweisführung setzte voraus, daß die Dichtigkeit k überall im Innern der Masse eine endliche, stetige und differentiierbare Funktion der Stelle ist, und daß die ersten Ableitungen von k überall endlich sind. Daß k stets endlich ist, liegt im Begriff der Dichtigkeit. Anders steht es mit den übrigen Voraussetzungen, die durchaus nicht für jede Massenverteilung erfüllt zu sein brauchen. Es läßt sich aber zeigen, daß die obigen Resultate, insbesondere die Gleichung (15d), gültig bleiben, wenn jene Voraussetzungen nicht für die ganze anziehende Masse erfüllt sind, sondern nur für die unmittelbare Umgebung des betrachteten Punktes A. Wird zunächst $\frac{\partial k}{\partial \xi}$ in einem Punkte unendlich [wodurch die an $\frac{\partial U}{\partial x}$ S. 73 geknüpften Schlüsse ungültig werden], so umgebe man diesen Punkt mit einer beliebigen Abschließungsfläche; durch diese wird die ganze anziehende Masse in zwei Teile geteilt, den Teil I außerhalb und den Teil II innerhalb der Fläche. Die Potentiale beider Teile seien V_I und V_{II}, das Gesamtpotential also $V = V_I + V_{II}$. Auf V_I können wir, da im Teile I $\frac{\partial k}{\partial \xi}$ überall endlich ist, die obige Transformation anwenden, und es wird, falls A dem Teile I angehört, $\Delta V_I = -4\pi k$. Für den Teil II ist A ein äußerer Punkt; es bedarf daher der Transformation von $\frac{\partial V_{II}}{\partial x}$ nicht, vielmehr wissen wir auch ohne diese Transformation, daß V_{II} der Laplaceschen Gleichung genügt, $\Delta V_{II} = 0$. Somit wird für den Punkt A:

$$\Delta V = \Delta V_I + \Delta V_{II} = -4\pi k .$$

Wird einer der Differentialquotienten von k längs einer Linie oder an einer Fläche F unendlich, so hat man die Abschließungsflächen nur so zu legen, daß sie jene Linie, resp. jene Fläche F ganz umschließen. Ganz ebenso muß man verfahren, wenn k an einzelnen Stellen (Punkten, Linien oder Flächen) diskontinuierlich ist. Denn an solchen Stellen haben die Differentialquotienten von k keinen bestimmten Wert, und die bei der Beweisführung benutzten Hilfssätze sind nicht mehr anwendbar.

Mittels der angegebenen Methode erkennt man, daß ΔV noch einen bestimmten Wert hat, und daß die Gleichung (15d) gilt, wenn nur der betrachtete Punkt A nicht innerhalb der Abschließungsflächen liegt. Die Voraussetzungen über die Stetigkeit von k und die Endlichkeit der Differentialquotienten von k brauchen daher nur in unmittelbarer Umgebung des betrachteten Punktes A erfüllt zu sein. An Stellen, wo diese Bedingungen nicht erfüllt sind, hat ΔV keinen bestimmten Sinn, ebensowenig wie an der Oberfläche der anziehenden Masse, wo ja auch die Dichtigkeit sich diskontinuierlich ändert, indem sie von einem endlichen Werte plötzlich zu Null übergeht. Solche Ausnahmestellen, in denen ΔV seinen Sinn verliert, können keine räumliche Ausdehnung haben, das ist durch die Bedeutung einer Masse ausgeschlossen. Es sind also nur einzelne diskrete Punkte, Linien oder Flächen, in denen die zweiten Ableitungen von V ihren Sinn verlieren, und in denen daher die Poissonsche Gleichung nicht gilt.

Übrigens ist die Laplacesche Gleichung (15c) in der Poissonschen Gleichung (15d) enthalten. Denn äußere Punkte sind solche, in denen sich keine anziehende Masse befindet, in denen also die Dichtigkeit k der anziehenden Masse $= 0$ ist.

e) Aus der diskontinuierlichen Änderung von ΔV an der Grenzfläche der Masse werden die entsprechenden Änderungen von $\frac{\partial^2 V}{\partial x^2}, \frac{\partial^2 V}{\partial x \partial y}, \ldots$ abgeleitet.

Um aus der diskontinuierlichen Änderung von ΔV an der Oberfläche der anziehenden Masse die entsprechende Änderung der einzelnen Summanden von ΔV, sowie die Änderung von $\frac{\partial^2 V}{\partial x \partial y}$ usw. abzuleiten, stellen wir folgende Betrachtung an. $f(x, y, z) = 0$ sei die Gleichung einer beliebigen Fläche und $\varphi(x, y, z)$ eine Funktion, die für alle Punkte der Fläche verschwindet. Wir fragen: welche Bedingungen muß φ für eine gegebene Fläche erfüllen? Es seien x, y, z die Koordinaten eines Punktes P der Fläche, $x + \delta x$, $y + \delta y$, $z + \delta z$ die Koordinaten eines zweiten Flächenpunktes P_1, der P unendlich nahe liegt. Da φ für alle Flächenpunkte verschwinden soll, so ist:

$$\varphi(x, y, z) = 0 \quad \text{und} \quad \varphi(x + \delta x, y + \delta y, z + \delta z) = 0 .$$

Entwickeln wir die linke Seite der zweiten Gleichung nach dem Taylorschen Satze, ziehen dann die erste Gleichung ab und sehen von den unendlich kleinen Gliedern zweiter und höherer Ordnung ab, so erhalten wir:

$$\text{(17)} \qquad \frac{\partial \varphi}{\partial x} \delta x + \frac{\partial \varphi}{\partial y} \delta y + \frac{\partial \varphi}{\partial z} \delta z = 0 .$$

Andererseits ist, da die Koordinaten von P und P_1 der Flächengleichung genügen:

$$\text{(17a)} \qquad \frac{\partial f}{\partial x} \delta x + \frac{\partial f}{\partial y} \delta y + \frac{\partial f}{\partial z} \delta z = 0 ,$$

oder da $\frac{\partial f}{\partial x}, \frac{\partial f}{\partial y}, \frac{\partial f}{\partial z}$ proportional den Kosinus der

Winkel sind, welche die Normale N mit den Koordinatenachsen bildet:

(17b) $\cos(N, x)\,\delta x + \cos(N, y)\,\delta y + \cos(N, z)\,\delta z = 0$.

Die Gleichung (17) muß nun für alle Punkte P_1 der Fläche, die P unendlich nahe liegen, d. h. für alle Wertsysteme δx, δy, δz erfüllt sein, die der Gleichung (17b) genügen. Setzen wir $\delta x = 0$, so folgt aus (17) und (17b):

$$\frac{\partial \varphi}{\partial y} : \frac{\partial \varphi}{\partial z} = \cos(N, y) : \cos(N, z) ,$$

und für $\delta z = 0$ ergibt sich:

$$\frac{\partial \varphi}{\partial x} : \frac{\partial \varphi}{\partial y} = \cos(N, x) : \cos(N, y) .$$

Das gleichzeitige Bestehen von (17) und (17b) erfordert also, daß

(18) $$\frac{\partial \varphi}{\partial x} : \frac{\partial \varphi}{\partial y} : \frac{\partial \varphi}{\partial z} = \cos(N, x) : \cos(N, y) : \cos(N, z)$$

ist, welche Gleichungen wir auch so schreiben können:

(18a) $$\left\{\begin{aligned} &\frac{\partial \varphi}{\partial x} = m\cos(N, x) , \qquad \frac{\partial \varphi}{\partial y} = m\cos(N, y) , \\ &\qquad\qquad \frac{\partial \varphi}{\partial z} = m\cos(N, z) . \end{aligned}\right.$$

Nun sei für einen beliebigen, mit Masse von beliebiger Dichtigkeit gefüllten Raum V_a das Potential eines äußeren, V_i das eines inneren (Massen-) Punktes. Nach Kap. 5 wissen wir, daß V und seine ersten Ableitungen sich beim Übergang von Punkten der Masse zu äußeren Punkten kontinuierlich ändern. Nähert sich also der angezogene Punkt einmal von außen, das andere Mal von innen der Grenzfläche, so nähern sich $\frac{\partial V_a}{\partial x}$ und $\frac{\partial V_i}{\partial x}$, wenn sie auch im allgemeinen durch ganz verschiedene Funktionen dargestellt werden, demselben Grenzwerte, d. h. an der Grenzfläche der Masse ist

(19) $$\lim \left(\frac{\partial V_a}{\partial x} - \frac{\partial V_i}{\partial x}\right) = 0 ,$$

und zwar gilt diese Gleichung für jeden Punkt der Grenzfläche. Wir können daher auf die auf der linken Seite von (19) stehende Funktion die Gleichungen (18a) anwenden und erhalten

$$\text{(19a)}\quad \begin{cases} \lim\left(\dfrac{\partial^2 V_a}{\partial x^2} - \dfrac{\partial^2 V_i}{\partial x^2}\right) = m\cos(N, x)\,, \\ \lim\left(\dfrac{\partial^2 V_a}{\partial x\,\partial y} - \dfrac{\partial^2 V_i}{\partial x\,\partial y}\right) = m\cos(N, y)\,, \\ \lim\left(\dfrac{\partial^2 V_a}{\partial x\,\partial z} - \dfrac{\partial^2 V_i}{\partial x\,\partial z}\right) = m\cos(N, z)\,, \end{cases}$$

wo unter $\lim \dfrac{\partial^2 V_a}{\partial x^2}$ der Wert zu verstehen ist, den $\dfrac{\partial^2 V_a}{\partial x^2}$ annimmt, wenn der angezogene Punkt sich von außen einem Punkte P der Grenzfläche der Masse beliebig nähert, unter $\lim \dfrac{\partial^2 V_i}{\partial x^2}$ der Grenzwert von $\dfrac{\partial^2 V_i}{\partial x^2}$, wenn der angezogene Punkt sich von innen demselben Punkte P beliebig nähert. Setzen wir in (19) statt der Ableitungen von V_a und V_i nach x die Ableitungen nach y, resp. z, so folgt ebenso:

$$\text{(19b)}\quad \begin{cases} \lim\left(\dfrac{\partial^2 V_a}{\partial x\,\partial y} - \dfrac{\partial^2 V_i}{\partial x\,\partial y}\right) = n\cos(N, x)\,, \\ \lim\left(\dfrac{\partial^2 V_a}{\partial y^2} - \dfrac{\partial^2 V_i}{\partial y^2}\right) = n\cos(N, y)\,, \\ \lim\left(\dfrac{\partial^2 V_a}{\partial y\,\partial z} - \dfrac{\partial^2 V_i}{\partial y\,\partial z}\right) = n\cos(N, z)\,; \end{cases}$$

$$\text{(19c)}\quad \begin{cases} \lim\left(\dfrac{\partial^2 V_a}{\partial x\,\partial z} - \dfrac{\partial^2 V_i}{\partial x\,\partial z}\right) = p\cos(N, x)\,, \\ \lim\left(\dfrac{\partial^2 V_a}{\partial y\,\partial z} - \dfrac{\partial^2 V_i}{\partial y\,\partial z}\right) = p\cos(N, y)\,, \\ \lim\left(\dfrac{\partial^2 V_a}{\partial z^2} - \dfrac{\partial^2 V_i}{\partial z^2}\right) = p\cos(N, z)\,. \end{cases}$$

Die linken Seiten der zweiten Gleichung (19a) und der ersten Gleichung (19b) sind gleich, mithin ist

$$m \cos(N, y) = n \cos(N, x) ,$$

ebenso

$$m \cos(N, z) = p \cos(N, x) , \qquad n \cos(N, z) = p \cos(N, y) ,$$

d. h. es ist

$$\frac{m}{\cos(N, x)} = \frac{n}{\cos(N, y)} = \frac{p}{\cos(N, z)} ,$$

oder, wenn der Wert jedes der gleichen Brüche mit λ bezeichnet wird:

(19d) $$m = \lambda \cos(N, x) , \quad n = \lambda \cos(N, y) , \quad p = \lambda \cos(N, z) .$$

Die Gleichungen (19a)—(19c) nehmen somit folgende Form an:

(20) $$\begin{cases} \lim\left(\frac{\partial^2 V_a}{\partial x^2} - \frac{\partial^2 V_i}{\partial x^2}\right) = \lambda \cos^2(N, x) , \\ \lim\left(\frac{\partial^2 V_a}{\partial y^2} - \frac{\partial^2 V_i}{\partial y^2}\right) = \lambda \cos^2(N, y) , \\ \lim\left(\frac{\partial^2 V_a}{\partial z^2} - \frac{\partial^2 V_i}{\partial z^2}\right) = \lambda \cos^2(N, z) , \\ \lim\left(\frac{\partial^2 V_a}{\partial x \, \partial y} - \frac{\partial^2 V_i}{\partial x \, \partial y}\right) = \lambda \cos(N, x) \cos(N, y) , \\ \lim\left(\frac{\partial^2 V_a}{\partial x \, \partial z} - \frac{\partial^2 V_i}{\partial x \, \partial z}\right) = \lambda \cos(N, x) \cos(N, z) , \\ \lim\left(\frac{\partial^2 V_a}{\partial y \, \partial z} - \frac{\partial^2 V_i}{\partial y \, \partial z}\right) = \lambda \cos(N, y) \cos(N, z) . \end{cases}$$

Die Addition der drei ersten dieser sechs Gleichungen gibt

$$\lim(\Delta V_a - \Delta V_i) = \lambda ;$$

und da $\Delta V_a = 0$, $\Delta V_i = -4\pi k$, so wird

(20a) $$\lambda = +4\pi k ,$$

wo $\bar{k}$ die Dichtigkeit der Masse an dem betrachteten Punkte P der Grenzfläche bezeichnet.

Die Gleichungen (20) und (20a) enthalten das gesuchte Resultat.

Kapitel 7.

Verhalten des Flächenpotentials und seiner Ableitungen, falls der angezogene Punkt sich der anziehenden Fläche nähert.

a) Erläuterung an Beispielen.

Schon bei Berechnung der Anziehung, welche eine homogene Kreisfläche auf einen Punkt ausübt, der senkrecht über ihrem Mittelpunkte liegt, ergab sich, daß die anziehende Kraft (die senkrecht zur Kreisfläche gerichtet ist) sich beim Durchgang des angezogenen Punktes durch die Kreisfläche diskontinuierlich ändert. Jene Kraft strebt (s. Kap, 2, Aufg. 3, S. 17) dem Werte $-2\pi\varkappa$ zu*), wenn der angezogene Punkt von der einen, dem Werte $+2\pi\varkappa$, wenn der angezogene von der anderen Seite sich der anziehenden Fläche nähert, während sich $Z = 0$ ergibt, wenn dem angezogenen Punkte von vornherein eine feste Lage im Mittelpunkte des Kreises gegeben wird.

Für das Potential jenes Kreises ergibt sich mit Anwendung derselben Bezeichnungen wie S. 15—17:

$$V = \varkappa \int\limits_0^R \int\limits_0^{2\pi} \frac{r\,dr\,d\varphi}{\sqrt{r^2+z^2}} = 2\pi\varkappa\left\{\sqrt{R^2+z^2} - \sqrt{z^2}\right\},$$

und darin ist $\sqrt{z^2} = \pm z$, je nachdem z positiv oder negativ ist. Man sieht hieraus, daß, wenn z sich dem Werte Null nähert, sei es von positiven, sei es von negativen Werten her, V denselben Wert $2\pi\varkappa R$ annimmt; und diesen Wert hätte man auch erhalten, wenn man bei der Berechnung von V von vornherein z den konstanten Wert Null gegeben hätte. Im Gegensatz zu Z ändert sich V also kontinuierlich beim Durchgang des angezogenen Punktes durch die anziehende Fläche.

Untersuchen wir noch das Potential und die Anziehungskomponenten einer homogenen Kugelfläche. Wir können das Potential der Fläche auf genau dieselbe Weise mittels der Laplaceschen Differentialgleichung ableiten,

---

*) Der S. 17 auftretende Faktor fm ist, wie überall von Kap. 4 ab, $= 1$ gesetzt.

wie S. 43—47 das Potential einer Kugelschale, und erhalten, falls x, y, z die Koordinaten des angezogenen Punktes sind, r sein Abstand vom Mittelpunkte, für Punkte außerhalb der Kugel

$$(1) \qquad V = \frac{M}{r} = \frac{4\pi\varkappa R^2}{r},$$

wo R den Kugelradius, $\varkappa$ die Dichtigkeit bezeichnet. Für Punkte im Innern der Kugel wollen wir das Potential zum Unterschiede mit V_1 bezeichnen; es hat nach S. 46 einen konstanten Wert, und dieser konstante Wert ergibt sich durch Berechnung des Potentials für den Kugelmittelpunkt, so daß

$$(2) \qquad V_1 = \varkappa \int_0^{2\pi}\int_0^{\pi} \frac{R^2 \sin\vartheta\, d\vartheta\, d\varphi}{R} = 4\pi\varkappa R$$

wird. Nähert man sich von außen oder von innen der anziehenden Kugelfläche, so nähern sich V und V_1 demselben Grenzwerte $4\pi\varkappa R$; und derselbe Wert des Potentials hätte sich auch ergeben, wenn man dem angezogenen Punkte von vornherein eine feste Lage auf der Kugelfläche gegeben hätte*).

Aus (1) und (2) folgt ferner

$$(3) \qquad \frac{\partial V}{\partial x} = -\frac{4\pi\varkappa R^2 x}{r^3}, \qquad \frac{\partial V_1}{\partial x} = 0,$$

und analog werden die Ableitungen von V nach y und z. Daraus ist ersichtlich, daß, wenn der angezogene Punkt von außen oder innen her sich der anziehenden Kugelfläche nähert, $\frac{\partial V}{\partial x}$ und $\frac{\partial V_1}{\partial x}$ sich verschiedenen Grenzwerten nähern, $\frac{\partial V}{\partial x}$ dem Werte $-\frac{4\pi\varkappa x}{R}$, während $\frac{\partial V_1}{\partial x} = 0$ bleibt. Auch hier ändern sich die Differentialquotienten

*) Die Berechnung des Potentialwertes für diesen Fall läßt sich in derselben Weise durchführen wie gleich nachher für die Anziehung.

des Potentials (die Anziehungskomponenten) diskontinuierlich beim Durchgang durch die anziehende Fläche. Legen wir insbesondere das Koordinatensystem so, daß der angezogene Punkt auf der positiven z-Achse sich beiderseits der Kugelfläche nähert, so haben wir, da hier $x = 0$, $y = 0$, $z = +R$ ist,

$$(3a) \quad \begin{cases} \lim\left(\frac{\partial V}{\partial x} - \frac{\partial V_1}{\partial x}\right) = 0, \quad \lim\left(\frac{\partial V}{\partial y} - \frac{\partial V_1}{\partial y}\right) = 0, \\ \lim\left(\frac{\partial V}{\partial z} - \frac{\partial V_1}{\partial z}\right) = -4\pi\varkappa; \end{cases}$$

und $+z$ ist dabei die äußere Normale der Kugel an der Stelle, die der angezogene Punkt passiert; x, y sind parallel der Tangentialebene der Kugel an dieser Stelle.

Fragen wir noch nach den Werten, welche die Anziehungskomponenten annehmen, wenn der angezogene Punkt eine feste Lage auf der Kugel hat. Diese Werte ergeben sich aus den Formeln (9), S. 21, wenn man in diesen $z = R$ setzt; dabei sind die Achsen so gelegt, daß die positive z-Achse durch den angezogenen Punkt geht. Die dritte dieser Formeln gibt, wenn man wieder von dem Faktor $f\,m$ absieht,

$$Z = \varkappa \int_0^\pi \int_0^{2\pi} \frac{R^3(\cos\vartheta - 1)\sin\vartheta\, d\vartheta\, d\varphi}{(\sqrt{2R^2(1-\cos\vartheta)})^3}$$

$$= -\frac{\varkappa}{2} \int_0^\pi \int_0^{2\pi} \cos\frac{\vartheta}{2}\, d\vartheta\, d\varphi = -2\pi\varkappa.$$

Z ist also auch hier (wie bei der Kreisscheibe) sowohl von dem Grenzwerte von $\frac{\partial V}{\partial z} = -4\pi\varkappa$, als von dem Grenzwerte von $\frac{\partial V_1}{\partial z} = 0$ verschieden; Z ist das arithmetische Mittel der letzteren beiden Werte.

Die X-Komponente der Anziehung für den Punkt $x = 0$, $y = 0$, $z = R$ wird nach Formel (9), S. 21:

$$X = \varkappa \iint \frac{R \sin\vartheta \cos\varphi \cdot R^2 \sin\vartheta \, d\vartheta \, d\varphi}{\left(\sqrt{2 R^2 (1 - \cos\vartheta)}\right)^3}$$

$$= \frac{\varkappa}{2} \iint \frac{\cos\varphi \, d\varphi \cos^2 \frac{\vartheta}{2} \, d\vartheta}{\sin \frac{\vartheta}{2}} .$$

Da hier die zu integrierende Funktion für $\vartheta = 0$ unendlich wird, schließen wir den angezogenen Punkt durch eine kleine ihn umgebende Kurve von dem Integrationsgebiet aus, d. h. wir integrieren nicht von $\vartheta = 0$, sondern von $\vartheta = \varepsilon$, wo ε eine kleine Größe ist, die je nach der Natur der Abschließungskurve in verschiedener Weise von φ abhängen kann. Die Ausführung der Integration nach ϑ gibt, da die obere Grenze $\vartheta = \pi$ ist:

$$X = -\varkappa \int_0^{2\pi} \left[\underline{\log \operatorname{tg}} \frac{\varepsilon}{4} + \cos \frac{\varepsilon}{2} \right] \cos\varphi \, d\varphi ,$$

und dies Integral kann ganz verschiedene Werte annehmen, je nachdem man für ε die eine oder die andere Funktion von φ setzt. Gleiches gilt für den Grenzfall $\varepsilon = 0$; d. h. der Wert der Anziehungskomponente X ist abhängig von der Natur der Abschließungskurve und der Art, wie diese immer kleiner und kleiner wird, ist also völlig unbestimmt. Dasselbe gilt für Y.

In ähnlicher Weise würde sich für eine anziehende Kreisfläche die Unbestimmtheit der der Kreisfläche parallelen Anziehungskomponenten ergeben haben, falls man den angezogenen Punkt in den Mittelpunkt des Kreises legt.

b) Ableitung der Eigenschaften für beliebige Flächen bei beliebiger Massenverteilung.

Die allgemeine Ableitung der vorher an speziellen Beispielen erörterten Eigenschaften stützt sich am einfachsten auf die in Kap. 6 abgeleiteten Formeln.

Es sei σ ein Flächenstück von beliebiger Gestalt, das aber überall eine bestimmte Tangentialebene besitzt. Ferner nehmen wir zunächst σ so klein, resp. geben dem Koordinatensystem eine solche Lage. daß die Normale von σ nirgends zur x-Achse senkrecht steht. σ sei mit Masse von der Dichtigkeit $\varkappa$ belegt, so daß das Potential von σ für äußere Punkte den Wert hat:

$$J = \iint\limits_{\sigma} \frac{\varkappa\, do}{\varrho}. \tag{4}$$

Das Flächenstück σ werde nun auf irgend eine Art zu einer geschlossenen Fläche ergänzt, und es werde das zu dem Behufe zu σ hinzuzufügende Flächenstück σ' so gewählt, daß σ' überall eine bestimmte Tangentialebene hat, und daß auch an der Grenze von σ und σ' eine solche vorhanden ist. Den von σ und σ' begrenzten Raum T denke man mit Masse von der Dichtigkeit k (über die noch zu verfügen sein wird) gefüllt und nenne das Potential dieser Masse V, also

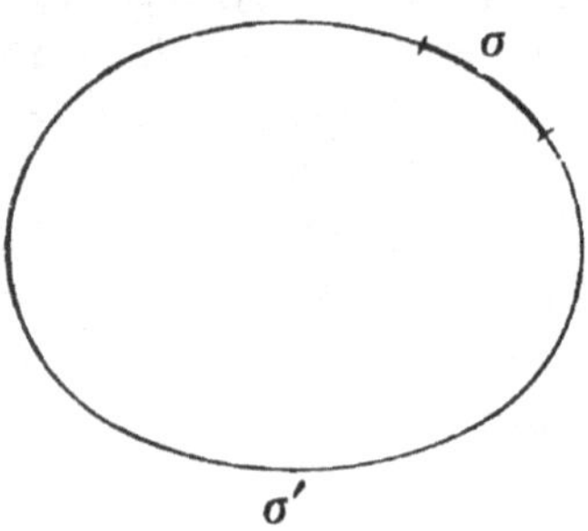

Fig. 19.

$$V = \iiint\limits_{T} \frac{k\, dv}{\varrho}. \tag{5}$$

Über k verfüge man so, daß der Wert von k an der Fläche σ

$$= \frac{\varkappa}{\cos(N, \xi)} \tag{6}$$

ist, eine Größe, die, da $\cos(N, \xi)$ an σ nirgends verschwindet, für alle Punkte von σ einen bestimmten endlichen Wert hat. Die so für σ bestimmte Funktion k setze man beliebig fort, nur mit der Beschränkung, daß sich die Werte von k im Innern von T kontinuierlich an die gegebenen Werte (6) anschließen, und daß k überall in T endlich und stetig ist, die Ableitungen von k ferner überall endlich sind. Dann kann man auf V die Formel (13) des Kap. 6 (S. 73) anwenden, eine Formel, die sowohl für Punkte der anziehenden Masse gilt, als für äußere Punkte, mit Ausschluß jedoch von Punkten der

Oberfläche. Die in jener Formel (13) auftretende Funktion W ist durch (13b) gegeben, und zwar ist das Doppelintegral in (13b) über die Gesamtoberfläche von T zu erstrecken, d. h. über die beiden Flächen σ und σ'. Also

$$(7)\qquad W = -\iint\limits_{\sigma} \frac{k\cos(N,\,\xi)\,do}{\varrho} - \iint\limits_{\sigma'} \frac{k\cos(N,\,\xi)\,do}{\varrho}\,.$$

Da nun k an der Fläche σ den Wert (6) annimmt, also $k\cos(N,\,\xi) = \varkappa$ ist, so wird

$$(7\text{a})\qquad W = -J - J',$$

wo J das Potential von σ für die Dichtigkeit $\varkappa$, J' das Potential von σ' für die Dichtigkeit $k\cos(N,\,\xi)$ bezeichnet; und der Wert von k an σ' hängt von der Art und Weise ab, wie die an σ bekannte Funktion k fortgesetzt wird. Die erwähnte Formel (13) gibt uns also

$$(8)\qquad \frac{\partial V}{\partial x} = -J - J' + U,$$

wo U das Potential der in T mit der Dichtigkeit $\frac{\partial k}{\partial \xi}$ verteilten Masse ist. Wenn nun der angezogene Punkt einmal vom Inneren von T, das andere Mal von außen sich der Fläche σ beliebig nähert, so wissen wir (s. Kap. 5), daß

$$\lim\left(\frac{\partial V_a}{\partial x} - \frac{\partial V_i}{\partial x}\right) = 0\,, \qquad \lim(U_a - U_i) = 0$$

ist. Ferner ist für die Fläche σ' ein an σ liegender Punkt ein äußerer, und für Punkte außerhalb der anziehenden Masse ist das Potential kontinuierlich, d. h. es ist:

$$\lim(J'_a - J'_i) = 0\,.$$

Mithin folgt aus (8), daß

$$(9)\qquad \lim(J_a - J_i) = 0$$

ist; d. h. das Potential J der Fläche σ ändert sich kontinuierlich auch beim Durchgang des angezogenen Punktes durch die anziehende Fläche.

Da wir wissen, daß die zweiten Ableitungen von V sich sowohl außerhalb T, als innerhalb kontinuierlich ändern (die kontinuierliche Änderung innerhalb folgt ja aus der Kontinuität von k und der Endlichkeit von $\frac{\partial k}{\partial \xi}$), so gilt für Punkte, die nicht auf der Oberfläche von T liegen, die durch Differentiation von (8) entstehende Gleichung:

$$\frac{\partial^2 V}{\partial x^2} = -\frac{\partial J}{\partial x} - \frac{\partial J'}{\partial x} + \frac{\partial U}{\partial x}. \tag{10}$$

Wir wenden diese Gleichung auf Punkte an, die sich von außen der Fläche σ beliebig nähern, dann auf Punkte, die sich von innen derselben Stelle von σ nähern, und subtrahieren die so erhaltenen Gleichungen. Bezeichnet dann der Index a, wie vorher, daß es sich um äußere Punkte, der Index i, daß es sich um Punkte innerhalb T handelt, so erhalten wir:

$$(11)\quad \begin{cases} \lim\left(\frac{\partial^2 V_a}{\partial x^2} - \frac{\partial^2 V_i}{\partial x^2}\right) = -\lim\left(\frac{\partial J_a}{\partial x} - \frac{\partial J_i}{\partial x}\right) \\ -\lim\left(\frac{\partial J'_a}{\partial x} - \frac{\partial J'_i}{\partial x}\right) + \lim\left(\frac{\partial U_a}{\partial x} - \frac{\partial U_i}{\partial x}\right). \end{cases}$$

Wegen der Eigenschaften des Potentials räumlicher Massen ist aber:

$$\lim\left(\frac{\partial U_a}{\partial x} - \frac{\partial U_i}{\partial x}\right) = 0.$$

Ebenso ist:

$$\lim\left(\frac{\partial J'_a}{\partial x} - \frac{\partial J'_i}{\partial x}\right) = 0,$$

da J' das Potential der Fläche σ' ist und ein an σ liegender Punkt für σ' ein äußerer ist. . Endlich ist nach (20) und (20a) des Kap. 6 (S. 81):

$$\lim\left(\frac{\partial^2 V_a}{\partial x^2} - \frac{\partial^2 V_i}{\partial x^2}\right) = 4\pi \bar{k} \cos^2(N, x),$$

wo $\bar{k}$ die Dichtigkeit an dem betrachteten Punkte von σ ist, N die äußere Normale von T. An σ ist aber:

$$\bar{k} = \frac{\varkappa}{\cos(N, \xi)},$$

und (N, ξ) und (N, x) bezeichnen denselben Winkel; es wird daher:

$$\lim\left(\frac{\partial^2 V_a}{\partial x^2} - \frac{\partial^2 V_i}{\partial x^2}\right) = 4\pi\varkappa\cos(N, x)$$

und somit nach (11)

$$\lim\left(\frac{\partial J_a}{\partial x} - \frac{\partial J_i}{\partial x}\right) = -4\pi\varkappa\cos(N, x)\,. \tag{12}$$

Wir wollen dem Resultat noch eine Form geben, die die Bezeichnung äußere und innere Punkte sowie äußere Normale nicht enthält. Denn von außen und innen kann man wohl in bezug auf den Raum T sprechen, nicht aber in bezug auf eine ungeschlossene Fläche σ. Wir treffen deshalb folgende Festsetzung. Von den beiden Normalenrichtungen von σ wählen wir die eine als Richtung von $+N$, bezeichnen mit J den Wert des Potentials für einen Punkt, der sich auf der Seite von $+N$ der Fläche σ nähert, mit J_1 den Wert des Potentials für einen Punkt, der sich auf der Seite von $-N$ der Fläche σ nähert, so folgt aus (12), gleichgültig, welche der beiden Normalenrichtungen als $+N$ gewählt wird:

$$\lim\left(\frac{\partial J}{\partial x} - \frac{\partial J_1}{\partial x}\right) = -4\pi\varkappa\cos(N, x)\,, \tag{12a}$$

wo (N, x) den Winkel bezeichnet, den die gewählte Normalenrichtung $+N$ mit der positiven x-Achse bildet. Lassen wir insbesondere die positive x-Achse mit $+N$ zusammenfallen, so wird:

$$\lim\left(\frac{\partial J}{\partial N} - \frac{\partial J_1}{\partial N}\right) = -4\pi\varkappa\,; \tag{12b}$$

und dies ist die Verallgemeinerung des für die homogene Kreisscheibe und die homogene Kugelfläche gefundenen Resultats. Gehen wir aber von beliebigen Lagen der x-Achse zu einer solchen Lage über, daß X zu N senkrecht steht, also einer in der Tangentialebene des betrachteten Punktes gelegenen Richtung t parallel ist, so folgt aus (12a):

$$\lim\left(\frac{\partial J}{\partial t} - \frac{\partial J_1}{\partial t}\right) = 0\,. \tag{12c}$$

Die normalen Ableitungen des Flächenpotentials ändern sich also diskontinuierlich beim Durchgange des angezogenen Punktes durch die anziehende Fläche, während die tangentialen Ableitungen beiderseits gleiche Werte haben.

Bei der Ableitung dieser Resultate ist angenommen, daß σ eine nicht geschlossene Fläche ist. Sie gelten aber ohne weiteres auch für geschlossene Flächen S. Denn zerlegt man S in zwei nicht geschlossene Flächen σ und S_1, nennt die Potentiale dieser beiden J und $\mathfrak{J}$, so daß $J + \mathfrak{J}$ das Gesamtpotential von S ist, so gilt, falls σ den Teil von S darstellt, in dem der angezogene Punkt an S herantritt, für J die Gleichung (12a); für $\mathfrak{J}$ aber ist, da der angezogene Punkt für S_1 ein äußerer ist:

$$\lim\left(\frac{\partial \mathfrak{J}}{\partial x} - \frac{\partial \mathfrak{J}_1}{\partial x}\right) = 0 .$$

Für $\mathfrak{J} + J$ gilt also wiederum die Gleichung (12a).

Was die zweiten und höheren Ableitungen des Flächenpotentials betrifft, so haben dieselben für Punkte der Fläche keine Bedeutung, da schon die ersten Ableitungen an der Fläche diskontinuierlich werden.

c) Potential und Anziehungskomponenten für feste Punkte der Fläche. Im vorstehenden haben wir das Verhalten des Potentials und seiner ersten Ableitungen, der Anziehungskomponenten, für den Fall untersucht, daß der angezogene Punkt von der einen oder der andern Seite sich der anziehenden Fläche beliebig nähert. Es fragt sich, ob die normalen und tangentialen Anziehungskomponenten der Fläche noch einen bestimmten Wert haben, wenn der angezogene Punkt ein fester Punkt der Fläche selbst ist. Zur Beantwortung dieser Frage nehmen wir den festen Punkt O der Fläche zum Anfangspunkte der Koordinaten, die Flächennormale in O zur z-Achse, und zwar bei geschlossenen Flächen die äußere Normale zur positiven z-Achse. Wir beschränken uns dabei auf solche Punkte, in denen die Fläche eine bestimmte Tangentialebene hat. In dieser Tangentialebene (der xy-Ebene) beschreiben

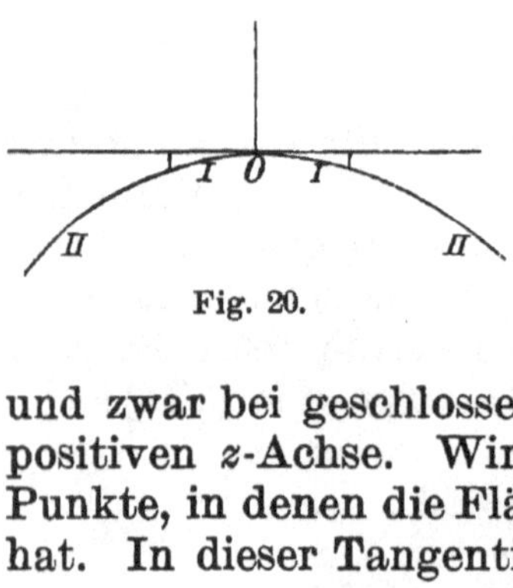

Fig. 20.

wir um O mit dem kleinen Radius δ einen Kreis und errichten über diesem Kreise einen geraden Zylinder. Durch den Schnitt desselben mit der Fläche wird letztere in zwei Teile geteilt, den Teil I, der die Umgebung des Punktes O bis zum Schnitte mit dem Zylinder umfaßt, und die übrigbleibende Fläche, die wir als Teil II bezeichnen. Die Untersuchung kann sich dann auf Teil I beschränken, da für Teil II der angezogene Punkt O ein äußerer ist.

Das Potential J und die normale Komponente Z der Anziehung sind, da der angezogene Punkt der Anfangspunkt ist:

$$(13) \qquad J = \iint \frac{\varkappa\, do}{\sqrt{\xi^2 + \eta^2 + \zeta^2}}, \qquad Z = \iint \frac{\varkappa \zeta\, do}{(\sqrt{\xi^2 + \eta^2 + \zeta^2})^3}$$

oder, wenn man in der xy-Ebene Polarkoordinaten einführt und do durch seine Projektion auf die xy-Ebene ausdrückt:

$$(13\text{a}) \qquad J = \iint \frac{\varkappa}{\cos(N, \zeta)} \frac{r\, dr\, d\vartheta}{\sqrt{r^2 + \zeta^2}}, \qquad Z = \iint \frac{\varkappa}{\cos(N, \zeta)} \frac{\zeta\, r\, dr\, d\vartheta}{(\sqrt{r^2 + \zeta^2})^3}$$

Darin ist (N, ζ) der spitze Winkel der Flächennormale von do gegen die ζ-Achse; und wenn δ klein genug gewählt wird, ist (N, ζ) stets kleiner als $\frac{1}{2}\pi$. Die Integration in (13) ist über den Flächenteil I, die in (13a) daher über den Kreis δ zu erstrecken. Dabei ist aber zunächst die unmittelbare Umgebung des Punktes O von der Integration auszuschließen, da dort $r = 0$, $\zeta = 0$ ist. Es ist somit zunächst nach r zu integrieren von $r = \varepsilon$ bis $r = \delta$, wo ε eine sehr kleine Größe ist, die für verschiedene ϑ verschiedene Werte annehmen kann; die Grenzen für ϑ ferner sind 0 und 2π. Wir schreiben die Ausdrücke (13a):

$$(13\text{b}) \qquad \begin{cases} J = \displaystyle\int_0^{2\pi} d\vartheta \int_\varepsilon^\delta \frac{\varkappa}{\cos(N, \zeta)} \frac{dr}{\sqrt{1 + \left(\frac{\zeta}{r}\right)^2}}, \\[2ex] Z = \displaystyle\int_0^{2\pi} d\vartheta \int_\varepsilon^\delta \frac{\varkappa}{\cos(N, \zeta)} \frac{\frac{\zeta}{r^2} \cdot dr}{\left(\sqrt{1 + \left(\frac{\zeta}{r}\right)^2}\right)^3} \end{cases}$$

und beachten folgendes. Eine beliebige durch die z-Achse gelegte Ebene schneidet die Fläche in einer Kurve, deren Abszisse r und deren Ordinate ζ ist. Für $r = 0$ ist $\zeta = 0$ und auch $\frac{d\zeta}{dr} = 0$, da die Achse z die Normale im Anfangspunkte ist. ζ, als Funktion von r betrachtet, hat daher die Form:

$$\zeta = r^{\alpha}\,\psi(r)\,, \tag{14}$$

wo $\alpha > 1$ und $\psi(r)$ für $r = 0$ endlich ist; $\frac{\zeta}{r}$ ist also $= 0$ für $r = 0$. Hat die Krümmung aller Normalschnitte der Fläche in O einen endlichen Wert, so ist $\alpha = 2$. In diesem Falle ist also $\frac{\zeta}{r^2}$ auch für $r = 0$ endlich, und die beiden Integrale J und Z haben auch für den Grenzfall $\varepsilon = 0$ einen bestimmten endlichen Wert.

Liegt α zwischen 1 und 2, so ist:

$$\frac{\zeta}{r^2} = \frac{\psi(r)}{r^{2-\alpha}}\,. \tag{14a}$$

Dann wird zwar in Z die zu integrierende Funktion $= \infty$ für $r = 0$. Da aber der Exponent von r im Nenner zwischen 0 und 1 liegt, so hat das Integral Z für $\lim \varepsilon = 0$ noch einen endlichen Wert, der unabhängig von der Art und Weise ist, in der ε zu 0 konvergiert.

Untersuchen wir in gleicher Weise eine der tangentialen Anziehungskomponenten, z. B. die X-Komponente, so haben wir:

$$\left\{\begin{aligned} X &= \iint \frac{\varkappa\,\xi\,do}{(\sqrt{\xi^2+\eta^2+\zeta^2})^3} = \iint \frac{\varkappa}{\cos(N,\zeta)}\,\frac{r^2\cos\vartheta\,dr\,d\vartheta}{(\sqrt{r^2+\zeta^2})^3} \\ &= \int_0^{2\pi} \cos\vartheta\,d\vartheta \int_\varepsilon^\delta \frac{\varkappa}{\cos(N,\zeta)}\,\frac{dr}{r\left(\sqrt{1+\left(\frac{\zeta}{r}\right)^2}\right)^3}\,. \end{aligned}\right. \tag{15}$$

Für $\varepsilon = 0$ wird die zu integrierende Funktion und, da r den Exponenten 1 hat, das innere Integral selbst unendlich. Wegen des Faktors $\cos\vartheta$ ist also X die Summe von Ausdrücken, die teils $+\infty$, teils $-\infty$ sind, also unbestimmt.

Daß diese Unbestimmtheit keine scheinbare ist, ergibt sich durch folgende Überlegung. Je nach der Wahl der Kurve, durch die die unmittelbare Umgebung von O vom Integrationsgebiet ausgeschlossen wird, wird ε eine andere und andere Funktion von ϑ, und je nach der Wahl dieser Funktion kann man es erreichen, daß X einen unendlich großen oder einen beliebigen endlichen Wert annimmt.

Wir sehen also, daß, wenn der angezogene Punkt eine feste Lage in der Fläche selbst hat, die tangentialen Anziehungskomponenten völlig unbestimmt werden, während die normale Anziehungskomponente (ebenso wie das Potential) noch einen bestimmten endlichen Wert hat. Im Abschnitt a) dieses Kapitels haben wir an zwei Beispielen gesehen, daß dieser endliche Wert der normalen Anziehungskomponente das arithmetische Mittel der beiden Werte ist, die die normale Ableitung des Potentials annimmt, je nachdem sich der angezogene Punkt von der einen oder der andern Seite der anziehenden Fläche nähert. Gauß*) hat gezeigt, daß das auch allgemein der Fall ist. Doch wollen wir den Beweis hier übergehen.

Kapitel 8.

Potential und Anziehungskomponenten von Massen, die längs einer Linie ausgebreitet sind.

Der einfachste hierher gehörige Fall ist der einer homogenen geradlinigen Strecke. Legt man das Koordinatensystem so, daß die Strecke in die x-Achse fällt und von $\xi = a$ bis $\xi = b$ $(b > a)$ reicht (vgl. Fig. 3, S. 12), so ist ihr Potential:

$$(1)\quad \begin{cases} V = \varkappa \displaystyle\int_a^b \frac{d\xi}{\sqrt{(\xi - x)^2 + y^2 + z^2}} \\ \quad = \varkappa \log\left(\dfrac{b - x + \sqrt{(b - x)^2 + y^2 + z^2}}{a - x + \sqrt{(a - x)^2 + y^2 + z^2}}\right). \end{cases}$$

Der Ausdruck (1) läßt sich noch umformen, indem man den Bruch unter dem Logarithmenzeichen mit

$$-(b - x) + \sqrt{(b - x^2) + y^2 + z^2}$$

*) S. Gauß' Werke V, S. 215ff.

und

$$-(a-x)+\sqrt{(a-x)^2+y^2+z^2}\,,$$

resp. nur mit der letzteren Differenz erweitert. Dadurch geht (1) über in:

$$V=\varkappa\log\left(\frac{x-a+\sqrt{(x-a)^2+y^2+z^2}}{x-b+\sqrt{(x-b)^2+y^2+z^2}}\right), \tag{2}$$

resp. in:

$$V=\varkappa\log\left\{\frac{\left[b-x+\sqrt{(b-x)^2+y^2+z^2}\right]\left[x-a+\sqrt{(x-a)^2+y^2+z^2}\right]}{y^2+z^2}\right\}. \tag{3}$$

Solange y und z von Null verschieden sind, ist es gleichgültig, welchen der drei Werte man anwendet. Fällt aber der angezogene Punkt in die Verlängerung der anziehenden Strecke, d. h. wird $y=0$, $z=0$, so werden, da die hier auftretenden Wurzeln die positiven Wurzelwerte bezeichnen, für $x>b$ die Ausdrücke (1) und (3) unbestimmt, für $x<a$ die Ausdrücke (2) und (3). Dagegen gibt für $x>b$, $y=0$, $z=0$ der Ausdruck (2):

$$V=\varkappa\log\left(\frac{x-a}{x-b}\right), \tag{2a}$$

für $x<a$, $y=0$, $z=0$ folgt aus (1):

$$V=\varkappa\log\left(\frac{a-x}{b-x}\right). \tag{1a}$$

Um zu untersuchen, was aus V, resp. seinen Ableitungen nach x, y, z wird, wenn der angezogene Punkt sich der anziehenden Strecke immer mehr nähert, d. h. wenn $y=0$, $z=0$ wird und $a<x<b$ ist, wenden wir am zweckmäßigsten den Ausdruck (3) an. Der Zähler des unter dem Logarithmus stehenden Bruchs wird dann $2(b-x)\cdot 2\cdot(x-a)$, ist also von Null verschieden, während der Nenner $=0$ wird. V wird also unendlich, ebenso $\frac{\partial V}{\partial y}$ und $\frac{\partial V}{\partial z}$.

Setzen wir noch:

$$y^2+z^2=t^2\,,$$

bezeichnen also mit t den Abstand des angezogenen Punktes von der anziehenden Linie, so sehen wir, daß, für $t=0$,

V unendlich wird wie $2\bar{\varkappa}\log\left(\frac{1}{t}\right)$, und daß $\frac{\partial V}{\partial t}$ unendlich wird wie $-\frac{2\bar{\varkappa}}{t}$, oder daß

$$(4) \qquad \lim_{t=0} \frac{V}{\log\left(\frac{1}{t}\right)} = +2\bar{\varkappa}\,, \qquad \lim_{t=0}\left(t\cdot\frac{\partial V}{\partial t}\right) = -2\bar{\varkappa}\,.$$

Dagegen bleibt, wie sich aus (3) ergibt, $\frac{\partial V}{\partial x}$ auch für $t = 0$ endlich, mit Ausnahme der Werte $x = a$, $x = b$, d. h. außer an den Endpunkten der anziehenden Strecke, während, wenn man dem angezogenen Punkte eine feste Lage in der anziehenden Strecke gibt, das die X-Komponente der Anziehung darstellende Integral seinen Sinn verliert.

Es läßt sich weiter zeigen, daß die durch (4) ausgedrückten Eigenschaften bestehen bleiben, wenn an Stelle einer geraden Linie eine beliebige Kurve tritt, ferner auch, wenn $\bar{\varkappa}$ nicht mehr konstant ist. Im letzteren Falle bezeichnet in (4) $\bar{\varkappa}$ den Wert, den die Dichtigkeit in demjenigen Punkte besitzt, in dem der angezogene Punkt an die anziehende Linie herantritt. Wir gehen auf diesen Beweis hier nicht ein und begnügen uns damit, an dem einfachen, oben behandelten Beispiele der homogenen geradlinigen Strecke erkannt zu haben, daß das Potential und die zu der Strecke senkrechten Anziehungskomponenten nicht mehr endlich bleiben, wenn der angezogene Punkt an die anziehende Linie heranrückt, daß sich also für Punkte der Masse das Linienpotential wesentlich anders verhält als das Körper- und das Flächenpotential.

Kapitel 9.

Die charakteristischen Eigenschaften des Körper- und Flächenpotentials.

a) Der Greensche Satz.

Sind U und W zwei Funktionen der Koordinaten, die in einem endlichen, von einer oder mehreren Flächen begrenzten Raume T selbst nebst ihren ersten Ableitungen einwertig, endlich und stetig sind, und haben auch die zweiten Ableitungen von W in T überall bestimmte endliche Werte, so ist:

$$(1)\quad \left\{\begin{aligned} \iiint U \Delta W\, dv &= \iint U \frac{\partial W}{\partial N} do \\ &-\iiint \left(\frac{\partial U}{\partial x}\frac{\partial W}{\partial x} + \frac{\partial U}{\partial y}\frac{\partial W}{\partial y} + \frac{\partial U}{\partial z}\frac{\partial W}{\partial z}\right) dv\,. \end{aligned}\right.$$

Hierin sind die dreifachen Integrale über das Volumen von T, das Doppelintegral rechts ist über die sämtlichen Grenzflächen von T auszudehnen, N ist die äußere Normale jener Grenzflächen und Δ bezeichnet die Operation:

$$(1a)\qquad \Delta f = \frac{\partial^2 f}{\partial x^2} + \frac{\partial^2 f}{\partial y^2} + \frac{\partial^2 f}{\partial z^2}\,.$$

Der Satz ergibt sich sofort aus dem S. 60 aufgestellten Hilfssatz I. Bezeichnet man die Integrationsvariablen nicht, wie dort, mit ξ, η, ζ, sondern mit x, y, z, setzt $f = U$, $\varphi = \frac{\partial W}{\partial x}$, so lautet jener Satz:

$$(2)\quad \iiint U \frac{\partial^2 W}{\partial x^2} dv = \iint U \frac{\partial W}{\partial x} \cos(N, x)\, do - \iiint \frac{\partial U}{\partial x}\frac{\partial W}{\partial x} dv\,.$$

Fügt man die beiden analogen Gleichungen hinzu, die man durch Vertauschung von x mit y, resp. z erhält, addiert die drei Gleichungen und benutzt das durch (1a) definierte Operationszeichen Δ, so folgt

$$(2a)\quad \left\{\begin{aligned} \iiint U \Delta W\, dv = \iint U \Big[\frac{\partial W}{\partial x}\cos(N,x) &+ \frac{\partial W}{\partial y}\cos(N,y) \\ &+ \frac{\partial W}{\partial z}\cos(N,z)\Big] do \\ -\iiint \Big[\frac{\partial U}{\partial x}\frac{\partial W}{\partial x} &+ \frac{\partial U}{\partial y}\frac{\partial W}{\partial y} + \frac{\partial U}{\partial z}\frac{\partial W}{\partial z}\Big] dv\,. \end{aligned}\right.$$

Endlich ist

$$(2b)\quad \frac{\partial W}{\partial x}\cos(N,x) + \frac{\partial W}{\partial y}\cos(N,y) + \frac{\partial W}{\partial z}\cos(N,z) = \frac{\partial W}{\partial N}\,,$$

und somit geht (2a) in die zu beweisende Gleichung (1) über.

Anmerkung. Die Richtigkeit der Gleichung (2b) folgt aus den Regeln der Differentiation. Ist f irgend eine Funktion von x, y, z, ds das Bogenelement einer beliebigen Kurve, so ist

$$\frac{\partial f}{\partial s} = \frac{\partial f}{\partial x} \cdot \frac{dx}{ds} + \frac{\partial f}{\partial y} \frac{dy}{ds} + \frac{\partial f}{\partial z} \frac{dz}{ds},$$

wo dx, dy, dz die Änderungen von x, y, z sind, die der Änderung ds von s entsprechen, d. h. die Projektionen von ds auf die drei Achsen; daher ist weiter

$$\frac{dx}{ds} = \cos(s, x) \text{ usw.}$$

und somit

$$\frac{\partial f}{\partial s} = \frac{\partial f}{\partial x} \cos(s, x) + \frac{\partial f}{\partial y} \cos(s, y) + \frac{\partial f}{\partial z} \cos(s, z).$$

Für $f = W$, $s = N$ ist das die Gleichung (2b).

Folgerungen. I. Für die folgenden Anwendungen wird der besondere Fall der Gleichung (1) gebraucht, in dem $W = U$ ist. Dann ist

$$(3) \quad \left\{ \begin{aligned} \iiint U \Delta U \, dv = \iint U \frac{\partial U}{\partial N} do \\ - \iiint \left[\left(\frac{\partial U}{\partial x} \right)^2 + \left(\frac{\partial U}{\partial y} \right)^2 + \left(\frac{\partial U}{\partial z} \right)^2 \right] dv . \end{aligned} \right.$$

Ist außerdem noch im ganzen Raume T

$$(3a) \qquad \Delta U = 0 ,$$

so wird

$$(3b) \quad \iiint \left[\left(\frac{\partial U}{\partial x} \right)^2 + \left(\frac{\partial U}{\partial y} \right)^2 + \left(\frac{\partial U}{\partial z} \right)^2 \right] dv = \iint U \frac{\partial U}{\partial N} do .$$

II. Ist U von W verschieden, und fügt man zu den Annahmen, unter denen (1) gilt, noch die weitere, daß auch die zweiten Ableitungen von U in T überall bestimmte endliche Werte haben, so kann man in (1) U mit W vertauschen, d. h. es ist auch

$$(4)\quad \begin{cases} \displaystyle\iiint W \Delta U\, dv = \iint W \frac{\partial U}{\partial N}\, do \\ \displaystyle -\iiint \left(\frac{\partial W}{\partial x}\frac{\partial U}{\partial x} + \frac{\partial W}{\partial y}\frac{\partial U}{\partial y} + \frac{\partial W}{\partial z}\frac{\partial U}{\partial z} \right) dv\,; \end{cases}$$

und durch Subtraktion von (1) und (4) folgt weiter

$$(5)\quad \iiint (U \Delta W - W \Delta U)\, dv = \iint \left(U \frac{\partial W}{\partial N} - W \frac{\partial U}{\partial N} \right) do\,,$$

eine Gleichung, die für den Fall $\Delta U = 0$ oder $\Delta W = 0$ oder $\Delta U = 0$ und $\Delta W = 0$ weitere Folgerungen zuläßt.

b) Die charakteristischen Eigenschaften des Raumpotentials.

Ist V das Potential irgend einer dreifach ausgedehnten Masse, so wissen wir nach Kapitel 4—6, daß 1. V und seine ersten Ableitungen nach den Koordinaten x, y, z des angezogenen Punktes im ganzen Raume einwertig, endlich und stetig sind, 2. daß V und seine sämtlichen Ableitungen verschwinden, wenn der angezogene Punkt ins Unendliche rückt, und zwar derart, daß

$$\lim_{r=\infty} (r\, V)\,, \qquad \lim_{r=\infty} r^2 \left| \frac{\partial V}{\partial x} \right| \quad \text{usw.}$$

endlich bleiben (der erste Grenzwert ist gleich der gesamten anziehenden Masse), 3. daß die zweiten Ableitungen von V im allgemeinen einwertig, endlich und stetig sind, jedoch mit Ausnahme der die anziehende Masse begrenzenden Fläche, ferner mit Ausnahme gewisser Stellen (Punkte, Linien oder Flächen), an denen sich die Dichtigkeit diskontinuierlich ändert, oder in denen die ersten Differentialquotienten der Dichtigkeit unendlich werden, 4. daß für alle Punkte im Innern der Masse, die nicht den genannten Ausnahmestellen angehören, die Poissonsche Gleichung $\Delta V = -4\pi k$ gilt, für alle Punkte außerhalb der Masse die Laplacesche Gleichung $\Delta V = 0$.

Es soll nun gezeigt werden, daß diese Eigenschaften für das Potential charakteristisch sind, d. h. daß, wenn eine Funktion V alle genannten Eigenschaften besitzt, sie notwendig das Potential des durch die gegebene Funktion k als Dichtigkeit bestimmten Massensystems ist. Der Nachweis für diese Behauptung wird folgendermaßen geführt.

Angenommen, es existiere eine von V verschiedene Funktion V_1, die mit dem Potential V eines gegebenen Massensystems die sämtlichen Eigenschaften (1) bis (4) gemeinsam hätte, so bilde man eine dritte Funktion

$$U = V - V_1 \,. \tag{6}$$

Dann müßte auch U die Eigenschaften (1) bis (3) besitzen, zugleich müßte in allen Punkten, in denen die zweiten Ableitungen von V und damit nach der Annahme auch die von V_1 und wegen (6) auch die von U einen bestimmten Wert haben,

$$\Delta U = 0 \tag{7}$$

sein. Denn für Punkte der Masse ist $\Delta V = -4\pi k$, daher auch $\Delta V_1 = -4\pi k$, mithin $\Delta U = \Delta V - \Delta V_1 = 0$, und für Punkte außerhalb ist ja $\Delta V = 0$ und $\Delta V_1 = 0$.

Auf diese Funktion U wenden wir nun die Gleichung (3b), S. 97, an, indem wir als Integrationsraum das Innere einer sehr großen, um den Anfangspunkt beschriebenen Kugel vom Radius R nehmen. Doch müssen wir, um den Voraussetzungen, unter denen (3b) abgeleitet war, zu genügen, von dem Integrationsraume alle die Stellen ausschließen, in denen ΔV und damit ΔU keinen bestimmten Sinn mehr hat. Dazu gehört zunächst die die anziehende Masse begrenzende Oberfläche. Diese wird dadurch ausgeschlossen, daß man auf den Normalen derselben sehr kleine, überall gleiche Stücke nach beiden Seiten hin abträgt, also zwei jener Oberfläche sehr nahe Parallelflächen konstruiert und den Raum zwischen diesen Parallelflächen vom Integrationsgebiet ausschließt, so daß jene Parallelflächen Grenzflächen des neuen Integrationsgebietes werden. In derselben Weise werden auch solche Flächen im Innern der anziehenden Masse, in denen ΔV seinen Sinn verliert (also z. B. solche Flächen, an denen k sich diskontinuierlich ändert), ausgeschlossen. Ausnahmepunkte umgebe man einfach mit einer Kugel von sehr kleinem Radius und betrachte den Innenraum der Kugel als nicht zum Integrationsgebiet gehörig. Linien endlich, an denen die zweiten Ableitungen von V ihren Sinn verlieren, werden dadurch ausgeschlossen, daß man um die einzelnen Punkte derselben Kugeln mit sehr kleinen, aber gleichen Radien beschreibt und den von der Enveloppe aller dieser Kugeln eingeschlossenen Raum von dem Integrationsgebiet ausschließt. Für das Gebiet T, das nach Ausschluß aller genannten Stellen vom Innern der Kugel R übrig bleibt, sind dann die Bedingungen, unter denen Gleichung (3b), S. 97, abgeleitet ist, erfüllt. Auf dieses Gebiet T können wir daher jene Gleichung (3b) anwenden. Dabei ist das Doppelintegral der rechten Seite von (3b) über alle Grenzflächen von T zu erstrecken, also über die Oberfläche der Kugel R und die sämtlichen Abschließungsflächen.

Das so erhaltene Resultat bleibt auch richtig, wenn wir einmal den Radius R der äußeren Kugel beliebig, schließlich über alle Grenzen wachsen lassen, und wenn wir zweitens die nicht zu T gehörigen, im Innern der Kugel R liegenden Räume beliebig verkleinern und schließlich zum Verschwinden bringen. Es geschieht dies dadurch, daß die Radien der abschließenden Kugeln immer mehr verkleinert und daß die vorher erwähnten Parallelflächen einander immer näher gebracht werden. Wir wollen nun zeigen, daß dadurch der Wert des Oberflächenintegrals auf der rechten Seite von (3b) der Null beliebig nahe gebracht werden kann und im Grenzfalle $= 0$ wird.

Um das nachzuweisen, betrachten wir zunächst den Teil des Oberflächenintegrals, der über die beiden Parallelflächen F_I und F_{II} zur äußeren Grenzfläche der Masse zu erstrecken ist. Ist P_I ein Punkt von F_I, P_{II} der entsprechende Punkt von F_{II}, d. h. der Punkt, der mit P_I auf derselben Normale der Genzfläche liegt, so sind, falls nur die Flächen F_I und F_{II} einander nahe genug liegen,

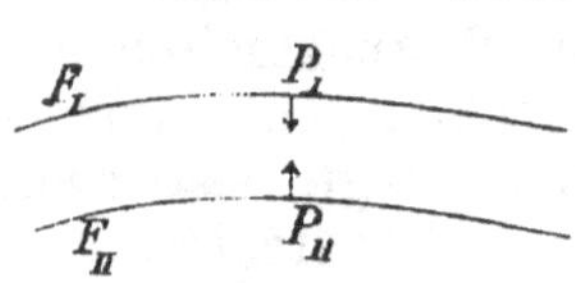

Fig. 21.

die Werte von U, $\frac{\partial U}{\partial x}$, $\frac{\partial U}{\partial y}$, $\frac{\partial U}{\partial z}$ in P_I und P_{II} beliebig wenig voneinander unterschieden, denn U und seine ersten Ableitungen sind ja im ganzen Raume kontinuierlich. Ferner geht wegen einer bekannten Eigenschaft von Parallelflächen die Normale von F_I in P_I durch den Punkt P_{II} und ist zugleich Normale von F_{II}. Bedenken wir aber, daß in (3b) N die äußere Normale des Integrationsgebietes bezeichnet, so hat in P_I N die Richtung von P_I nach P_{II} hin, in P_{II} dagegen von P_{II} nach P_I hin, d. h. $\cos(N, x)$, $\cos(N, y)$,

$\cos(N, z)$ haben in P_I und P_{II} gleiche absolute Werte, aber entgegengesetzte Vorzeichen. Somit hat der Ausdruck

$$U\frac{\partial U}{\partial N} = U\left[\frac{\partial U}{\partial x}\cos(N, x) + \frac{\partial U}{\partial y}\cos(N, y) + \frac{\partial U}{\partial z}\cos(N, z)\right]$$

in P_I und P_{II} Werte, die, absolut genommen, beliebig wenig verschieden sind, aber entgegengesetzte Vorzeichen besitzen. Gleiches gilt für je zwei entsprechende Punkte von F_I und F_{II}. Läßt man nun die Flächen F_I und F_{II} der Grenzfläche der Masse immer näher und näher kommen, so ist das über beide Flächen, F_I und F_{II}, erstreckte Integral

$$\iint U\frac{\partial U}{\partial N}do$$

schließlich die Grenze einer Summe, von der je zwei Summanden von gleichem absoluten Werte, aber entgegengesetztem Vorzeichen sind, das Integral verschwindet daher.

Existieren außer der Grenzfläche der Masse noch andere Flächen, an denen ΔV keinen bestimmten Sinn hat, so hat man auch diese durch Parallelflächen auszuschließen und kann auf diese wörtlich die vorhergehende Argumentation anwenden, desgleichen auf die Abschließungskugeln einzelner Punkte, wobei nur für P_I und P_{II} solche Punkte der Kugelfläche zu wählen sind, deren Verbindungslinie ein Durchmesser der Kugel ist. Betreffs der Abschließungsflächen von Unstetigkeitslinien ist zu beachten, daß diese aus röhrenförmigen Flächen bestehen, die oben und unten durch Stücke von sehr kleinen Kugelflächen geschlossen sind. Auf die eigentlichen Röhrenflächen läßt sich die vorher auf die Flächen F_I und F_{II} angewandte Betrachtung ebenso übertragen wie auf die Abschließungskugeln einzelner Punkte, während der Teil des Integrals, der über die die Röhrenflächen begrenzenden Kugelflächen zu erstrecken ist, dem Quadrate des Kugelradius proportional ist [denn do ist diesem Quadrate proportional] und mit diesem verschwindet.

Weiter ist zu untersuchen, was aus dem über die äußere Kugelfläche R zu erstreckenden Integrale wird, wenn R über alle Grenzen wächst. Zu dem Zwecke beachten wir, daß, wenn R sehr groß ist, V und daher auch U sehr klein wird, so daß

$$\lim_{R=\infty}(R \cdot U)$$

einen endlichen Wert hat. Bezeichnen wir diesen mit h, so ist also für sehr große R

$$U = \frac{h}{R}. \tag{8}$$

Ebenso werden für große R die Ableitungen $\frac{\partial U}{\partial x}$, $\frac{\partial U}{\partial y}$, $\frac{\partial U}{\partial z}$ immer kleiner, so daß $R^2 \left|\frac{\partial U}{\partial x}\right|$ endlich bleibt. Gleiches gilt daher für $\frac{\partial U}{\partial N}$, so daß für große R

$$\left|\frac{\partial U}{\partial N}\right| = \frac{h_1}{R^2} \tag{8a}$$

wird, wo h_1 eine endliche, von R unabhängige Größe bezeichnet. Endlich wird das Flächenelement der Kugel

$$do = R^2 \sin\vartheta \, d\vartheta \, d\varphi . \tag{8b}$$

Nehmen wir noch für $\frac{\partial U}{\partial N}$ seinen absoluten Wert, wodurch der absolute Wert des Integrals vergrößert wird, so haben wir also für das über die Kugel R erstreckte Integral

$$\left\{\begin{aligned} &\left|\iint U \frac{\partial U}{\partial N} do\right| < \iint \frac{h}{R} \cdot \frac{h_1}{R^2} R^2 \sin\vartheta \, d\vartheta \, d\varphi , \\ &\text{d. h.} \\ &\qquad < \frac{1}{R} \int_0^{2\pi}\int_0^{\pi} h\, h_1 \sin\vartheta \, d\vartheta \, d\varphi , \end{aligned}\right. \tag{8c}$$

und da h und h_1 endliche, von R unabhängige Größen sind, so wird der Grenzwert unseres Integrals, für $R = \infty$, gleich Null.

Wir sehen also, daß, wenn wir R über alle Grenzen wachsen lassen und die innerhalb der Kugel R liegenden, ursprünglich nicht zum Integrationsgebiete T gehörigen

Räume zum Verschwinden bringen, die rechte Seite der Gleichung (3b) verschwindet. Aus (3b) folgt dann also:

$$(9) \qquad \iiint \left[\left(\frac{\partial U}{\partial x} \right)^2 + \left(\frac{\partial U}{\partial y} \right)^2 + \left(\frac{\partial U}{\partial z} \right)^2 \right] dv = 0 ,$$

und zugleich umfaßt das Integrationsgebiet jetzt den ganzen unendlichen Raum. Das Integral (9) ist eine Summe von lauter positiven Gliedern, die nur verschwinden kann, wenn jeder einzelne Summand verschwindet. Es muß daher für jedes Volumenelement, d. h. für jeden Punkt des ganzen Raumes,

$$(10) \qquad \frac{\partial U}{\partial x} = 0 , \qquad \frac{\partial U}{\partial y} = 0 , \qquad \frac{\partial U}{\partial z} = 0$$

sein, d. h.:

$$(10a) \qquad U = \text{konst.} ,$$

und da U im Unendlichen verschwinden muß, weil V und V_1 diese Eigenschaft haben, so muß jene Konstante gleich Null sein, d. h. nach (6): im ganzen Raume ist

$$V = V_1 .$$

Es gibt also keine von V verschiedene Funktion V_1, die mit V die sämtlichen, S. 98 aufgeführten Eigenschaften gemeinsam hätte. Jene Eigenschaften sind daher für V charakteristisch. Auf diesen Punkt hat Dirichlet zuerst aufmerksam gemacht, und man bezeichnet infolgedessen jene Eigenschaften häufig als Dirichletsche charakteristische Eigenschaften.

c) Die charakteristischen Eigenschaften des Flächenpotentials.

Für das Potential V einer mit Masse belegten Fläche sind in den Kapiteln 4 und 7 folgende Eigenschaften abgeleitet: 1. V ist im ganzen Raume kontinuierlich, endlich und einwertig. 2. Die ersten Ableitungen von V sind im ganzen Raume einwertig, kontinuierlich und endlich, mit Ausnahme der anziehenden Fläche selbst, wo sich die Ableitungen nach der Normale diskontinuierlich ändern, so daß

$$(11) \qquad \lim \left(\frac{\partial V_a}{\partial N} - \frac{\partial V_i}{\partial N} \right) = -4 \pi \varkappa$$

wird, unter $\varkappa$ die Dichtigkeit in dem betrachteten Flächenpunkte verstanden, während die tangentialen Ableitungen zu beiden Seiten der Fläche den gleichen Wert besitzen. 3. Im ganzen Raume, mit Ausnahme der anziehenden Fläche, sind auch die zweiten Ableitungen von V einwertig endlich und kontinuierlich; an der Fläche selbst verlieren sie ihre Bedeutung. Im ganzen Raume, mit Ausnahme der Fläche selbst, gilt die Laplacesche Gleichung $\Delta V = 0$. 4. Im Unendlichen verschwinden V und seine Ableitungen, und zwar derart, daß

$$\lim_{r=\infty}(r V)\,, \qquad \lim_{r=\infty} r^2 \left| \frac{\partial V}{\partial x} \right| \qquad \text{usw.}$$

endlich bleiben.

Auch diese Eigenschaften sind für das Flächenpotential charakteristisch, d. h. ist V das Potential einer gegebenen Massenverteilung einer Fläche, so existiert keine andere Funktion V_1, die mit V die sämtlichen vorgenannten Eigenschaften gemeinsam hätte. Der Beweis für diese Behauptung ist genau so zu führen wie beim Körperpotential. Würde eine solche Funktion V_1 existieren, so bilde man, wie dort, eine dritte Funktion:

$$U = V - V_1\,, \tag{12}$$

dann hat U ebenfalls alle vorgenannten Eigenschaften, nur daß, da Gleichung (11) sowohl für V, als für V_1 gilt, an der anziehenden Fläche

$$\lim\left(\frac{\partial U_a}{\partial N} - \frac{\partial U_i}{\partial N}\right) = 0 \tag{12a}$$

ist. Die ersten Ableitungen von U verlieren zwar an der anziehenden Fläche ihren Sinn, haben aber zu beiden Seiten der Fläche dieselben Werte.

Auf diese Funktion U wende man wieder die Gleichung (3b), S. 97, an und nehme als Integrationsraum ebenfalls das Innere einer Kugel mit sehr großem Radius R. Doch ist, damit die Voraussetzungen, unter denen (3b) gültig ist, zutreffen, von dem Integrationsraume die unmittelbare Umgebung der anziehenden Fläche F auszuschließen. Ist diese Fläche geschlossen, so konstruiere man zu beiden Seiten von F zwei F sehr nahe Parallelflächen

F_I und F_{II} und schließe den von diesem begrenzten Raum vom Integrationsgebiete aus. War F nicht geschlossen, so ergänze man F zu einer geschlossenen Fläche und verfahre ebenso. An dem Ergänzungsstücke ändern sich die Ableitungen von U kontinuierlich, haben also zu beiden Seiten gleiche Werte. Nunmehr kann man die ganze Argumentation S. 100 bis S. 103 wörtlich wiederholen, nur daß hier noch die Vereinfachung eintritt, daß die vorher im Innern von F vorhandenen Abschließungsflächen fortfallen. Durch Grenzübergang findet man dann genau das frühere Resultat, daß im ganzen Raume

$$U = 0\,, \quad \text{mithin} \quad V = V_1$$

sein muß, d. h. daß es keine von V verschiedene Funktion gibt, die die charakteristischen Eigenschaften mit V gemein hat.

d) Anwendung der charakteristischen Eigenschaften.

Mittels der Dirichletschen charakteristischen Eigenschaften kann man prüfen, ob irgend eine vorgelegte Funktion ein Körper- oder ein Flächenpotential darstellen kann, und welches die zugehörige Massenverteilung ist. Wir wollen das an folgendem einfachen Beispiele erläutern.

Von einer Funktion F sei bekannt, daß sie innerhalb einer Kugel vom Radius R den Wert

$$F_i = z \tag{13}$$

habe, außerhalb jener Kugel den Wert

$$F_a = \frac{R^3 z}{r^3}\,, \tag{13a}$$

wo

$$r^2 = x^2 + y^2 + z^2$$

ist und der Kugelmittelpunkt den Anfangspunkt des Koordinatensystems bildet. Es ist zu untersuchen, ob diese Funktion ein Potential darstellen kann, und welches.

Zunächst sehen wir, daß, für $r = R$, $F_i = F_a$ wird, die Funktion F ist daher im ganzen Raume einwertig, endlich und kontinuierlich. Ferner wird

$$r \cdot F_a = R^3 \cdot \frac{z}{r} \cdot \frac{1}{r}\,,$$

und da $\frac{z}{r}$ stets ein echter Bruch ist, auch für beliebig große r, so sehen wir, daß

$$\lim_{r=\infty}(r F_a) = 0 . \tag{14}$$

Ferner wird:

$$\frac{\partial F_i}{\partial x} = 0 , \quad \frac{\partial F_i}{\partial y} = 0 , \quad \frac{\partial F_i}{\partial z} = 1 , \tag{15}$$

$$\left\{ \begin{aligned} &\frac{\partial F_a}{\partial x} = -\frac{3 R^3 x z}{r^5} , \quad \frac{\partial F_a}{\partial y} = -\frac{3 R^3 y z}{r^5} , \\ &\frac{\partial F_a}{\partial z} = R^3\left(\frac{1}{r^3} - \frac{3 z^2}{r^5}\right) . \end{aligned} \right. \tag{15a}$$

Wir sehen, daß die Ableitungen von F_i sowohl, als die von F_a einwertig, kontinuierlich und endlich sind, daß ferner

$$\lim_{r=\infty} r^2 \left| \frac{\partial F_a}{\partial x} \right| = \lim_{r=\infty}\left(3 R^2 \cdot \frac{x}{r} \cdot \frac{z}{r} \cdot \frac{1}{r}\right) = 0 \tag{15b}$$

wird und ebenso $\lim r^2 \left| \frac{\partial F_a}{\partial y} \right|$ und $\lim r^2 \left| \frac{\partial F_a}{\partial z} \right|$ verschwinden, daß aber für $r = R$ im allgemeinen die Ableitungen von F_i und F_a verschiedene Werte annehmen, daß sich jene Ableitungen also an der Kugelfläche $r = R$ diskontinuierlich ändern. Wir schließen daraus, daß F nicht ein Körperpotential darstellen kann. Soll F ein Flächenpotential darstellen, so muß im ganzen Raume, mit Ausnahme der Kugelfläche R selbst, $\Delta F = 0$ sein. Daß dies für F_i gilt, lehrt der bloße Anblick der Gleichungen (15). Daß auch $\Delta F_a = 0$ ist, ergibt sich leicht folgendermaßen. Es ist

$$F_a = \frac{R^3 z}{r^3} = -R^3 \frac{\partial \frac{1}{r}}{\partial z} ; \tag{16}$$

und, da $\frac{1}{r}$ der Laplaceschen Gleichung genügt (s. S. 42),

$$\Delta \frac{1}{r} = 0 ,$$

so ist auch

$$\frac{\partial\left(\Delta\frac{1}{r}\right)}{\partial z}=\Delta\left(\frac{\partial\frac{1}{r}}{\partial z}\right)=0\,,$$

mithin

$$\Delta F_a=0\,.$$

Die vorgelegte Funktion F besitzt daher die charakteristischen Eigenschaften des Flächenpotentials, und F_i und F_a stellen das Potential der auf gewisse Weise mit Masse belegten Kugelfläche R dar. Um die Dichtigkeit zu finden, führen wir Polarkoordinaten ein:

$$(17)\qquad z=r\cos\vartheta\,,\qquad x=r\sin\vartheta\cos\varphi\,,\qquad y=r\sin\vartheta\sin\varphi\,,$$

so wird

$$(18)\qquad \begin{cases} F_i=r\cos\vartheta\,, & F_a=\dfrac{R^3\cos\vartheta}{r^2}\,,\\[2ex] \dfrac{\partial F_i}{\partial r}=\cos\vartheta\,, & \dfrac{\partial F_a}{\partial r}=-\dfrac{2\,R^3\cos\vartheta}{r^3}\,,\end{cases}$$

daher

$$(19)\qquad \lim_{r=R}\left(\frac{\partial F_a}{\partial r}-\frac{\partial F_i}{\partial r}\right)=-3\cos\vartheta\,,$$

oder da für $r=R$ r die äußere Kugelnormale ist,

$$(19\,\mathrm{a})\qquad \lim\left(\frac{\partial F_a}{\partial N}-\frac{\partial F_i}{\partial N}\right)=-3\cos\vartheta\,.$$

Andererseits gilt für jedes Flächenpotential die Gleichung

$$(19\,\mathrm{b})\qquad \lim\left(\frac{\partial F_a}{\partial N}-\frac{\partial F_i}{\partial N}\right)=-4\pi\varkappa\,.$$

Mithin ergibt sich für die Dichtigkeit $\varkappa$ der Wert

$$(20)\qquad \varkappa=\frac{3\cos\vartheta}{4\pi}=\frac{3}{4\pi}\cdot\frac{z}{R}\,.$$

Die Dichtigkeit ist also auf der einen Kugelhälfte positiv, auf der anderen negativ, und die Gesamtmasse ist gleich Null.

Zusatz. Will man die umgekehrte Aufgabe lösen und das Potential der Masse berechnen, die auf der Kugel vom Radius R mit der Dichtigkeit $\frac{3\cos\vartheta}{4\pi}$ ausgebreitet ist, so beachte man zunächst, daß ϑ der (in Winkelmaß gerechnete) sphärische Abstand eines beliebigen Punktes Q der Kugelfläche von demjenigen festen Punkte P dieser Fläche ist, in dem letztere von der z-Achse geschnitten wird, daß also die Dichtigkeit der Flächenbelegung im Punkte Q

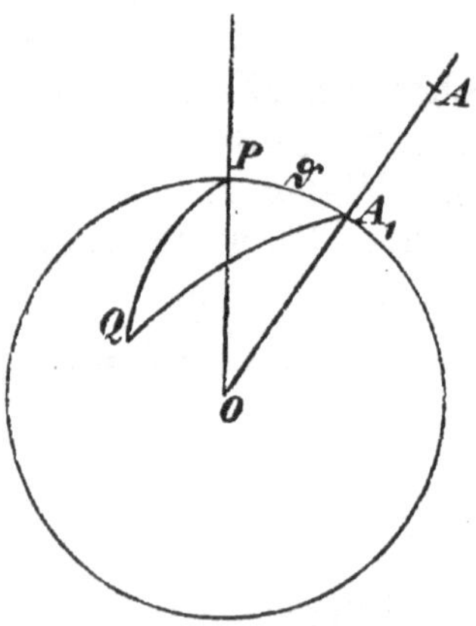

Fig. 22.

(21) $$\varkappa = \frac{3}{4\pi}\cos(PQ)$$

ist. Man führe ferner neben dem Koordinatensystem x, y, z, dessen z-Achse durch P geht, ein neues Koordinatensystem x', y', z' mit O als Anfangspunkt ein, dessen positive z'-Achse durch den angezogenen Punkt A geht und nehme die Ebene POA zur $x'z'$-Ebene. In dem neuen Koordinatensystem sind die Koordinaten des angezogenen Punktes A

(22) $$x' = 0\,,\quad y' = 0\,,\quad z' = r\,,$$

wo $r = OA$ ist. Die Koordinaten ξ', η', ζ' eines beliebigen Punktes der Kugel drücke man durch Polarkoordinaten aus, deren Achse OA ist:

(23) $$\xi' = R\sin\lambda\cos\mu\,,\quad \eta' = R\sin\lambda\sin\mu\,,\quad \zeta' = R\cos\lambda\,;$$

dann ist λ gleich dem sphärischen Abstande QA_1, wo A_1 derjenige Punkt der Kugel ist, in dem diese von OA geschnitten wird, und μ ist der Winkel QA_1P. Der Bogen PA_1 ferner ist gleich dem Winkel ϑ, den OA mit OP bildet. In dem sphärischen Dreieck PA_1Q ist nun

$$\begin{aligned}\cos(PQ) &= \cos(A_1P)\cos(A_1Q) + \sin(A_1P)\sin(A_1Q)\cos PA_1Q \\ &= \cos\vartheta\cos\lambda + \sin\vartheta\sin\lambda\cos\mu\,,\end{aligned}$$

daher nach (21) die Dichtigkeit

(21a) $$\varkappa = \frac{3}{4\pi}\left[\cos\vartheta\cos\lambda + \sin\vartheta\sin\lambda\cos\mu\right].$$

Das Potential der Kugelfläche in bezug auf A ist aber

$$V = \iint \frac{\varkappa\, do}{\sqrt{(\xi' - x')^2 + (\eta' - y')^2 + (\zeta' - z')^2}},$$

also, wenn man do durch die Polarkoordinaten λ, μ ausdrückt und für $\varkappa$, x', y', z', ξ', η', ζ' ihre Werte aus (21a), (22) und (23) setzt:

$$(24) \quad V = \frac{3R^2}{4\pi} \iint \frac{[\cos\vartheta \cos\lambda + \sin\vartheta \sin\lambda \cos\mu] \sin\lambda\, d\lambda\, d\mu}{\sqrt{R^2 - 2Rr\cos\lambda + r^2}}.$$

Die Grenzen des Integrals sind $\lambda = 0$ und $\lambda = \pi$; $\mu = 0$ und $\mu = 2\pi$. Da μ im Nenner nicht vorkommt, läßt sich die Integration nach μ ausführen, und wegen der Grenzen für μ wird

$$(24\text{a}) \quad V = \frac{3}{2} R^2 \cos\vartheta \int_0^\pi \frac{\cos\lambda \sin\lambda\, d\lambda}{\sqrt{R^2 - 2rR\cos\lambda + r^2}}.$$

Das hier auftretende Integral ist ganz ähnlich dem, das bei der Berechnung der Anziehung einer homogenen Kugelfläche vorkam (s. S. 21), und läßt sich in ganz derselben Weise ausführen, indem man

$$\varrho = \sqrt{R^2 - 2rR\cos\lambda + r^2}$$

zur Integrationsveränderlichen nimmt. So ergibt sich:

$$(24\text{b}) \quad V = \frac{1}{2} \frac{\cos\vartheta}{r^2} \left\{(R^2 - Rr + r^2)(R + r) - (R^2 + Rr + r^2)\sqrt{(R - r)^2}\right\}.$$

Für $R > r$ ist $\sqrt{(R - r)^2} = R - r$, daher

$$(25\text{a}) \quad V = \frac{1}{2} \frac{\cos\vartheta}{r^2} \{R^3 + r^3 - (R^3 - r^3)\} = r\cos\vartheta,$$

während für $r > R$ $\sqrt{(R - r^2)} = r - R$ ist, daher

$$(25\text{b}) \quad V = \frac{1}{2} \frac{\cos\vartheta}{r^2} \{r^3 + R^3 - (r^3 - R^3)\} = \frac{R^3 \cos\vartheta}{r^2}.$$

Da die Ableitung für beliebige Werte von r und ϑ gilt, so wird

$$V = F_i \quad \text{oder} \quad V = F_a,$$

je nachdem der angezogene Punkt im Innern der Kugel liegt oder außerhalb.

II. Abschnitt.

Erweiterungen des Potentialbegriffs.

Kapitel 1.

Anziehung nach anderen Gesetzen als dem Newtonschen.

a) Begriff der Kräftefunktion.

Der Begriff des Potentials läßt sich auf andere Kräfte als die nach dem Newtonschen Gesetze wirkenden ausdehnen, wenn man nur annimmt, daß die zwischen zwei Massenpunkten m, μ wirkende Kraft K in die Verbindungslinie beider Punkte fällt und einer beliebigen Funktion des Abstandes ϱ beider proportional ist:

$$K = m\,\mu\, f(\varrho)\,. \tag{1}$$

Die Komponenten dieser Kraft sind, wenn wir dieselben Bezeichnungen wie im I. Abschnitt einführen und auch m wieder als den Punkt betrachten, auf den die Wirkung ausgeübt wird:

$$X = m\,\mu\, f(\varrho)\,\frac{\xi - x}{\varrho} \quad \text{usw.} \tag{2}$$

Dabei ist, falls $f(\varrho)$ positiv ist, die Kraft als anziehende angenommen; für abstoßende Kräfte sind die Vorzeichen der Komponenten die entgegengesetzten. Man kann dafür auch sagen: für anziehende Kräfte ist $f(\varrho)$ positiv, für abstoßende negativ.

Führt man eine neue Funktion $F(\varrho)$ ein:

$$F(\varrho) = -\int f(\varrho)\, d\varrho\,, \tag{3}$$

so wird (vgl. S. 27):

$$X = m\,\mu\,\frac{dF(\varrho)}{d\varrho}\,\frac{\partial \varrho}{\partial x} = \frac{\partial (m\,\mu\, F(\varrho))}{\partial x}\,, \tag{4}$$

und die beiden anderen Komponenten Y, Z werden die Ableitungen derselben Funktion nach y und z. Es existiert also auch hier eine Funktion

$$U = m\mu F(\varrho)\,, \tag{5}$$

deren partielle Ableitungen nach den Koordinaten des angezogenen Punktes die Kraftkomponenten darstellen. Wir bezeichnen diese als Kräftefunktion, während wir den Namen Potential oder auch Newtonsches Potential für die nach dem Newtonschen Gesetze wirkenden Kräfte reservieren.

Ohne weiteres kann man auch in dem betrachteten allgemeineren Falle von der Wirkung diskreter Punkte zu der von Massen übergehen, die in Räumen oder auf Flächen oder auf Linien verteilt sind. Für Massen z. B., die einen begrenzten Raum kontinuierlich erfüllen, ist die Kräftefunktion

$$U = m\iiint k\, F(\varrho)\, dv\,, \tag{6}$$

und

$$\frac{\partial U}{\partial s}$$

stellt die Kraftkomponente nach der Richtung s dar.

b) Vergleich zwischen der allgemeinen Kräftefunktion und dem Newtonschen Potential für Punkte außerhalb der Masse.

Es ist von Interesse zu untersuchen, welche Eigenschaften des Newtonschen Potentials auch für die allgemeinere Kräftefunktion gelten, welche dem Newtonschen Potential eigentümlich sind. Dabei wollen wir die Masse m des Punktes, auf den die Wirkung ausgeübt wird, der Einfachheit wegen $= 1$ setzen, also für anziehende räumliche Massen

$$U = \iiint k\, F(\varrho)\, dv \tag{6a}$$

setzen und analog für anziehende Flächen

$$U = \iint \varkappa\, F(\varrho)\, do\,. \tag{6b}$$

Ohne jede Änderung läßt sich der Begriff der Niveauflächen und Kraftlinien auf die allgemeine Kräftefunktion ausdehnen. Die Niveauflächen sind bestimmt durch

$U = \text{konst.}$, sie stehen überall auf der wirkenden Kraft senkrecht, und die Kraftlinien werden durch dieselben Differentialgleichungen bestimmt wie beim Newtonschen Potential (s. S. 34).

Wie das Potential sind ferner auch die Kräftefunktion und ihre Ableitungen kontinuierliche Funktionen der Koordinaten des angezogenen (resp. abgestoßenen) Punktes, solange letzterer außerhalb der anziehenden Masse liegt. Dagegen sind die Sätze, die über das Verhalten des Potentials und seiner Ableitungen im Unendlichen aufgestellt sind (S. 38—40), dem Newtonschen Potential eigentümlich. Sie beruhen darauf, daß $F(\varrho)$ gerade $= \frac{1}{\varrho}$ ist. Je nach der Annahme über $f(\varrho)$ kann U im Unendlichen verschwinden oder auch nicht, und die Art, wie U sich im ersteren Falle dem Werte Null nähert, ist im allgemeinen eine andere als beim Potential.

Auch die Laplacesche Differentialgleichung gilt allein für $f(\varrho) = \frac{1}{\varrho^2}$. Bilden wir für ein anderes Anziehungsgesetz

$$\Delta U = \iiint k \, \Delta [F(\varrho)] \, dv \,, \tag{7}$$

und soll ΔU für eine beliebige Massenverteilung verschwinden, so muß

$$\Delta [F(\varrho)] = 0 \tag{7a}$$

sein. Nun ist

$$\frac{\partial F(\varrho)}{\partial x} = f(\varrho) \frac{\xi - x}{\varrho}, \quad \frac{\partial^2 F(\varrho)}{\partial x^2} = -\frac{1}{\varrho} f(\varrho) - \frac{d\left[\frac{1}{\varrho} f(\varrho)\right]}{d\varrho} \frac{(\xi - x)^2}{\varrho},$$

daher

$$\Delta[F(\varrho)] = -\frac{3}{\varrho} f(\varrho) - \frac{d\left[\frac{1}{\varrho} f(\varrho)\right]}{d\varrho} \frac{(\xi - x)^2 + (\eta - y)^2 + (\zeta - z)^2}{\varrho}$$

$$= -\frac{3}{\varrho} f(\varrho) - \frac{d\left[\frac{1}{\varrho} f(\varrho)\right]}{d\varrho} \cdot \varrho \,.$$

Setzt man diesen Wert von $\Delta[F(\varrho)]$ in (7a) ein und dividiert durch $-f(\varrho)$, so folgt:

$$0 = \frac{3}{\varrho} + \frac{d \log\left[\frac{1}{\varrho} f(\varrho)\right]}{d\varrho},$$

also, wenn man integriert und die Integrationskonstante mit $\log C$ bezeichnet:

$$\log\left[\frac{1}{\varrho} f(\varrho)\right] + \log(\varrho^3) = \log C$$

oder

$$f(\varrho) \cdot \varrho^2 = C\,, \qquad f(\varrho) = \frac{C}{\varrho^2}\,,$$

d. h. nur für das **Newtonsche** Gesetz gilt die **Laplacesche** Differentialgleichung.

Zusatz: Ist $f(\varrho) = \varrho$, also die Anziehung der Entfernung proportional, so wird

$$F(\varrho) = -\tfrac{1}{2}\varrho^2\,, \qquad \Delta U = -3M\,,$$

wo M die gesamte wirkende Masse bezeichnet.

Für das neuerdings mehrfach untersuchte Gesetz

$$F(\varrho) = \frac{e^{-\alpha\varrho}}{\varrho}\,,$$

für das

$$f(\varrho) = \frac{(\alpha\varrho + 1)\,e^{-\alpha\varrho}}{\varrho^2}$$

wird, ergibt sich

$$\Delta U = \alpha^2 U\,.$$

c) Die Kräftefunktion für Punkte innerhalb der wirkenden Masse bei dem Gesetz $\frac{1}{\varrho^p}$.

Ob die Kräftefunktion U und ihre Ableitungen noch für Punkte, die der wirkenden Masse angehören, einen Sinn behalten, hängt lediglich von der Natur der Funktion $f(\varrho)$ ab. Ist diese Funktion auch für $\varrho = 0$ endlich, so kann man die Ausdrücke für U sowie für die ersten und zweiten Ableitungen von U ohne weiteres auch auf Punkte einer räumlichen Masse anwenden. Anders aber verhält sich die Sache, wenn für $\varrho = 0$ die Funktion $f(\varrho)$ unendlich wird. Von besonderem Interesse ist hier der Fall

$$f(\varrho) = \frac{1}{\varrho^p}, \qquad F(\varrho) = \frac{1}{p-1}\,\frac{1}{\varrho^{p-1}}, \tag{8}$$

wo p irgend eine positive Zahl ist [$p = 1$ bildet insofern eine Ausnahme, als dann $F(\varrho) = \log\left(\frac{1}{\varrho}\right)$ wird].

Wir wollen zunächst untersuchen, für welche Werte von p die Kräftefunktion einer räumlichen Masse, die durch (6a) gegeben ist, noch einen endlichen Wert besitzt, wenn der Punkt $A(x, y, z)$ der Masse angehört. Zu dem Zwecke schließen wir, wie S. 52—53, zunächst die unmittelbare Umgebung des Punktes A von dem Integrationsgebiet aus, indem wir um A eine beliebige geschlossene Fläche K beschreiben und die Integration über das zwischen K und der äußeren Grenzfläche liegende Volumen erstrecken. Zugleich führen wir, wie S. 53, räumliche Polarkoordinaten mit A als Anfangspunkt ein, so geht der Ausdruck (6a) über in:

$$\left\{\begin{aligned} U &= \frac{1}{p-1}\iiint \frac{k\varrho^2\, d\varrho \sin\vartheta\, d\vartheta\, d\varphi}{\varrho^{p-1}} \\ &= \frac{1}{p-1}\iiint \frac{k\, d\varrho \sin\vartheta\, d\vartheta\, d\varphi}{\varrho^{p-3}}, \end{aligned}\right. \tag{9}$$

und zwar ist nach ϱ zu integrieren von $\varrho = \delta$ bis $\varrho = \varrho_1$, wo δ und ϱ_1 die Abstände der Punkte B und B_1 von A bezeichnen, in denen der Radius von der Richtung ϑ, φ die Fläche K und die äußere Grenzfläche der Masse schneidet. Wenn nun $p \leqq 3$ ist, so steht in dem Integral

$$\int_\delta^{\varrho_1} \frac{k\, d\varrho}{\varrho^{p-3}} \tag{9a}$$

eine positive Potenz von ϱ oder die nullte Potenz, und daher hat das Integral (9a) auch für $\delta = 0$ einen bestimmten endlichen Wert. Dasselbe gilt auch noch für

Werte von p zwischen 3 und 4. Denn die Anwendung des Mittelwertsatzes gibt:

$$(9\text{b}) \qquad \int_{\delta}^{\varrho_1} \frac{k\,d\varrho}{\varrho^{p-3}} = M(k) \int_{\delta}^{\varrho_1} \frac{d\varrho}{\varrho^{p-3}} = M(k) \frac{\varrho_1^{4-p} - \delta^{4-p}}{4-p} .$$

Ist $4 - p > 0$, so ist für $\delta = 0$ auch $\delta^{4-p} = 0$, und da k seiner Bedeutung nach eine überall endliche Funktion der Koordinaten ist, so ist $M(k)$, der Mittelwert von k, stets endlich. Auch hier hat also das Integral (9) für $\delta = 0$ noch einen bestimmten endlichen Wert, und dieser Wert ist unabhängig von der Art und Weise, wie $\delta = 0$ wird, d. h. unabhängig von der Art, wie die Abschließungsfläche K sich zum Punkte A zusammenzieht.

Ist jedoch $p > 4$, so stellt δ^{4-p} eine negative Potenz von δ dar, für $\delta = 0$ wird daher δ^{4-p} unendlich. Für $p = 4$ wird die rechte Seite von (9b)

$$M(k)\,[\log \varrho_1 - \log \delta] ,$$

also ebenfalls $= \infty$ für $\delta = 0$. — Man sieht ferner, daß U auch nicht unbestimmt wird, dadurch etwa, daß das Integral eine Summe von positiven und negativen unendlich großen Summanden darstellt. Denn ist k überall positiv, so auch $M(k)$, und $\sin\vartheta$ ist, da nach ϑ von 0 bis π zu integrieren ist, ebenfalls positiv. Die Glieder, die unendlich groß werden, haben also sämtlich das gleiche Zeichen. Falls aber k innerhalb der Masse sein Zeichen wechselt, teile man das Integral U in zwei Integrale, deren eines die Raumteile mit positivem k umfaßt, das andere die mit negativem k. Liegt A in dem ersten Raumteil, so hat das zweite Teilintegral einen bestimmten endlichen Wert, der von δ ganz unabhängig ist, sich also mit $\delta = 0$ nicht ändert, das erste Teilintegral aber wird aus dem oben erörterten Grunde unendlich groß. Nur wenn A gerade an der Grenze beider Raumteile liegt, wird U unbestimmt. Wir sehen also: U behält stets einen bestimmten endlichen Wert, wenn $p < 4$; U verliert aber für Punkte der Masse seinen Sinn, wenn $p \geqq 4$ ist.

d) Die Anziehungskomponenten für Punkte der Masse bei dem Gesetz $1 : \varrho^p$.

Die X-Komponente der Anziehung ist

$$(10) \qquad X = \frac{\partial U}{\partial x} = \iiint \frac{k}{\varrho^p} \cdot \frac{\xi - x}{\varrho} dv ,$$

also nach Einführung von Polarkoordinaten mit A als Anfangspunkt und der Parallelen zur x-Achse als Achse der Polarkoordinaten:

$$(10a) \qquad X = \frac{\partial U}{\partial x} = \iiint \frac{k \varrho^2 d\varrho \cos\vartheta \sin\vartheta \, d\vartheta \, d\varphi}{\varrho^p} .$$

Wird wieder die Umgebung des Punktes A vom Integrationsraum ausgeschlossen, so haben wir an Stelle des Integrals (9a) hier das Integral

$$(10b) \qquad \int_\delta^{\varrho_1} \frac{k \, d\varrho}{\varrho^{p-2}} .$$

Damit dies auch für $\delta = 0$ einen bestimmten endlichen Wert hat, muß

$$p - 2 < 1 , \qquad p < 3$$

sein. Wir können hier aber nicht behaupten, daß für $p \geqq 3$ $X = \infty$ wird. Denn wenn auch das Integral (10b) unendlich wird, so besteht, wegen des Faktors $\cos\vartheta$, X aus einer Summe von Gliedern, die teils positiv, teils negativ unendlich sind, wenigstens solange A im Innern der Masse liegt. X wird nur völlig unbestimmt. Falls jedoch A auf der Grenzfläche der Masse liegt, so liegt die Abschließungsfläche K ganz auf einer Seite der in A an die Grenzfläche gelegten Tangentialebene. Die Integration nach ϑ, φ ist daher nicht, wie für innere Punkte, über eine Kugelfläche zu erstrecken, sondern nur über eine Halbkugel. Legt man zugleich die X-Achse so, daß sie mit der inneren Normale der Grenzfläche in A zusammenfällt, so ist nach ϑ von 0 bis $\frac{1}{2}\pi$ zu integrieren, $\cos\vartheta$ ist also innerhalb der Integrationsgrenzen positiv. Zugleich kann man die Abschließungsfläche K von vornherein so klein wählen, daß k innerhalb derselben sein Zeichen nicht ändert. Dann stellt für $p \geqq 3$ und $\delta = 0$

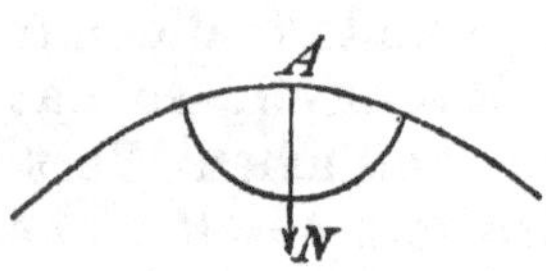

Fig. 23.

das Integral für X eine Summe von Gliedern dar, die sämtlich einerlei Vorzeichen haben und, absolut genommen, unendlich groß sind. Jenes Integral wird also unendlich groß. Wir haben damit den Satz, der für konstante k zuerst von Gauß ausgesprochen ist:

Satz. Eine räumliche Masse, die einen äußeren Punkt nach dem Gesetze $\frac{1}{\varrho^p}$ anzieht, wo $p \geqq 3$, übt auf einen Punkt der Oberfläche eine unendlich große normale Anziehung aus.

Was den unbestimmten Wert von X für Punkte innerhalb der Masse betrifft, so läßt sich zeigen, daß es sich hier nicht um eine scheinbare Unbestimmtheit handelt, wie bei den zweiten Ableitungen des Newtonschen Potentials, sondern daß X für $p \geqq 3$ keinen bestimmten Sinn mehr hat. Zu dem Zwecke betrachten wir den Fall eines konstanten k und nehmen als Abschließungsfläche K eine um A mit dem Radius δ beschriebene Kugel, so wird für $p > 3$ das Integral (10b)

$$k\int_{\delta}^{\varrho_1} \frac{d\varrho}{\varrho^{p-2}} = \frac{k}{p-3}\left(\frac{1}{\delta^{p-3}} - \frac{1}{\varrho_1^{p-3}}\right),$$

daher, da δ von ϑ und φ unabhängig ist,

$$(11) \quad X = \frac{k}{p-3}\left\{\frac{1}{\delta^{p-3}}\iint \sin\vartheta \cos\vartheta \, d\vartheta \, d\varphi - \iint \frac{\sin\vartheta \cos\vartheta \, d\vartheta \, d\varphi}{\varrho_1^{p-3}}\right\}.$$

Nun ist, da nach ϑ von 0 bis π, nach φ von 0 bis 2π zu integrieren ist,

$$\iint \sin\vartheta \cos\vartheta \, d\vartheta \, d\varphi = 0,$$

daher zunächst für jedes $\delta > 0$:

$$(11') \qquad X = -\frac{k}{p-3}\iint \frac{\sin\vartheta \cos\vartheta \, d\vartheta \, d\varphi}{\varrho_1^{p-3}},$$

und läßt man jetzt $\delta = 0$ werden, so behält X einen bestimmten endlichen Wert.

Das trifft aber nur für die angenommene Abschließungsfläche zu. Wählt man für letztere statt der Kugel z. B. die Fläche

$$\delta = \varepsilon(1 + n\cos\vartheta)^{-\frac{1}{p-3}},$$

wo ε eine sehr kleine Größe, n eine positive Zahl < 1 bezeichnet, so tritt an die Stelle der Gleichung (11) die folgende:

$$
\text{(11a)} \left\{ \begin{aligned} X = \frac{k}{p-3} \Bigg\{ & \frac{1}{\varepsilon^{p-3}} \iint (1 + n \cos\vartheta) \sin\vartheta \cos\vartheta \, d\vartheta \, d\varphi \\ & - \iint \frac{\sin\vartheta \cos\vartheta \, d\vartheta \, d\varphi}{\varrho_1^{p-3}} \Bigg\}. \end{aligned} \right.
$$

Nun ist

$$\iint (1 + n \cos\vartheta) \sin\vartheta \cos\vartheta \, d\vartheta \, d\varphi = n \tfrac{4}{3} \pi$$

und

$$\frac{\frac{4}{3} \pi n}{\varepsilon^{p-3}}$$

wird, wenn n von ε unabhängig ist, $= \infty$ für $\varepsilon = 0$, während wenn n von ε abhängt, das Integral jeden beliebigen Wert annehmen kann, je nach der zwischen n und ε angenommenen Beziehung. Ähnliche Schlüsse würden sich auch für andere Abschließungsflächen ergeben. Der Wert von X für $p > 3$ ist also völlig unbestimmt, nämlich abhängig von der Natur der Fläche K, die die Umgebung des Punktes A vom Integrationsgebiet ausschließt und sich nachher zum Punkte A zusammenzieht. Dasselbe Resultat läßt sich auch für $p = 3$ in ähnlicher Weise ableiten.

Anmerkung 1. Daß X auch für Punkte der Masse gleich der Ableitung der Kräftefunktion nach X ist, läßt sich streng genau ebenso zeigen, wie für den Fall $p = 2$ (s. S. 55), vorausgesetzt, daß X einen bestimmten endlichen Wert hat.

Anmerkung 2. Für den Fall einer homogenen Kugelschale lassen sich die Integrale für U und X ausführen, falls man Polarkoordinaten einführt, deren Achse durch den Punkt A geht.

e) Das Anziehungsgesetz $1 : \varrho^p$ für Massen, die auf Flächen ausgebreitet sind.

Wir wollen zunächst den speziellen Fall einer homogenen Kreisfläche betrachten, die einen senkrecht über dem Mittelpunkte gelegenen Punkt A nach dem Gesetze $\frac{1}{\varrho^p}$ anzieht. Es ist das dieselbe Aufgabe, die S. 15 ff. für das

Newtonsche Anziehungsgesetz behandelt ist. Mit den dort eingeführten Bezeichnungen haben wir (für $p \gtrless 1$):

$$(12)\quad \begin{cases} Z = -\varkappa\, 2\pi z \displaystyle\int_0^R \frac{r\,dr}{(\sqrt{r^2+z^2})^{p+1}} \\ \quad = -\dfrac{\varkappa\, 2\pi z}{p-1}\left(\dfrac{1}{(\sqrt{z^2})^{p-1}} - \dfrac{1}{(\sqrt{R^2+z^2})^{p-1}}\right). \end{cases}$$

Liegt A auf der positiven z-Achse, so wird

$$(12\text{a})\qquad Z = -\frac{\varkappa\, 2\pi}{p-1}\left\{\frac{1}{z^{p-2}} - \frac{z}{(\sqrt{R^2+z^2})^{p-1}}\right\}.$$

Nähert sich der angezogene Punkt der Fläche immer mehr und wird schließlich $z = 0$, so sieht man, daß $|Z| = \infty$ wird für $p > 2$.

Die Kräftefunktion der anziehenden homogenen Kreisfläche wird, falls z wieder positiv ist,

$$(13)\quad \begin{cases} U = \dfrac{\varkappa}{p-1} \displaystyle\int_0^{2\pi}\!\!\int_0^R \frac{r\,dr\,d\varphi}{(\sqrt{r^2+z^2})^{p-1}} \\ \quad = \dfrac{2\pi\varkappa}{(p-1)(p-3)}\left(\dfrac{1}{z^{p-3}} - \dfrac{1}{(\sqrt{R^2+z^2})^{p-3}}\right), \end{cases}$$

während für $p = 3$

$$(13\text{a})\qquad U = \frac{2\pi\varkappa}{p-1}\left[\log\sqrt{R^2+z^2} - \log z\right]$$

ist. Für $p \geqq 3$ und $z = 0$ wird also U unendlich.

Das Resultat läßt sich auf eine nicht homogene Kreisfläche ausdehnen, wobei angenommen werden möge, daß $\varkappa$ überall das gleiche Vorzeichen haben möge, und zwar sei $\varkappa$ positiv. Hier wird

$$(13\text{b})\qquad U = \frac{1}{p-1}\int_0^{2\pi}\!\!\int_0^R \frac{\varkappa\, r\,dr\,d\varphi}{(\sqrt{r^2+z^2})^{p-1}}.$$

Setzt man in (13b) für $\varkappa$ seinen kleinsten Wert $\varkappa_1$ und nennt U_1 den zugehörigen Wert von U, so ist $U_1 < U$, während, wenn für $\varkappa$ sein größter Wert $\varkappa_2$ genommen und der zugehörige Wert von U mit U_2 bezeichnet wird, $U_2 > U$ ist; also ist für jeden Wert von z:

$$U_1 < U < U_2 .$$

Bleiben nun U_1 und U_2 auch für $z = 0$ endlich, so gilt das gleiche für U, während $U = \infty$ wird, wenn U_1 und U_2 es werden. Für U_1 und U_2 aber gilt, da $\varkappa_1$ und $\varkappa_2$ konstant sind, das vorige Resultat, mithin gilt es auch für U. — Auf die absoluten Werte von Z läßt sich dieselbe Argumentation anwenden.

Handelt es sich weiter um eine beliebige anziehende Fläche, so teile man diese genau wie S. 91 in zwei Teile und beschränke, wie dort, die Untersuchung auf den Teil I. Nimmt man den S. 91 definierten Kreisradius unendlich klein an, so wird der Flächenteil I unendlich klein: Eine unendlich kleine Fläche aber kann man als in der Tangentialebene liegend ansehen, da das Lot, das von einem dem Berührungspunkte unendlich nahen Flächenpunkte auf jene Ebene gefällt wird, unendlich klein von der zweiten Ordnung ist. Ersetzt man aber den unendlich kleinen Flächenteil I durch den entsprechenden Teil der Tangentialebene, also durch eine ebene Kreisfläche, so kann man das für eine Kreisfläche abgeleitete Resultat, das auch für unendlich kleine Werte von R gültig bleibt, anwenden. Für unendlich kleine R ist ferner die obige Annahme, daß $\varkappa$ innerhalb des Kreises überall gleiches Vorzeichen hat, von selbst erfüllt.

Somit sehen wir, daß bei Flächen, die einen Massenpunkt nach dem Gesetze $\frac{1}{\varrho^p}$ anziehen, die Kräftefunktion für einen in die Fläche fallenden angezogenen Punkt nur endlich bleibt, falls $p < 3$, die normale und damit auch jede nicht in die Tangentialebene fallende Anziehungskomponente aber nur dann, wenn $p \leqq 2$ ist.

Anmerkung. Für eine homogene Kugelfläche ergibt sich das Resultat ebenfalls durch direkte Rechnung.

f) Die zweiten Ableitungen der Kräftefunktion räumlicher Massen für Punkte der Masse bei dem Anziehungsgesetze $\frac{1}{\varrho^p}$.

Wir benutzen eine ähnliche Transformation wie bei den zweiten Ableitungen des Newtonschen Potentials. Liegt zunächst der Punkt $A(x, y, z)$ außerhalb der Masse, so wird:

$$X = \iiint \frac{k}{\varrho^p} \frac{\xi - x}{\varrho} dv = -\frac{1}{p-1} \iiint k \frac{\partial \frac{1}{\varrho^{p-1}}}{\partial \xi} d\xi \, d\eta \, d\zeta .$$

Durch Anwendung des Hilfssatzes I, S. 60, folgt hieraus:

$$(14) \quad X = \frac{\partial U}{\partial x} = -\frac{1}{p-1} \iint \frac{k \cos(N, \xi) do}{\varrho^{p-1}} + \frac{1}{p-1} \iiint \frac{\partial k}{\partial \xi} \frac{dv}{\varrho^{p-1}} .$$

Um diese Formel auch auf einen Punkt A der Masse anwenden zu können, müssen wir A durch eine Abschließungsfläche K vom Integrationsgebiet ausschließen, und da jene Abschließungsfläche mit zur Grenze des Integrationsgebiets gehört, so zerfällt das erste Integral auf der rechten Seite von (14) in die Summe zweier Integrale, eines, das über die äußere Grenzfläche G der Masse, und ein zweites, das über K zu erstrecken ist. Für das letztere Integral ist N, die äußere Normale des Integrationsgebiets, die nach dem Innern von K gerichtete Normale. Ist N' die äußere Normale von K, so ist $(N, \xi) = \pi - (N', \xi)$, und das in Rede stehende Integral wird, wenn wir noch, wie vorher, den von A nach einem Punkte von K gezogenen Radius mit δ bezeichnen:

$$(14a) \quad + \frac{1}{p-1} \iint\limits_K \frac{k \cos(N', \xi) do}{\delta^{p-1}} .$$

Das Flächenelement do von K drücken wir mittels der Gleichung (10), S. 66, durch seine Projektion auf eine Kugel vom Radius 1 aus:

$$do = \frac{\delta^2 \sin\vartheta \, d\vartheta \, d\varphi}{\cos(N', \delta)} ,$$

so geht (14a) über in:

$$\text{(14b)} \qquad \frac{1}{p-1}\iint \frac{k\cos(N',\xi)}{\cos(N',\delta)}\,\delta^{3-p}\sin\vartheta\, d\vartheta\, d\varphi\,.$$

Ist nun $p < 3$, so wird für $\delta = 0$ auch das Integral (14b) $= 0$, und zwar gleichgültig, welche Fläche K wir zugrunde gelegt hatten, und wie sich diese dem Punkte A nähert. Für $p = 3$ und $p > 3$ dagegen verschwindet das Integral (14b) für $\delta = 0$ nicht, sein Wert ist von der Natur der Fläche K und der Art, wie sich diese zum Punkte A zusammenzieht, abhängig. Wir erkennen daraus, daß die Formel (14), in der das erste Integral rechts nur über die äußere Grenzfläche der Masse zu erstrecken ist, für Punkte der Masse ebenfalls gilt, aber nur, falls $p < 3$.

Übrigens lehrt diese Betrachtung aufs neue, daß für Werte von p zwischen 3 und 4 (4 ausgeschlossen), für die ja, falls $\frac{\partial k}{\partial \xi}$ überall endlich ist, das zweite Integral auf der rechten Seite von (14) noch einen bestimmten endlichen Wert hat, X für Punkte der Masse völlig unbestimmt wird.

Durch die Formel (14), die, wie gezeigt, für $p < 3$ auch für Punkte der Masse gilt, ist X als Summe zweier Kräftefunktionen ausgedrückt:

$$\text{(15)} \qquad X = \frac{\partial U}{\partial x} = W_1 + W_2\,,$$

nämlich der Kräftefunktion W_1 einer auf der äußeren Grenzfläche mit der Dichtigkeit $-k\cos(N, \xi)$ ausgebreiteten Masse und der Kräftefunktion W_2 einer räumlichen Masse von der Dichtigkeit $\frac{\partial k}{\partial \xi}$. Aus (15) folgt:

$$\text{(15b)} \qquad \frac{\partial X}{\partial x} = \frac{\partial^2 U}{\partial x^2} = \frac{\partial W_1}{\partial x} + \frac{\partial W_2}{\partial x}\,.$$

Für Punkte A im Innern der Masse hat $\frac{\partial W_1}{\partial x}$ einen bestimmten endlichen Wert, da A ja außerhalb der auf der Grenzfläche ausgebreiteten Masse liegt, $\frac{\partial W_2}{\partial x}$ hat einen endlichen Wert, da $p < 3$ ist. Mithin bleibt für $p < 3$ auch

$\frac{\partial^2 U}{\partial x^2}$ endlich, vorausgesetzt nur, daß $\frac{\partial k}{\partial \xi}$ in dem betrachteten Punkte A endlich ist. Rückt dagegen A an die äußere Grenzfläche der Masse, so wird nach den in e) abgeleiteten Resultaten $\frac{\partial W_1}{\partial x} = \infty$, sobald $p > 2$ ist, während $\frac{\partial W_2}{\partial x}$ für alle $p < 3$ endlich bleibt. Für Punkte der Grenzfläche der Masse wird daher $\frac{\partial^2 U}{\partial x^2} = \infty$, sobald $p > 2$ ist.

Kapitel 2.

Ermittelung von Anziehungsgesetzen mit bestimmten Eigenschaften. Körper größter Anziehung.

a) Wir wissen (s. S. 26), daß eine von zwei konzentrischen Kugeln begrenzte Schale, deren Dichtigkeit nur von dem Abstande vom Mittelpunkte abhängt, bei Zugrundelegung des Newtonschen Gesetzes auf einen Punkt des inneren hohlen Raumes gar keine Anziehung ausübt. Wir fragen, ob das Newtonsche Gesetz das einzige ist, das diese Eigenschaft hat.

Zur Beantwortung der Frage genügt es, statt der Anziehung der Schale die einer homogenen Kugelfläche zu betrachten. Denn einerseits muß, wenn von keiner derartigen Schale eine Wirkung ausgeübt werden soll, dasselbe auch für eine unendlich dünne Schale, d. h. für eine Kugelfläche gelten. Übt andererseits die Kugelfläche keine Wirkung aus, so gilt ein Gleiches von der Schale von endlicher Dicke, die man ja durch konzentrische Kugeln in unendlich dünne Schalen zerlegen kann. Wir fragen daher: Welche Form muß das Anziehungsgesetz $f(\varrho)$ haben, damit eine homogene Kugelfläche auf einen inneren Punkt keine Wirkung ausübt?

Werden räumliche Polarkoordinaten eingeführt, deren positive z-Achse durch den angezogenen Punkt A geht, und ist z der Abstand des Punktes A vom Kugelmittelpunkte, R der Kugelradius ($R > z$), so ist nach (6b), S. 111, die Kräftefunktion

$$U = \varkappa R^2 \int_0^{2\pi}\int_0^{\pi} F(\varrho) \sin\vartheta \, d\vartheta \, d\varphi \,, \tag{1}$$

worin $F(\varrho)$ die durch Gleichung (3), S. 110, definierte Funktion bezeichnet, und es ist

$$\varrho^2 = R^2 + z^2 - 2Rz\cos\vartheta\,. \tag{2}$$

Da ϱ von φ unabhängig ist, kann man die Integration nach φ ausführen. Die Integration nach ϑ ferner ersetze man durch eine solche nach ϱ, so wird

$$\varrho = R - z \quad \text{für} \quad \vartheta = 0\,,$$

$$\varrho = R + z \quad \text{für} \quad \vartheta = \pi\,,$$

und daher

$$U = \frac{2\pi\varkappa R}{z}\int\limits_{R-z}^{R+z} F(\varrho)\,\varrho\,d\varrho\,. \tag{3}$$

Wenn man das unbestimmte Integral

$$\int F(\varrho)\,\varrho\,d\varrho = \Phi(\varrho) \tag{4}$$

setzt, so wird

$$U = \frac{2\pi\varkappa R}{z}[\Phi(R+z) - \Phi(R-z)]\,, \tag{5}$$

und die auf den Punkt A ausgeübte Kraft, die die Richtung der z-Achse hat, ist $\frac{\partial U}{\partial z}$. Soll auf den Punkt A keine Wirkung ausgeübt werden, so muß

$$\frac{\partial}{\partial z}\left\{\frac{\Phi(R+z) - \Phi(R-z)}{z}\right\} = 0 \tag{6}$$

sein oder

$$\Phi(R+z) - \Phi(R-z) = z\cdot\Psi(R)\,, \tag{6a}$$

wo $\Psi(R)$ eine willkürliche Funktion von R bezeichnet; und die Gleichung (6a) muß, falls unsere Forderung für jede homogene Kugelfläche erfüllt sein soll, für beliebige Werte von R und alle $z < R$ gelten. Unsere Frage reduziert sich daher auf folgende: Welchen Wert muß die Funktion Φ haben, damit zwischen zwei unabhängigen Veränderlichen R, z die Relation (6a) bestehen kann. Nun gilt für die linke Seite von (6a), welches auch der Wert von Φ sein mag, die Gleichung:

$$(7)\qquad \frac{\partial^2[\Phi(R+z)-\Phi(R-z)]}{\partial R^2}=\frac{\partial^2[\Phi(R+z)-\Phi(R-z)]}{\partial z^2},$$

mithin muß auch

$$(8)\qquad \frac{\partial^2[z\cdot\Psi(R)]}{\partial R^2}=\frac{\partial^2[z\cdot\Psi(R)]}{\partial z^2},$$

d. h.

$$(8\text{a})\qquad z\frac{d^2\Psi(R)}{dR^2}=0$$

sein, also, da z von 0 verschieden ist,

$$(9)\qquad \Psi(R)=4AR+4B,$$

wo A und B willkürliche Konstante sind. Somit geht (6a) über in:

$$10)\qquad \Phi(R+z)-\Phi(R-z)=4AzR+4Bz.$$

Setzt man hierin

$$(11)\qquad R+z=u,\qquad R-z=v,$$

so erhält man

$$\Phi(u)-\Phi(v)=A(u^2-v^2)+2B(u-v)$$

oder

$$(12)\qquad \Phi(u)-Au^2-2Bu=\Phi(v)-Av^2-2Bv.$$

Da R und z unabhängige Veränderliche sind, sind es auch u und v; denn man kann ja z. B. R und z so ändern, daß $R-z$ unverändert bleibt, $R+z$ allein sich ändert, und umgekehrt. Soll Gleichung (12) aber für beliebige, voneinander unabhängige Veränderliche u, v bestehen, so muß jede Seite einer Konstanten C gleich sein; denn differentiiert man nach u, so wird die rechte Seite, und differentiiert man nach v, so wird die linke Seite $=0$. Wir haben also für beliebige positive Argumente:

$$(13)\qquad \Phi(u)=Au^2+2Bu+C,$$

also auch

$$(13\text{a})\qquad \Phi(\varrho)=A\varrho^2+2B\varrho+C.$$

Die Differentiation von (13a) ergibt mit Rücksicht auf (4):

$$\Phi'(\varrho) = F(\varrho) \cdot \varrho = 2A\varrho + 2B\,,$$

$$F(\varrho) = 2A + \frac{2B}{\varrho}\,,$$

daher wegen Gleichung (3) S. 110:

$$F'(\varrho) = -f(\varrho) = -\frac{2B}{\varrho^2}\,,$$

$$f(\varrho) = \frac{2B}{\varrho^2}\,; \tag{14}$$

das ist aber das Newtonsche Gesetz. Wir haben daher das Resultat:

> Das Newtonsche Gesetz ist das einzige, bei dem eine von zwei konzentrischen Kugeln begrenzte Schale, deren Dichtigkeit nur von dem Abstande vom Mittelpunkt abhängt, auf einen Punkt des inneren hohlen Raumes keine Wirkung ausübt.

Anmerkung. Bei der vorstehenden Argumentation ist vorausgesetzt, daß die Anziehung allein von ϱ abhängt. Nimmt man aber an, daß die Anziehung auch von der Größe des Kugelradius R abhängt, daß also schon die Funktion $f(\varrho)$ und daher auch die Funktionen $F(\varrho)$ und $\Phi(\varrho)$ neben ϱ noch R enthält, so bleibt zwar die Gleichung (6a) bestehen, es gilt aber nicht mehr die Gleichung (7). Diesen Fall weiter zu verfolgen, hat kein besonderes Interesse.

b) Das Newtonsche Gesetz hat ferner die Eigenschaft, daß eine von zwei konzentrischen Kugeln begrenzte Schale, deren Dichtigkeit sich nur mit dem Abstande vom Mittelpunkt ändert, einen äußeren Punkt so anzieht, als wäre die Masse der Schale im Mittelpunkte vereinigt. Wir wollen untersuchen, ob das Newtonsche Gesetz das einzige ist, das diese Eigenschaft besitzt. Dabei können wir uns aus demselben Grunde, wie in a) (siehe S. 123), auf eine anziehende Kugelfläche beschränken.

Benutzen wir dieselbe Bezeichnung wie in a), so tritt hier gegen a) nur der Unterschied ein, daß für äußere Punkte $z > R$. Bei Berechnung der Kräftefunktion U wird daher die untere Grenze des Integrals (3), die $\vartheta = 0$

entspricht, $z - R$; denn ϱ ist die positive Wurzel der rechten Seite von (2). Nach Einführung der Funktion $\Phi(\varrho)$ [Gleichung (4), S. 124] wird daher in unserem Falle

$$U = 2\pi\varkappa \frac{R}{z} [\Phi(z + R) - \Phi(z - R)] . \tag{15}$$

Andererseits ist die Kräftefunktion eines einzelnen im Mittelpunkt der Kugel gelegenen anziehenden Punktes, in dem die Masse der Kugelfläche, d. h. $4\pi\varkappa R^2$, konzentriert ist:

$$U_1 = 4\pi\varkappa R^2 F(r) , \tag{16}$$

wo r den Abstand des angezogenen Punktes vom Mittelpunkte bezeichnet. Soll der angezogene Punkt unser Punkt $A(0, 0, z)$ sein, so ist $r = z$, also

$$U_1 = 4\pi\varkappa R^2 F(z) . \tag{16a}$$

Sollen die Kugelfläche und der Massenpunkt auf A eine Wirkung von gleicher Größe und Richtung ausüben, so muß

$$\frac{\partial U}{\partial z} = \frac{\partial U_1}{\partial z}$$

sein, d. h.

$$\frac{\partial}{\partial z}\left\{\frac{\Phi(z + R) - \Phi(z - R)}{z}\right\} = 2R \frac{dF(z)}{dz} \tag{17}$$

oder, wenn man nach z integriert und die Integrationskonstante, die ja von R abhängen kann, mit $\Psi(R)$ bezeichnet:

$$\Phi(z + R) - \Phi(z - R) = 2RzF(z) + z\Psi(R) . \tag{17a}$$

Diese Gleichung muß wieder für beliebige R und beliebige $z > R$ gelten. Werden aber R und z als unabhängige Veränderliche angesehen, so gilt für die linke Seite von (17a) wiederum die Gleichung (7). Es müssen also auch die zweiten Differentialquotienten der rechten Seite nach z und nach R einander gleich sein, d. h.

$$2R \frac{d^2[zF(z)]}{dz^2} = z \frac{d^2\Psi(R)}{dR^2} \tag{18}$$

oder

$$\frac{1}{z} \frac{d^2[zF(z)]}{dz^2} = \frac{1}{2R} \frac{d^2\Psi(R)}{dR^2} ; \tag{18a}$$

und da z und R unabhängige Veränderliche sind, so muß wie vorher (S. 125) jede Seite von (18a) einer Konstanten gleich sein. Bezeichnen wir diese mit $-3C$, so wird demnach

$$\frac{d^2[zF(z)]}{dz^2} = -3Cz, \tag{19}$$

weiter, wenn C_1 und C_2 neue Konstante sind,

$$\frac{d[zF(z)]}{dz} = -\tfrac{3}{2}Cz^2 + C_1,$$

$$zF(z) = -\tfrac{1}{2}Cz^3 + C_1 z + C_2,$$

$$F(z) = -\tfrac{1}{2}Cz^2 + C_1 + \frac{C_2}{z}; \tag{19a}$$

und da endlich nach (3), S. 110

$$f(z) = -F'(z)$$

ist, so wird

$$f(z) = Cz + \frac{C_2}{z^2}, \tag{20}$$

also auch

$$f(\varrho) = C\varrho + \frac{C_2}{\varrho^2}. \tag{20a}$$

Für $C = 0$ gibt (20a) das Newtonsche Gesetz, dagegen für $C_2 = 0$ eine Anziehung (oder für negative C eine Abstoßung) direkt proportional der Entfernung. Wir haben also folgendes Resultat:

> Das Newtonsche Gesetz ist nicht das einzige, bei dem eine von zwei konzentrischen Kugeln begrenzte Schale, deren Dichtigkeit nur eine Funktion des Kugelradius ist, einen äußeren Punkt so anzieht, als wäre die Masse der Schale im Mittelpunkte vereinigt. Es teilt diese Eigenschaft mit dem Gesetz, bei dem die Anziehung, resp. Abstoßung zweier Massenpunkte ihrem Abstande direkt proportional ist.

c) Der Körper größter Anziehung für das Anziehungsgesetz $\dfrac{1}{\varrho^p}$.

Die zu behandelnde Frage ist folgende: Welche Gestalt muß ein Körper von gegebenem Volumen und ge-

gebener konstanter Dichtigkeit besitzen, um auf einen materiellen Punkt eine möglichst große Anziehung auszuüben?

Dabei kann man die Richtung der Kraft als gegeben annehmen. Denn durch Drehung des mit dem angezogenen Punkte A fest verbunden gedachten Körpers um den Punkt A kann man die auf A ausgeübte Kraft in jede beliebige durch A gelegte Linie fallen lassen.

Macht man A zum Anfangspunkt der Koordinaten und die Richtung der Kraft zur positiven x-Achse, so müssen sich die von den verschiedenen Massenelementen $d\mu$ herrührenden, zur x-Achse senkrechten Komponenten aufheben; von der Anziehung, die ein beliebiges Element $d\mu$ auf A ausübt, ist also nur die x-Komponente wirksam. Diese ist, wenn ξ, η, ζ die Koordinaten von $d\mu$ sind:

$$(21) \qquad X = \frac{\xi \, d\mu}{(\sqrt{\xi^2 + \eta^2 + \zeta^2})^{p+1}}.$$

Da alle $d\mu$ positiv sind, so hat X das Vorzeichen von ξ. Auch nimmt $|X|$ ab, wenn bei festgehaltenem ξ der Abstand $\sqrt{\eta^2 + \zeta^2}$ des Elements $d\mu$ von der x-Achse vergrößert wird. Ferner kann die x-Achse nicht ganz außerhalb der anziehenden Masse liegen, weil sich dann die zu x senkrechten Komponenten nicht aufheben würden. x muß vielmehr die Grenzfläche der Masse schneiden.

Dies vorausgeschickt, betrachten wir eine Masse von konstanter Dichtigkeit, die von einer geschlossenen Fläche F begrenzt wird, und fragen, wie man die Gestalt der Masse ändern kann, ohne Volumen und Dichtigkeit zu ändern. Es kann das nicht dadurch geschehen, daß man im Innern gelegene Massenteile herausnimmt und sie außen an irgendeiner Stelle von F anfügt; denn dadurch würde im Innern ein Raum von der Dichtigkeit Null entstehen, und die Dichtigkeit würde nicht mehr überall die gleiche sein. Man kann daher die verlangte Änderung nur so vornehmen, daß man Massenelemente, die unmittelbar an der Grenzfläche F liegen, aus ihrer Stelle entfernt und sie an einer anderen Stelle von F der Masse wieder anfügt. Durch Wiederholung dieser Operation kann man allmählich der Masse eine andere Form geben, ohne daß sich Dichtigkeit und Volumen ändern. Soll nun die ursprüngliche Masse ein Körper **größter** Anziehung sein, so muß seine Grenzfläche so beschaffen sein, daß durch die beschriebene Verlegung von Massenelementen der Oberfläche die X-Komponente der Anziehung stets verkleinert, nie vergrößert wird. Dazu ist zuerst nötig, daß die ganze Masse auf der Seite des positiven x liegt. Denn für ein Massenelement $d\mu$, dessen x-Koordinate negativ ist, ist nach (21) X negativ. Durch Verlegung von $d\mu$ nach irgend einem Punkte mit positivem ξ würde das Vorzeichen von X geändert, also X und damit die gesamte Kraft, die ja die Richtung $+x$ hat, vergrößert. Für den Körper größter Anziehung muß daher F ganz auf der Seite der positiven x liegen. Ferner ist erforderlich, daß für gleiche Massenelemente, die an verschiedenen Stellen von F liegen, die X-Komponente der Anziehung den gleichen Wert hat. Um das nachzuweisen, betrachten wir zwei gleiche Massenelemente $d\mu = d\mu_1$, die an den Stellen P und P_1 von F liegen, und bezeichnen die X-Komponenten der von $d\mu$ und $d\mu_1$ auf A ausgeübten Anziehung mit X und X_1, ferner mit X' die Komponente der Anziehung, die $d\mu$ ausüben würde, wenn es von der Stelle P fortgenommen und in P_1 von außen an F angesetzt würde.

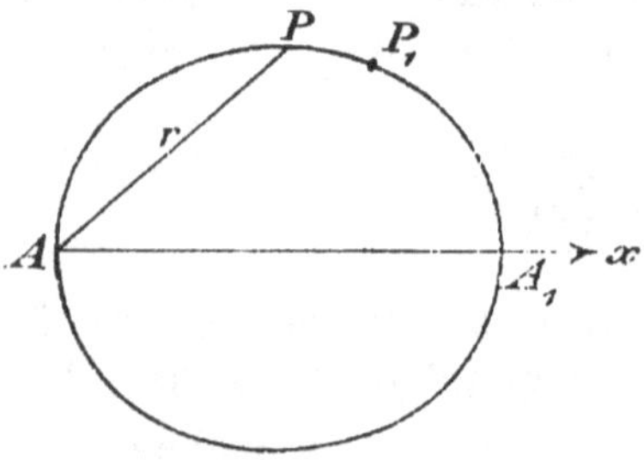

Fig. 24.

Nach dem oben Gesagten sind die x-Koordinaten von P und P_1 positiv, daher auch X, X_1, X' positiv. Nach der Verlegung von $d\mu$ nach P_1 haben die Elemente $d\mu$ und $d\mu_1$ dieselbe x-Koordinate ξ, dagegen hat $d\mu$, das von außen an F angelegt ist, einen größeren Abstand von der x-Achse als $d\mu_1$, das von F aus nach innen liegt; folglich ist

$$X' < X_1\,, \tag{22}$$

wenn auch der Unterschied beider nur unendlich klein ist. War nun $X < X_1$ und der Unterschied zwischen X und X_1 ein endlicher, so ist

$$X < X'\,. \tag{23}$$

Denn X' ist zwar kleiner als X_1, unterscheidet sich aber von X_1 nur um unendlich kleines, während $X < X_1$ und der Unterschied beider endlich ist. Bei der Annahme $X < X_1$ würde also durch die beschriebene Verlegung von $d\mu$ eine Vergrößerung der Anziehung parallel x erfolgen. Bei der Annahme $X > X_1$ erhält man ebenso eine Vergrößerung der X-Komponente, wenn man $d\mu_1$ von P_1 nach P verlegt. Bei beiden Annahmen kann also durch Verlegung von Massenteilchen eine Vergrößerung der X-Komponente der Anziehung herbeigeführt werden, was bei dem Körper größter Anziehung nicht der Fall sein darf. Wenn dagegen $X = X_1$ ist, so wird nach (22) sowohl durch die Verlegung von $d\mu$ nach P_1, als durch die Verlegung von $d\mu_1$ nach P stets eine Verkleinerung der X-Komponente hervorgebracht. Bei dem Körper größter Anziehung muß das nun für zwei an beliebigen Stellen von F liegende Elemente $d\mu = d\mu_1$ der Fall sein, d. h. für den Körper größter Anziehung muß die Grenzfläche F die Eigenschaft haben, daß gleiche Massenelemente $d\mu$, die an verschiedenen Stellen von F liegen, die gleiche X-Komponente der Anziehung besitzen.

Danach ergibt sich die Gestalt der Grenzfläche F des Körpers größter Anziehung unmittelbar aus (21). Sind ξ, η, ζ die Koordinaten eines beliebigen Punktes von F, so muß

$$(24)\qquad \frac{\xi}{(\sqrt{\xi^2 + \eta^2 + \zeta^2})^{p+1}} = \text{konst.}$$

sein, oder wenn die Konstante, die ja positiv sein muß, da ξ positiv ist, mit $\frac{1}{a^p}$ bezeichnet wird:

$$(24\text{a})\qquad (\sqrt{\xi^2 + \eta^2 + \zeta^2})^{p+1} = a^p \cdot \xi\,.$$

Die Fläche F ist also eine Rotationsfläche, die die Richtung der Kraft zur Achse hat. Die Fläche schneidet die x-Achse in den Punkten $\xi = 0$ und $\xi = a$; der angezogene Punkt A liegt also auf der Oberfläche des Körpers, der auf ihn die größte Anziehung ausübt. Damit die Anziehung, die A erleidet, nicht unendlich groß wird, muß nach S. 117 $p < 3$ sein.

Für das Newtonsche Anziehungsgesetz $p = 2$ wird die Grenzfläche des Körpers größter Anziehung

$$(\xi^2 + \eta^2 + \zeta^2)^3 = a^4 \xi^2 . \tag{24b}$$

Damit (24a) eine Kugel darstellt, muß $p = 1$ sein. Also nur bei einer Anziehung umgekehrt proportional der ersten Potenz des Abstandes ist die Kugel ein Körper größter Anziehung, für andere Gesetze, insbesondere auch für das Newtonsche Gesetz aber nicht.

Wir wollen noch die Anziehung, welche der Körper größter Anziehung auf seinen Pol A ausübt, berechnen und sie vergleichen mit der Anziehung, die eine Kugel von gleichem Volumen und gleicher Dichtigkeit auf A ausüben würde. Zu dem Zwecke führen wir Polarkoordinaten ein mit der x-Achse als Polarachse, setzen also

$$\xi = \varrho \cos\vartheta , \quad \eta = \varrho \sin\vartheta \cos\varphi , \quad \zeta = \varrho \sin\vartheta \sin\varphi ,$$

so wird, falls $\varkappa$ die Dichtigkeit des Körpers ist,

$$d\mu = \varkappa \varrho^2 d\varrho \sin\vartheta \, d\vartheta \, d\varphi .$$

Setzt man diese Ausdrücke in (21) ein und integriert, so erhält man für die gesamte auf A ausgeübte Anziehung A_m den Wert:

$$A_m = \varkappa \iiint \frac{d\varrho \sin\vartheta \cos\vartheta \, d\vartheta \, d\varphi}{\varrho^{p-2}} . \tag{25}$$

Die Grenzen der Integration sind folgende: Zunächst ist nach ϱ zu integrieren von $\varrho = 0$ bis zu dem Werte $\varrho = r$, der der Grenzfläche angehört (also $r = AP$ in der Fig. 24, S. 130), und die Gleichung (24a) gibt nach Einführung von Polarkoordinaten für r den Wert

$$r^p = a^p \cos\vartheta , \quad r = a (\cos\vartheta)^{\frac{1}{p}} . \tag{26}$$

[Speziell für das Newtonsche Gesetz wird

$$r = a \sqrt{\cos\vartheta} .] \tag{26a}$$

Ferner ist nach φ von 0 bis 2π zu integrieren, nach ϑ von 0 bis $\frac{1}{2}\pi$, da die anziehende Masse ganz auf der Seite der positiven ξ-Achse liegt. Da

$$\int_0^r \frac{d\varrho}{\varrho^{p-2}} = \frac{r^{3-p}}{3-p} = \frac{a^{3-p} (\cos\vartheta)^{\frac{3}{p}-1}}{3-p}$$

von φ unabhängig ist, so wird

$$
(27)\qquad \begin{cases} A_m = \dfrac{2\pi\varkappa a^{3-p}}{3-p}\displaystyle\int_0^{\frac{1}{2}\pi}(\cos\vartheta)^{\frac{3}{p}}\sin\vartheta\, d\vartheta \\[2ex] \quad = \dfrac{2\pi\varkappa a^{3-p}}{3-p}\,\dfrac{p}{3+p}\,. \end{cases}
$$

Ferner ist das Volumen der anziehenden Masse:

$$
(28)\qquad \begin{cases} V = \displaystyle\iiint \varrho^2\, d\varrho \sin\vartheta\, d\vartheta\, d\varphi = \dfrac{2\pi}{3}\int_0^{\frac{1}{2}\pi} r^3 \sin\vartheta\, d\vartheta \\[2ex] \quad = \dfrac{2\pi}{3} a^3 \displaystyle\int_0^{\frac{1}{2}\pi}(\cos\vartheta)^{\frac{3}{p}}\sin\vartheta\, d\vartheta = \dfrac{2\pi}{3} a^3 \dfrac{p}{3+p}\,. \end{cases}
$$

Zum Vergleich wollen wir die Anziehung A_k berechnen, die eine homogene Kugel von gleichem Volumen und gleicher Dichtigkeit, deren Oberfläche durch A geht, auf A ausübt. A_k wird durch dasselbe Integral (25) wie A_m dargestellt, nur daß die obere Grenze r von ϱ nicht durch (26) bestimmt wird, sondern durch die Gleichung der Kugel in Polarkoordinaten

$$
(26')\qquad r = 2R\cos\vartheta\,,
$$

worin R den Kugelradius bezeichnet. Demnach wird hier

$$
\int_0^r \frac{d\varrho}{\varrho^{p-2}} = \frac{(2R)^{3-p}(\cos\vartheta)^{3-p}}{3-p}
$$

und

$$
(27')\qquad \begin{cases} A_k = \dfrac{2\pi\varkappa(2R)^{3-p}}{3-p}\displaystyle\int_0^{\frac{1}{2}\pi}(\cos\vartheta)^{4-p}\sin\vartheta\, d\vartheta \\[2ex] \quad = \dfrac{2\pi\varkappa(2R)^{3-p}}{3-p}\cdot\dfrac{1}{5-p}\,. \end{cases}
$$

Soll die Kugel gleiches Volumen mit dem Körper größter Anziehung haben, so ist nach (28)

$$\frac{2}{3}\pi a^3 \frac{p}{3+p} = \frac{4}{3}\pi R^3,$$

d. h.

$$R = a\sqrt[3]{\frac{p}{2(3+p)}}.$$

Durch Substitution dieses Wertes geht (27′) über in

$$(27'') \qquad A_k = \frac{2\pi\varkappa a^{3-p}}{3-p} \cdot \frac{2^{3-p}}{5-p}\left[\frac{p}{2(3+p)}\right]^{1-\frac{1}{3}p}.$$

Aus (27) und (27″) folgt:

$$(29) \qquad \frac{A_k}{A_m} = \frac{2^{2-\frac{2}{3}p}}{5-p}\left(\frac{3+p}{p}\right)^{\frac{1}{3}p}.$$

Für $p = 1$ wird, in Übereinstimmung mit dem oben ausgesprochenen Resultat, $A_k = A_m$. Dagegen ergibt sich für das Newtonsche Gesetz $p = 2$:

$$(29a) \qquad \frac{A_k}{A_m} = \frac{5^{\frac{2}{3}}}{3} = \frac{\sqrt[3]{25}}{3}.$$

Wir haben somit das Resultat:

> Die größte Anziehung, welche eine homogene Masse nach dem Newtonschen Gesetze auf einen Punkt ihrer Oberfläche ausüben kann, verhält sich zu der Anziehung, die eine Kugel von gleichem Volumen und gleicher Dichtigkeit auf einen Punkt ihrer Oberfläche ausübt, wie $3 : \sqrt[3]{25}$.

Anmerkung. Die Meridiankurve der Grenzfläche des Körpers größter Anziehung ist, falls nicht $p = 1$ ist, in bezug auf ihre Schnittpunkte A und A_1 mit der Rotationsachse nicht symmetrisch. Auch ist die Anziehung, die der Körper auf A_1 ausübt, außer für $p = 1$, kleiner als die auf A ausgeübte Anziehung.

Kapitel 3.
Das logarithmische Potential.

a) Einführung des logarithmischen Potentials.

S. 112—113 ist gezeigt, daß im dreidimensionalen Raume die Laplacesche Differentialgleichung für kein anderes Anziehungsgesetz gilt als das Newtonsche. Daran anknüpfend, fragen wir, wie in einer Mannigfaltigkeit von beliebig vielen Dimensionen die anziehende Kraft beschaffen sein muß, wenn für die Kräftefunktion eine der Laplaceschen Gleichung analoge Relation bestehen soll. Aus demselben Grunde wie S. 112 können wir die Betrachtung auf zwei Massenpunkte beschränken.

Nehmen wir statt dreier Dimensionen deren n, so seien $\xi_1, \xi_2, \ldots, \xi_n$ die Koordinaten des anziehenden, $x_1, x_2, \ldots, x_n$ die des angezogenen Punktes; der Abstand beider sei ϱ, also:

$$\varrho^2 = \sum_{h=1}^{n} (\xi_h - x_h)^2 . \tag{1}$$

Die Kraft, mit der der erste Punkt den zweiten anzieht, sei $f(\varrho)$, ihre Komponenten also:

$$X_h = f(\varrho) \frac{\xi_h - x_h}{\varrho} \qquad (h = 1, 2, \ldots, n) . \tag{2}$$

Setzt man:

$$-\int f(\varrho)\, d\varrho = F(\varrho) , \tag{3}$$

so wird, da

$$\frac{\partial \varrho}{\partial x_h} = -\frac{\xi_h - x_h}{\varrho}$$

ist:

$$X_h = \frac{dF(\varrho)}{d\varrho} \frac{\partial \varrho}{\partial x_h} = \frac{\partial F(\varrho)}{\partial x_h} . \tag{2a}$$

$F(\varrho)$ ist die Kräftefunktion, die an Stelle des Potentials tritt. Um ihre zweiten Ableitungen zu bilden, setzen wir zur Abkürzung

$$\frac{1}{\varrho} f(\varrho) = \varphi(\varrho) , \tag{4}$$

so daß

$$X_h = \frac{\partial F(\varrho)}{\partial x_h} = \varphi(\varrho)(\xi_h - x_h)$$

wird. Daraus folgt

$$\frac{\partial^2 F(\varrho)}{\partial x_h^2} = -\varphi(\varrho) + \varphi'(\varrho)(\xi_h - x_h)\frac{\partial \varrho}{\partial x_h}$$

$$= -\varphi(\varrho) - \varphi'(\varrho)\frac{(\xi_h - x_h)^2}{\varrho}$$

und weiter

$$(5) \qquad \Delta F(\varrho) = \sum_{h=1}^{n} \frac{\partial^2 F(\varrho)}{\partial x_h^2} = -n\,\varphi(\varrho) - \varphi'(\varrho)\cdot\varrho\,.$$

Soll $\Delta F(\varrho)$ verschwinden, so muß

$$(6) \qquad \frac{n}{\varrho} + \frac{\varphi'(\varrho)}{\varphi(\varrho)} = 0$$

sein, woraus durch Integration folgt:

$$n\log\varrho + \log\varphi(\varrho) = \log c\,,$$

$$\varphi(\varrho) = \frac{c}{\varrho^n}\,,$$

daher

$$(7) \qquad f(\varrho) = \varrho\,\varphi(\varrho) = \frac{c}{\varrho^{n-1}}\,.$$

In einer Mannigfaltigkeit von n Dimensionen muß somit an Stelle des Newtonschen Gesetzes eine Anziehung treten umgekehrt proportional der $(n-1)$-ten Potenz des Abstandes, wenn die der Laplaceschen Gleichung analoge Relation gelten soll.

Für zwei Dimensionen, d. h. für die Ebene, folgt aus (7):

$$(8) \qquad f(\varrho) = \frac{c}{\varrho}\,,$$

und die Kräftefunktion wird

$$(8a) \qquad F(\varrho) = -\int f(\varrho)\,d\varrho = c\log\left(\frac{1}{\varrho}\right).$$

Diese Funktion nennt man das logarithmische Potential. Für die Ebene tritt also an Stelle der Newtonschen Anziehung eine Anziehung umgekehrt proportional der Entfernung, an Stelle des Newtonschen Potentials das logarithmische Potential, das der Gleichung genügt:

$$\text{(8b)} \qquad \frac{\partial^2 F}{\partial x^2} + \frac{\partial^2 F}{\partial y^2} = 0 .$$

b) Logarithmisches Potential eines von zwei konzentrischen Kreisen begrenzten homogenen Kreisringes.

Wird der Punkt A mit den Koordinaten x, y und der Masse m von dem Punkte B mit den Koordinaten ξ, η und der Masse μ angezogen, so ist für das jetzt zugrunde gelegte Anziehungsgesetz die anziehende Kraft:

$$\text{(9)} \qquad \bar{K} = \frac{f_1 \mu m}{\varrho}, \qquad \varrho = \sqrt{(\xi - x)^2 + (\eta - y)^2} .$$

Die Komponenten dieser Kraft sind, da die Anziehung von A nach B erfolgt:

$$\text{(9a)} \qquad \bar{X} = \frac{f_1 m \mu (\xi - x)}{\varrho^2}, \qquad \bar{Y} = \frac{f_1 m \mu (\eta - y)}{\varrho^2},$$

oder da

$$\frac{\partial \varrho}{\partial x} = - \frac{\xi - x}{\varrho} \text{ usw.,}$$

$$\text{(9b)} \qquad \bar{X} = f_1 m \mu \frac{\partial \log\left(\frac{1}{\varrho}\right)}{\partial x}, \qquad \bar{Y} = f_1 m \mu \frac{\partial \log\left(\frac{1}{\varrho}\right)}{\partial y} .$$

Das logarithmische Potential ist:

$$\text{(10)} \qquad \bar{V} = f_1 m \mu \log\left(\frac{1}{\varrho}\right) .$$

In den vorstehenden Formeln sind zur Unterscheidung des logarithmischen Potentials vom Newtonschen das erstere und die zugehörigen Anziehungskomponenten durch darübergesetzte horizontale Striche gekennzeichnet.

Wie beim Newtonschen Gesetze, können wir von der Anziehung, die ein einzelner Punkt ausübt, zu derjenigen übergehen, die von einer Reihe diskreter Massenpunkte, ferner von einer Fläche oder einer Linie ausgeübt wird. Für eine anziehende Fläche wird:

$$(10a) \qquad \bar{V} = f_1 m \iint \bar{k} \log\left(\frac{1}{\varrho}\right) do\,, \qquad X = f_1 m \iint \bar{k} \frac{\xi - x}{\varrho^2}\, do\,,$$

wo $\bar{k}$ die Dichtigkeit, do das Flächenelement bezeichnen, und für eine anziehende Linie wird

$$(10b) \qquad \bar{\bar{V}} = f_1 m \int \bar{\varkappa} \log\left(\frac{1}{\varrho}\right) ds\,, \qquad \bar{\bar{X}} = f_1 m \int \bar{\varkappa} \frac{\xi - x}{\varrho^2}\, ds\,.$$

Der angezogene Punkt x, y ist dabei zunächst als außerhalb der anziehenden Masse liegend anzusehen.

Wir wenden die Formel (10a) auf den Fall an, daß die anziehende Masse von zwei konzentrischen Kreisen begrenzt und ihre Dichtigkeit konstant ist.

Führen wir Polarkoordinaten ein:

$$(11) \qquad \begin{cases} x = r\cos\varphi\,, & y = r\sin\varphi\,; \\ \xi = r_1\cos\varphi_1\,, & \eta = r_1\sin\varphi_1\,, \end{cases}$$

so wird:

$$(11a) \qquad \varrho^2 = r^2 + r_1^2 - 2 r r_1 \cos(\varphi - \varphi_1)$$

und

$$do = r_1\, dr_1\, d\varphi_1\,,$$

demnach, wenn R und R_0 die Radien der die Masse begrenzenden konzentrischen Kreise sind:

$$(12) \qquad V = f_1 m \bar{k} \int_0^{2\pi}\int_{R_0}^{R} r_1\, dr_1\, d\varphi_1 \log\left(\frac{1}{\varrho}\right).$$

Zur Ermittelung dieses Integrals entwickeln wir $\log\left(\frac{1}{\varrho}\right)$ nach den Kosinus der Vielfachen von $\varphi - \varphi_1$. Dazu zerlegen wir den Ausdruck (11a) für ϱ^2 in ein Produkt:

$$(13) \qquad \varrho^2 = [r - r_1 e^{i(\varphi - \varphi_1)}]\,[r - r_1 e^{-i(\varphi - \varphi_1)}]$$

oder auch:

$$(13a) \qquad \varrho^2 = [r_1 - r e^{i(\varphi - \varphi_1)}]\,[r_1 - r e^{-i(\varphi - \varphi_1)}]\,.$$

Die erste dieser Zerlegungen wenden wir an, falls $r > r_1$, die zweite, wenn $r_1 > r$ ist. Im ersten Falle ($r > r_1$) haben wir:

$$\frac{1}{\varrho} = \frac{1}{r} \frac{1}{\sqrt{1 - \frac{r_1}{r} e^{i(\varphi - \varphi_1)}} \sqrt{1 - \frac{r_1}{r} e^{-i(\varphi - \varphi_1)}}},$$

$$\log\left(\frac{1}{\varrho}\right) = \log\left(\frac{1}{r}\right) - \frac{1}{2} \log\left[1 - \frac{r_1}{r} e^{i(\varphi - \varphi_1)}\right] - \frac{1}{2} \log\left[1 - \frac{r_1}{r} e^{-i(\varphi - \varphi_1)}\right].$$

Auf den zweiten und dritten Summanden rechts wenden wir die Reihe für $\log(1 + \lambda)$ an, die stets konvergiert, wenn der Modul von λ kleiner als 1 ist, so erhalten wir:

$$\log\left(\frac{1}{\varrho}\right) = \log\left(\frac{1}{r}\right)$$

$$+ \frac{1}{2}\left[\frac{r_1}{r} e^{i(\varphi - \varphi_1)} + \frac{1}{2}\left(\frac{r_1}{r}\right)^2 e^{2i(\varphi - \varphi_1)} + \frac{1}{3}\left(\frac{r_1}{r}\right)^3 e^{3i(\varphi - \varphi_1)} + \cdots\right]$$

$$+ \frac{1}{2}\left[\frac{r_1}{r} e^{-i(\varphi - \varphi_1)} + \frac{1}{2}\left(\frac{r_1}{r}\right)^2 e^{-2i(\varphi - \varphi_1)} + \frac{1}{3}\left(\frac{r_1}{r}\right)^3 e^{-3i(\varphi - \varphi_1)} + \cdots\right]$$

oder

$$(14) \quad \begin{cases} \log\left(\frac{1}{\varrho}\right) = \log\left(\frac{1}{r}\right) + \frac{r_1}{r} \cos(\varphi - \varphi_1) \\ + \frac{1}{2}\left(\frac{r_1}{r}\right)^2 \cos 2(\varphi - \varphi_1) + \frac{1}{3}\left(\frac{r_1}{r}\right)^3 \cos 3(\varphi - \varphi_1) + \cdots \end{cases}$$

Im zweiten Falle ($r < r_1$) nehmen wir, um eine konvergente Reihe zu erhalten, statt der Zerlegung (13) die Zerlegung (13a), was auf eine Vertauschung von r und r_1 hinauskommt, so daß sich für $r < r_1$ ergibt:

$$(14\text{a}) \quad \begin{cases} \log\left(\frac{1}{\varrho}\right) = \log\left(\frac{1}{r_1}\right) + \frac{r}{r_1} \cos(\varphi - \varphi_1) \\ + \frac{1}{2}\left(\frac{r}{r_1}\right)^2 \cos 2(\varphi - \varphi_1) + \frac{1}{3}\left(\frac{r}{r_1}\right)^3 \cos 3(\varphi - \varphi_1) + \cdots \end{cases}$$

Die Reihe (14) ist in (12) einzusetzen, wenn der angezogene Punkt außerhalb des äußeren Grenzkreises R der Masse liegt, die Reihe (14a), wenn er innerhalb des inneren Grenzkreises R_0 liegt. Im ersteren Falle soll $\overline{V}$ mit $\overline{V}_a$, im zweiten mit $\overline{V}'_a$ bezeichnet werden. Nach Einsetzung jener Reihen in (12) soll zuerst nach φ_1 integriert werden; dabei ist zu beachten, daß für jede ganze Zahl $m > 0$

$$\int_0^{2\pi} \cos m(\varphi - \varphi_1)\, d\varphi_1 = 0 \tag{14b}$$

ist. Demnach wird:

$$\left\{\begin{aligned} \overline{V}_a &= f_1 m \bar{k}\, 2\pi \log\left(\frac{1}{r}\right) \int_{R_0}^{R} r_1\, dr_1 \\ &= f_1 m k \pi (R^2 - R_0^2) \log\left(\frac{1}{r}\right) = f_1 m M \log\left(\frac{1}{r}\right), \end{aligned}\right. \tag{15}$$

worin $\overline{M}$ die ganze anziehende Masse bezeichnet, und

$$\left\{\begin{aligned} \overline{V}'_a &= f_1 m k\, 2\pi \int_{R_0}^{R} r_1 \log\left(\frac{1}{r_1}\right) dr_1 \\ &= f_1 m \bar{k} \pi \left[r_1^2 \log\left(\frac{1}{r_1}\right) + \frac{1}{2} r_1^2 \right]_{R_0}^{R} \\ &= f_1 m \bar{k} \pi \left\{ R^2 \left[\log\left(\frac{1}{R}\right) + \frac{1}{2}\right] - R_0^2 \left[\log\left(\frac{1}{R_0}\right) + \frac{1}{2}\right]\right\}. \end{aligned}\right. \tag{15a}$$

In dem Ausdruck für $\overline{V}'_a$ kommen die Koordinaten des angezogenen Punktes nicht mehr vor, mithin ist:

$$\overline{X}'_a = \frac{\partial \overline{V}'_a}{\partial x} = 0\,, \qquad \overline{Y}'_a = \frac{\partial \overline{V}'_a}{\partial y} = 0\,, \tag{16a}$$

d. h. die von zwei konzentrischen Kreisen begrenzte homogene Masse übt auf einen Punkt des inneren hohlen Raumes keine Wirkung aus.

Ferner folgt aus (15):

$$(16)\quad \begin{cases} \overline{X}_a = \dfrac{\partial \overline{V}_a}{\partial x} = f_1 m \overline{M} \dfrac{\partial \log\left(\frac{1}{r}\right)}{\partial x} = -f_1 m \overline{M} \dfrac{x}{r^2}, \\[2ex] \overline{Y}_a = \dfrac{\partial \overline{V}_a}{\partial y} = f_1 m \overline{M} \dfrac{\partial \log\left(\frac{1}{r}\right)}{\partial y} = -f_1 m \overline{M} \dfrac{y}{r^2}. \end{cases}$$

Eine Vergleichung von (15) mit (10), resp. von (16) mit (9a) oder (9b) zeigt, daß die von zwei konzentrischen Kreisen begrenzte homogene Masse einen außerhalb liegenden Punkt so anzieht, als wäre die Masse im Mittelpunkte vereinigt. Die Formeln (15) und (16) gelten ohne weiteres auch für $R_0 = 0$, d. h. für einen vollen Kreis.

Anmerkung. Hätte man statt des Potentials die Anziehungskomponenten berechnet, so hätten sich die dabei auftretenden Integrale ohne Reihenentwicklung ermitteln lassen. Für das Folgende ist es aber wichtig, auch die Werte des logarithmischen Potentials zu kennen.

c) Logarithmisches Potential einer homogenen Kreisfläche für Punkte der Masse.

Durch Anwendung der vorstehenden Formeln kann man das logarithmische Potential und die Anziehungskomponenten für Punkte im Innern einer homogenen Kreisfläche berechnen. Das Verfahren ist ganz analog dem, das beim Newtonschen Gesetze auf Punkte im Innern einer homogenen Kugel angewandt war. Es sei R der Radius der homogenen Kreisfläche, der im Innern gelegene Punkt A habe vom Mittelpunkte den Abstand r ($< R$). Dann konstruiere man zwei zu R konzentrische Kreise mit den Radien $r + \varepsilon$ und $r - \varepsilon'$, wo ε und ε' kleine positive Größen sind, und abstrahiere zunächst von dem zwischen diesen Hilfskreisen liegenden Teile der Masse. Die übrigbleibende Masse besteht 1. aus einem homogenen Kreisringe, begrenzt von den konzentrischen Kreisen R und $r+\varepsilon$, 2. aus einem vollen homogenen Kreise vom Radius $r - \varepsilon'$. Auf beide Massen können die in Abschnitt b) abgeleiteten Resultate angewandt werden, da A keiner von beiden

Massen angehört. Daher werden die Anziehungskomponenten der ersten Masse nach (16a):

$$\bar{X}_1 = 0\,, \qquad \bar{Y}_1 = 0\,,$$

die der zweiten Masse nach (16):

$$\bar{X}_2 = -f_1 m \bar{M} \frac{x}{r^2}\,, \qquad \bar{Y}_2 = -f_1 m \bar{M} \frac{y}{r^2}\,,$$

wo $\bar{M}$ die zweite Masse bezeichnet, d. h. $\bar{M} = \bar{k}\pi(r - \varepsilon')^2$, so daß

$$\bar{X}_2 = -f_1 m \bar{k} \pi (r - \varepsilon')^2 \frac{x}{r^2}\,, \qquad \bar{Y}_2 = -f_1 m \bar{k} \pi (r - \varepsilon')^2 \frac{y}{r^2}$$

wird. Bilden wir $\bar{X}_1 + \bar{X}_2$, resp. $\bar{Y}_1 + \bar{Y}_2$ und gehen zur Grenze für $\varepsilon = 0$ und $\varepsilon' = 0$ über, so erhalten wir die Komponenten der Anziehung, welche der volle Kreis R auf den inneren Punkt A ausübt:

$$(17) \qquad \begin{cases} \bar{X}_i = \lim(\bar{X}_1 + \bar{X}_2) = -f_1 m \bar{k} \pi x\,, \\ \bar{Y}_i = \lim(\bar{Y}_1 + \bar{Y}_2) = -f_1 m \bar{k} \pi y\,. \end{cases}$$

Für die Potentiale der mit 1 und 2 bezeichneten Massen haben wir nach (15a) und (15):

$$\bar{V}_1 = f_1 m \bar{k} \pi \left\{ R^2 \left[\log\left(\frac{1}{R}\right) + \frac{1}{2} \right] - (r + \varepsilon)^2 \left[\log\left(\frac{1}{r+\varepsilon}\right) + \frac{1}{2} \right] \right\},$$

$$\bar{V}_2 = f_1 m \bar{k} \pi (r - \varepsilon')^2 \log \frac{1}{r}\,.$$

Daraus ergibt sich durch Übergang zur Grenze $\varepsilon = 0$, $\varepsilon' = 0$ das Potential des inneren Punktes A:

$$(18) \quad \bar{V}_i = \lim(\bar{V}_1 + \bar{V}_2) = f_1 m \bar{k} \pi \left\{ R^2 \left[\log\left(\frac{1}{R}\right) + \frac{1}{2} \right] - \frac{1}{2} r^2 \right\}.$$

Wir sehen also, daß sowohl die Anziehungskomponenten, als das logarithmische Potential für den im Inneren des anziehenden Kreises gelegenen Punkt A noch endlich, und daß auch für den inneren Punkt die Anziehungskomponenten die Ableitungen des logarithmischen Potentials sind; denn differentiiert man (18) nach x, resp. y, so erhält man die Ausdrücke auf den rechten Seiten von (17).

Vergleichen wir unsere Resultate noch mit denen, die für äußere Punkte gelten, so haben wir in (15), resp. (16) $R_0 = 0$ zu setzen und erhalten

$$(15') \qquad \overline{V}_a = f_1 m \bar{k} \pi R^2 \log\left(\frac{1}{r}\right),$$

$$(16') \qquad \overline{X}_a = -f_1 m \bar{k} \pi R^2 \frac{x}{r^2}, \qquad \overline{Y}_a = -f_1 m \bar{k} \pi R^2 \frac{y}{r^2}.$$

Wir erkennen daraus, daß, wenn der angezogene Punkt sich von der einen oder der anderen Seite der Kreisperipherie nähert, d. h. $r = R$ wird,

$$(19) \qquad \lim \overline{V}_a = \lim \overline{V}_i, \qquad \lim \overline{X}_a = \lim \overline{X}_i, \qquad \lim \overline{Y}_a = \lim \overline{Y}_i$$

ist. Das logarithmische Potential eines homogenen Kreises und seine Ableitungen, die Anziehungkomponenten, sind also nicht nur für alle inneren wie äußeren Punkte endlich und kontinuierlich, sondern ändern sich auch beim Durchgang durch die Kreisperipherie stetig.

Für die zweiten Ableitungen ergeben sich folgende Resultate. Es ist

$$\frac{\partial^2 \overline{V}_a}{\partial x^2} = \frac{\partial \overline{X}_a}{\partial x} = -f_1 m \bar{k} \pi R^2 \left(\frac{1}{r^2} - \frac{2x^2}{r^4}\right),$$

$$\frac{\partial^2 \overline{V}_a}{\partial y^2} = \frac{\partial \overline{Y}_a}{\partial y} = -f m \bar{k} \pi R^2 \left(\frac{1}{r^2} - \frac{2y^2}{r^4}\right),$$

daher

$$(20) \qquad \Delta \overline{V}_a = \frac{\partial^2 \overline{V}_a}{\partial x^2} + \frac{\partial^2 \overline{V}_a}{\partial y^2} = 0$$

in Übereinstimmung mit (8b).

Dagegen ist

$$\frac{\partial^2 \overline{V}_i}{\partial x^2} = \frac{\partial \overline{X}_i}{\partial x} = -f_1 m \bar{k} \pi, \qquad \frac{\partial^2 \overline{V}_i}{\partial y^2} = \frac{\partial \overline{Y}_i}{\partial y} = -f_1 m \bar{k} \pi,$$

daher

$$(21) \qquad \Delta \overline{V}_i = \frac{\partial^2 \overline{V}_i}{\partial x^2} + \frac{\partial^2 \overline{V}_i}{\partial y^2} = -2 f_1 m \bar{k} \pi.$$

Die zweiten Ableitungen von $\overline{V}$ sind zwar für äußere und für innere Punkte endlich und kontinuierlich, ändern sich aber diskontinuierlich beim Durchgang durch die Kreisperipherie. Das Analogon der Poissonschen Gleichung ergibt sich, wenn die Faktoren f_1 und $m = 1$ gesetzt werden. Es ist

$$\frac{\partial^2 \overline{V}_i}{\partial x^2} + \frac{\partial^2 \overline{V}_i}{\partial y^2} = -2\pi k\,. \tag{21a}$$

d) Logarithmisches Potential einer homogenen Kreislinie.

Wie beim Newtonschen Potential neben dem Körperpotential das Potential von Flächen untersucht ist, so wollen wir hier neben dem logarithmischen Potential von Flächen das von Kurven betrachten, und zwar speziell das eines homogen mit Masse belegten Kreisumfanges. In dem allgemeinen Ausdruck (10b) hat dann $\overline{\varkappa}$ einen konstanten Wert; ferner ist, wenn wieder Polarkoordinaten eingeführt werden und R den Kreisradius bezeichnet,

$$\left\{\begin{array}{l} x = r\cos\varphi\,, \quad y = r\sin\varphi\,, \quad \xi = R\cos\varphi_1\,, \\ \eta = R\sin\varphi_1\,, \quad ds = R\,d\varphi_1 \end{array}\right. \tag{22}$$

und

$$\varrho^2 = r^2 + R^2 - 2rR\cos(\varphi - \varphi_1)\,, \tag{22a}$$

daher

$$\overline{V} = f_1\, m\, \overline{\varkappa}\, R \int_0^{2\pi} \log\left(\frac{1}{\varrho}\right) d\varphi_1\,. \tag{23}$$

$\log\left(\frac{1}{\varrho}\right)$ kann wie S. 139 in eine Reihe entwickelt werden, und zwar ist für $r > R$, d. h. für Punkte außerhalb des Kreises, die Reihe (14), für $r < R$, d. h. für Punkte innerhalb des Kreises, die Reihe (14a) zu nehmen, und durch Anwendung der Formel (14b) erhält man

$$\left\{\begin{array}{ll} \overline{V}_a = f_1\, m\, \overline{\varkappa}\, 2\pi R \log\left(\frac{1}{r}\right) & \text{für } r > R\,, \\ \overline{V}_i = f_1\, m\, \overline{\varkappa}\, 2\pi R \log\left(\frac{1}{R}\right) & \text{für } r < R\,. \end{array}\right. \tag{24}$$

Für einen Punkt im Inneren des Kreises ist also das logarithmische Potential der homogenen Kreislinie konstant, für äußere Punkte ist es gleich dem Potential der im

Mittelpunkte des Kreises konzentrierten Masse. Für $r = R$ wird $\lim \overline{V}_a = \overline{V}_i$, d. h. beim Durchgang des angezogenen Punktes durch die anziehende Kreislinie ändert sich $\overline{V}$ stetig. Von den Ableitungen von $\overline{V}$ wollen wir die nach r betrachten:

$$(25) \qquad \frac{\partial \overline{V}_a}{\partial r} = -f_1 m \overline{\varkappa}\, 2\pi \frac{R}{r}, \qquad \frac{\partial \overline{V}_i}{\partial r} = 0\,.$$

Beim Durchgang durch die anziehende Kreislinie ($r = R$) ändert sich, wie aus (25) folgt, $\frac{\partial \overline{V}}{\partial r}$, d. h. $\frac{\partial \overline{V}}{\partial N}$, diskontinuierlich, so daß, wenn noch $f_1 m = 1$ genommen wird:

$$(26) \qquad \lim \left(\frac{\partial \overline{V}_a}{\partial N} - \frac{\partial \overline{V}_i}{\partial N}\right) = -2\pi \overline{\varkappa}$$

wird. Das logarithmische Potential anziehender Linien hat also analoge Eigenschaften wie bei der Newtonschen Anziehung das Flächenpotential.

e) Zusammenhang des logarithmischen und des Newtonschen Potentials.

Für das logarithmische Potential eines von konzentrischen Kreisen begrenzten Kreisrings, einer vollen Kreisfläche und einer Kreislinie sind hiermit Eigenschaften abgeleitet, die ganz analog sind den Eigenschaften des Potentials einer von konzentrischen Kugeln begrenzten Schale, einer vollen Kugel und einer Kugelfläche bei der Newtonschen Anziehung. Die Analogie beschränkt sich aber nicht auf diese Beispiele, vielmehr lassen sich alle charakteristischen Eigenschaften des allgemeinen Körperpotentials (mit geringen Änderungen) auch für das logarithmische Potential beliebiger Flächen und für beliebige Massenverteilung ableiten, ebenso wie die charakteristischen Eigenschaften des Newtonschen Flächenpotentials ihre Analoga in dem logarithmischen Potential von Linien haben. Diese Analogie ist aber keine rein äußerliche, vielmehr besteht zwischen beiden Potentialen ein enger Zusammenhang, vermöge dessen die Eigenschaften des logarithmischen Potentials direkt aus denen des Newtonschen abgeleitet werden können. Wir wollen diesen Zusammenhang erörtern.

Zu dem Zwecke untersuchen wir die Anziehung, welche ein unendlicher Zylinder von beliebigem Querschnitte nach dem Newtonschen Gesetze ausübt, falls die Masse in ihm so verteilt ist, daß alle Punkte, welche auf einer Parallelen zu den geraden Erzeugenden des Zylinders liegen, gleiche Dichtigkeit haben. Um die früheren Formeln, die eine endliche Masse voraussetzten, anwenden zu können, gehen wir von einem Zylinder von der endlichen Höhe $2h$ aus; wir legen ferner das Koordinatensystem so, daß die z-Achse den die Zylinderfläche bildenden Geraden parallel ist, und daß der Anfangspunkt in der Mitte der Höhe liegt. Als Querschnitt des Zylinders senkrecht zur z-Achse nehmen wir eine beliebige endliche, von einer oder mehreren geschlossenen Kurven begrenzte Fläche. Die Dichtigkeit k soll von ζ unabhängig und nur eine Funktion von ξ und η sein. Die Komponenten der Anziehung, welche dieser Zylinder nach dem Newtonschen Gesetze auf einen beliebigen, innerhalb oder außerhalb der Masse gelegenen Punkt x, y, z ausübt, sind mittels der allgemeinen Formeln (IIIa), S. 8, zu berechnen, und zwar ist nach ζ von $-h$ bis $+h$ zu integrieren, nach ξ und η über die Fläche des Zylinderquerschnitts. Es wird also:

$$(27)\quad \left\{\begin{aligned} Z &= fm\iint k\,d\xi\,d\eta\int_{-h}^{+h}\frac{(\zeta-z)\,d\zeta}{\left(\sqrt{(\xi-x)^2+(\eta-y)^2+(\zeta-z)^2}\right)^3}\\ &= fm\iint k\,d\xi\,d\eta\left[\frac{-1}{\sqrt{(\xi-x)^2+(\eta-y)^2+(h-z)^2}}\right.\\ &\qquad\left.+\frac{1}{\sqrt{(\xi-x)^2+(\eta-y)^2+(h+z)^2}}\right]\end{aligned}\right.$$

und

$$(27\text{a})\quad X=fm\iint k(\xi-x)\,d\xi\,d\eta\int_{-h}^{+h}\frac{d\zeta}{\left(\sqrt{(\xi-x)^2+(\eta-y)^2+(\zeta-z)^2}\right)^3}.$$

Nun ist das unbestimmte Integral:

$$\int\frac{d\zeta}{\left(\sqrt{(\xi-x)^2+(\eta-y)^2+(\zeta-z)^2}\right)^3}$$
$$=\frac{1}{(\xi-x)^2+(\eta-y)^2}\cdot\frac{\zeta-z}{\sqrt{(\xi-x)^2+(\eta-y)^2+(\zeta-z)^2}},$$

daher:

$$
\text{(27b)}\quad \left\{\begin{aligned} X = f m \iint \frac{k(\xi - x)\, d\xi\, d\eta}{(\xi - x)^2 + (\eta - y)^2} \\ \cdot \left[\frac{h - z}{\sqrt{(\xi - x)^2 + (\eta - y)^2 + (h - z)^2}}\right. \\ \left. + \frac{h + z}{\sqrt{(\xi - x)^2 + (\eta - y)^2 + (h + z)^2}}\right] \end{aligned}\right.
$$

und analog Y.

Geht man nun von dem endlichen Zylinder zu dem unendlich langen über, indem man $h = \infty$ werden läßt, so wird, da x, y, z, ξ, η endlich bleiben:

$$
\lim_{h=\infty} \frac{1}{\sqrt{(\xi - x)^2 + (\eta - y)^2 + (h - z)^2}} = 0\,,
$$

$$
\lim_{h=\infty} \frac{h - z}{\sqrt{(\xi - x)^2 + (\eta - y)^2 + (h - z)^2}} = 1
$$

usw., und daher wird:

$$
\text{(28)}\quad \lim_{h=\infty} Z = 0\,, \qquad \lim_{h=\infty} X = 2 f m \iint \frac{k(\xi - x)\, d\xi\, d\eta}{(\xi - x)^2 + (\eta - y)^2}
$$

und $\lim\limits_{h=\infty} Y$ ist analog $\lim\limits_{h=\infty} X$. Wird zur Abkürzung

$$
\text{(29)}\quad (\xi - x)^2 + (\eta - y)^2 = \varrho^2
$$

gesetzt, so ist

$$
\text{(28a)}\quad \lim_{h=\infty} X = 2 f m \iint \frac{k(\xi - x)\, d\xi\, d\eta}{\varrho^2}\,;
$$

und dieser Ausdruck wird, wenn man entweder $2f = f_1$, $k = \bar{k}$ oder $f = f_1$, $2k = \bar{k}$ setzt, identisch mit dem für $\bar{X}$ in der zweiten Gleichung (10a), S. 138. Wir haben also das Resultat:

Die Anziehung, welche ein unendlich langer Zylinder bei der angenommenen Massenverteilung nach dem Newtonschen Gesetze parallel der Zylinderachse auf einen beliebigen Punkt ausübt, ist gleich Null, während die zur Zylinderachse senkrechten Komponenten dieselben Werte haben wie die Komponenten der Anziehung, die der Querschnitt des Zylinders auf einen Punkt seiner Ebene nach dem Gesetze $\frac{1}{\varrho}$ ausübt, falls man die Dichtigkeit oder den konstanten Faktor des Anziehungsgesetzes verdoppelt;

und dies Resultat gilt, ebenso wie die zugrunde gelegten Formeln (27), (27a), sowohl für Punkte außerhalb, als für Punkte innerhalb der Masse.

Etwas anders gestaltet sich die Betrachtung für das Potential. Das Newtonsche Potential des endlichen Zylinders wird:

$$(30)\qquad V = fm\iint k\,d\xi\,d\eta\int_{-h}^{+h}\frac{d\zeta}{\sqrt{(\xi-x)^2+(\eta-y)^2+(\zeta-z)^2}}.$$

Nun ist

$$(30\mathrm{a})\quad\left\{\begin{aligned}&\int_{-h}^{+h}\frac{d\zeta}{\sqrt{(\xi-x)^2+(\eta-y)^2+(\zeta-z)^2}}\\&=\log\left[\frac{h-z+\sqrt{(\xi-x)^2+(\eta-y)^2+(h-z)^2}}{-(h+z)+\sqrt{(\xi-x)^2+(\eta-y)^2+(h+z)^2}}\right].\end{aligned}\right.$$

Den Ausdruck unter dem Logarithmenzeichen erweitere man mit

$$h+z+\sqrt{(\xi-x)^2+(\eta-y)^2+(h+z)^2}$$

und setze nachher in jedem der Faktoren des Zählers h heraus, so wird die rechte Seite von (30a):

$$(30\mathrm{b})\qquad \log\frac{h^2 H\cdot H_1}{(\xi-x)^2+(\eta-y)^2},$$

wo zur Abkürzung

$$(30\mathrm{c})\quad\left\{\begin{aligned}&1-\frac{z}{h}+\sqrt{\left(\frac{\xi-x}{h}\right)^2+\left(\frac{\eta-y}{h}\right)^2+\left(1-\frac{z}{h}\right)^2}=H,\\&1+\frac{z}{h}+\sqrt{\left(\frac{\xi-x}{h}\right)^2+\left(\frac{\eta-y}{h}\right)^2+\left(1+\frac{z}{h}\right)^2}=H_1\end{aligned}\right.$$

gesetzt ist. Demnach wird (30), falls man wieder mittels Gleichung (29) ϱ einführt:

$$(31)\quad \begin{cases} V = 2fm\iint k\,d\xi\,d\eta \log\left(\frac{1}{\varrho}\right) + 2fm\log h\iint k\,d\xi\,d\eta \\ \qquad + fm\iint k\,d\xi\,d\eta\,[\log H + \log H_1]\,. \end{cases}$$

Geht man zur Grenze für $h = \infty$ über, so wird

$$\lim H = \lim H_1 = 2\;;$$

der letzte Summand der rechten Seite von (31) wird daher

$$(32)\qquad 2fm\log 2\iint k\,d\xi\,d\eta\,.$$

Der zweite Summand der rechten Seite von (31),

$$(32\text{a})\qquad 2fm\log h\iint k\,d\xi\,d\eta\,,$$

wird unendlich groß für $h = \infty$, ist aber, wie der Ausdruck (32), von x und y unabhängig. Auf konstante Summanden im Potential und allgemeiner in der Kräftefunktion kommt es nicht an, wenn es sich um die Ableitungen handelt; lassen wir aber die konstanten Summanden (32) und (32a) fort, so geht V in den Ausdruck des logarithmischen Potentials $\overline{V}$ über, wenn man noch $2f = f_1$ und $k = \overline{k}$, oder auch $f = f_1$, $\overline{k} = 2k$ setzt.

> **Resultat.** Das Newtonsche Potential eines unendlichen Zylinders ist nach Fortlassung eines unendlich großen konstanten Summanden das Doppelte des logarithmischen Potential des Zylinderquerschnitts.

In demselben Zusammenhange, in dem das Newtonsche Potential des Volumens des unendlichen Zylinders zum logarithmischen Potential seiner Querschnittsfläche steht, steht auch das Newtonsche Potential des mit Masse belegten Zylindermantels zum logarithmischen Potential des mit Masse belegten Umfangs des Querschnittes.

Der dargelegte Zusammenhang ermöglicht es, ohne weiteres aus allen charakteristischen Eigenschaften des Newtonschen Potentials die entsprechenden des logarithmischen abzuleiten. So folgt aus der Poissonschen Gleichung des Newtonschen Potentials, die, wenn man die Faktoren fm nicht fortläßt,

$$\Delta V = -4\pi kfm$$

lautet, sofort die analoge Eigenschaft des logarithmischen Potentials, wenn man $2 f k = f_1 \bar{k}$ setzt, nämlich:

$$\Delta \bar{V} = -2 \pi \bar{k} f_1 m .$$

Aus der Diskontinuität der normalen Ableitung des Newtonschen Flächenpotentials

$$\frac{\partial V_+}{\partial N} - \frac{\partial V_-}{\partial N} = -4 \pi \varkappa f m$$

folgt die Diskontinuität der normalen Ableitung des logarithmischen Potentials von Linien

$$\frac{\partial \bar{V}_+}{\partial N} - \frac{\partial \bar{V}_-}{\partial N} = -2 \pi \bar{\varkappa} f_1 m .$$

Nur das Verhalten des logarithmischen Potentials im Unendlichen ist ein anderes als das des Newtonschen Potentials. Rückt der angezogene Punkt ins Unendliche, so wird $\log\left(\frac{1}{\varrho}\right) = -\infty$, daher wird der absolute Wert von $\bar{V}$ unendlich groß, während V in diesem Falle gleich Null wurde. Ferner folgt aus der zweiten Gleichung (10a), resp. (10b), daß, wenn der angezogene Punkt unendlich fern liegt, $\bar{X} = 0$ wird, so jedoch, daß

$$\lim_{r=\infty} (r \bar{X})$$

endlich bleibt, während beim Newtonschen Potential X so $= 0$ wurde, daß $\lim(r^2 X)$ endlich blieb. Dieser Unterschied liegt insofern in der Natur der Sache, als bei der Ableitung des Verhaltens des Newtonschen Potentials ausdrücklich die anziehende Masse als endlich vorausgesetzt wurde, während die Masse des unendlich langen Zylinders unendlich groß wird. Die beim Newtonschen Potential für sehr entfernte Punkte geltende Gleichung

$$V = \frac{M}{r}$$

gibt daher beim unendlich langen Zylinder Unbestimmtes $(\infty : \infty)$; das tritt auch in dem Ausdruck (31), S. 149, hervor. Für unendlich ferne Punkte wird, k als positiv vorausgesetzt, der erste Summand $= -\infty$, der zweite Summand ist stets $+\infty$, also ergibt auch dieser Ausdruck Unbestimmtes für V.

Kapitel 4.

Das Potential von Doppelbelegungen.

a) Begriff der Doppelbelegung.

Das Potential der sogenannten Doppelbelegungen oder Doppelschichten ist zuerst von Helmholtz untersucht*). Man wird auf den Begriff der Doppelschicht durch die Frage geführt, wie eine geladene Leidener Flasche oder Franklinsche Tafel nach außen wirkt. Dabei hat man es mit zwei Flächen zu tun, die, einander sehr nahe, mit entgegengesetzten Elektrizitäten so geladen sind, daß die elektrischen Massen einander das Gleichgewicht halten. Wird die Entfernung der geladenen Flächen unendlich klein, so nennt man den Komplex beider eine Doppelschicht oder Doppelbelegung, und die Summe der Newtonschen Potentiale beider Flächen ist das Potential der Doppelbelegung.

Um den in Rede stehenden Begriff exakt zu definieren, denken wir uns eine beliebige Fläche O, die geschlossen oder nicht geschlossen sein kann. Die beiden Normalenrichtungen der Fläche unterscheiden wir dadurch, daß wir die auf einer Seite der Fläche errichtete Normale als positive, die auf der entgegengesetzten Seite errichtete als negative Normalenrichtung bezeichnen. Bei geschlossenen Flächen soll stets die äußere Normale als positiv gerechnet werden, während bei nicht geschlossenen Flächen die Wahl zwischen beiden Normalenrichtungen freisteht. Dies vorausgeschickt, denken wir uns auf der Fläche O Masse mit der (im allgemeinen variabeln) Dichtigkeit $\varkappa$ verteilt. Ihr Potential in bezug auf einen beliebigen Punkt $A(x, y, z)$ ist:

$$(1)\quad V = \iint \frac{\varkappa\, do}{\varrho}, \qquad \varrho^2 = (\xi - x)^2 + (\eta - y)^2 + (\zeta - z)^2,$$

*) In einer Arbeit über die Gesetze der Verteilung elektrischer Ströme in körperlichen Leitern, Poggendorffs Annalen 89, S. 211—233, 1853; vgl. Helmholtz' wissenschaftliche Abhandlungen, Bd. I, S. 475ff. — Speziell kommen hier S. 226—227 der Originalabhandlung in Betracht.

wobei ξ, η, ζ die Koordinaten eines Punktes von do bezeichnen. Wir tragen nun auf den Normalen aller Punkte von O, und zwar auf der positiven Normalenrichtung, die konstante Strecke δ ab. Die Endpunkte der δ bilden eine Parallelfläche O' zu O; wir bezeichnen die Koordinaten des aus dem Punkte ξ, η, ζ von O entstehenden Punktes von O' mit ξ', η', ζ', ferner mit do' dasjenige Flächenelement von O', das man erhält, wenn man in allen Punkten des Elements do von O die Normalen δ errichtet. Die Fläche O' denken wir uns mit Masse von der Dichtigkeit $\varkappa'$ derart belegt, daß korrespondierende Elemente beider Flächen entgegengesetzt gleiche Massen haben, daß also 1. $\varkappa'$ in do' das entgegengesetzte Zeichen von $\varkappa$ in do hat, 2. daß die absoluten Werte $|\varkappa\, do|$ und $|\varkappa\, do'|$ gleich werden, zusammen also, daß

$$\varkappa'\, do' = -\varkappa\, do \tag{2}$$

wird*). Das Potential V' von O' in bezug auf denselben Punkt $A(x, y, z)$ ist dann:

$$V' = \iint \frac{\varkappa'\, do'}{\varrho'} = -\iint \frac{\varkappa\, do}{\varrho'}, \tag{3}$$

wo

$$\varrho'^2 = (\xi' - x)^2 + (\eta' - y)^2 + (\zeta' - z)^2 \tag{3a}$$

---

*) Nach einem bekannten Satze der Flächentheorie ist

$$\frac{do'}{do} = \frac{(R_1 + \delta)(R_2 + \delta)}{R_1 R_2},$$

falls R_1 und R_2 die Hauptkrümmungsradien eines Punktes von do sind, und falls R_1 und R_2 dann als positiv gerechnet werden, wenn die Krümmungsmittelpunkte der beiden Hauptnormalschnitte auf der negativen Normalenseite liegen. Ist δ sehr klein, so wird

$$do' = do(1 + \varepsilon),$$

wo

$$\varepsilon = \delta\left(\frac{1}{R} + \frac{1}{R_1}\right)$$

ist, demnach

$$\varkappa' = -\frac{\varkappa}{1 + \varepsilon}.$$

ist, und für das Gesamtpotential beider Flächen O und O' ergibt sich durch Addition von (1) und (3) der Ausdruck:

$$V + V' = \iint \varkappa \, do \left(\frac{1}{\varrho} - \frac{1}{\varrho'}\right) = \iint (\varkappa\,\delta)\, do \frac{\frac{1}{\varrho} - \frac{1}{\varrho'}}{\delta}\,.$$

Wir lassen nun δ unendlich klein werden, gleichzeitig aber $\varkappa$ derart wachsen, daß

(5) $$\lim_{\delta=0} (\varkappa\,\delta) = \mu$$

endlich bleibt. Dann bilden die beiden Flächen O und O' eine Doppelschicht oder Doppelbelegung, und μ heißt das Moment der Doppelschicht. Ihr Potential ist:

(6) $$U = \lim_{\delta=0}(V + V') = \iint \mu \, do \lim_{\delta=0} \left(\frac{\frac{1}{\varrho} - \frac{1}{\varrho'}}{\delta}\right).$$

Nach der Definition des Differentialquotienten ist, da δ ein unendlich kleines Stück der positiven Normale ist:

(6a) $$\lim_{\delta=0} \left(\frac{\frac{1}{\varrho'} - \frac{1}{\varrho}}{\delta}\right) = \frac{\partial \frac{1}{\varrho}}{\partial N}\,,$$

mithin

(7) $$U = -\iint \mu \frac{\partial \frac{1}{\varrho}}{\partial N}\, do\,.$$

Nun ist

$$\frac{\partial \varrho}{\partial N} = \frac{\partial \varrho}{\partial \xi}\frac{\partial \xi}{\partial N} + \frac{\partial \varrho}{\partial \eta}\frac{\partial \eta}{\partial N} + \frac{\partial \varrho}{\partial \zeta}\frac{\partial \zeta}{\partial N}\,,$$

ferner

$$\frac{\partial \varrho}{\partial \xi} = \frac{\xi - x}{\varrho} = \cos(\varrho, \xi)\,,$$

falls als Richtung von ϱ, wie früher, die Richtung vom Punkte x, y, z nach dem Punkte ξ, η, ζ hin genommen wird, und

$$\frac{\partial \xi}{\partial N} = \cos(N, \xi)\,;$$

denn $\partial \xi$ ist die Änderung von ξ, wenn N um ∂N geändert wird, d. h. $\partial \xi$ ist Projektion von ∂N auf die ξ-Achse.

Daher wird

$$\frac{\partial \varrho}{\partial N} = \cos(\varrho, \xi)\cos(N, \xi) + \cos(\varrho, \eta)\cos(N, \eta) + \cos(\varrho, \zeta)\cos(N, \xi) = \cos(\varrho, N),$$

und somit kann (7) auch folgendermaßen geschrieben werden:

$$U = +\iint \frac{\mu \cos(\varrho, N)\, do}{\varrho^2}. \tag{7a}$$

In dem Ausdrucke (7a), resp. (7) für das Potential der Doppelschicht ist im allgemeinen μ eine Funktion der Stelle. Hat μ den konstanten Wert 1, und ist zugleich die Fläche O geschlossen, so geht (7a) in das S. 70 betrachtete Gaußsche Integral über. Wir haben also in (7a) eine Verallgemeinerung jenes Integrals und zugleich eine physikalische Deutung desselben gefunden.

b) Haupteigenschaft des Potentials der Doppelbelegung.

Der eben erwähnte spezielle Fall läßt erkennen, daß das Verhalten des Potentials der Doppelbelegung wesentlich von dem des Potentials einer einfachen Flächenbelegung verschieden ist. Ist nämlich die Fläche O geschlossen und zugleich μ konstant, so ergibt der S. 70 abgeleitete Gaußsche Satz, daß 1., wenn der Punkt x, y, z außerhalb O liegt, der Ausdruck (7a) den Wert 0 hat, 2. wenn dagegen x, y, z innerhalb O liegt, den Wert $4\pi\mu$, 3. wenn x, y, z auf der Fläche selbst liegt, den Wert $2\pi\mu$. Unterscheiden wir die Fälle dadurch, daß wir den Index a, i oder 0 zu U setzen, so ist also:

$$U_a = 0, \quad U_i = 4\pi\mu, \quad U_0 = 2\pi\mu. \tag{8}$$

U hat also zu beiden Seiten der Fläche O verschiedene Werte und ändert sich beim Durchgang des Punktes x, y, z durch O diskontinuierlich, derart, daß

$$\lim(U_a - U_i) = -4\pi\mu \tag{8a}$$

ist, während, wenn x, y, z eine feste Lage auf der Fläche hat, der Wert von U das arithmetische Mittel der Werte ist, denen U bei Annäherung an die Fläche auf der einen oder der andern Seite zustrebt. Wir sehen, daß, im Gegensatze zu dem Potential einer einfachen Flächenbelegung, das auch beim Durchgange des angezogenen Punktes durch die belegte Fläche sich kontinuierlich ändert, das Potential einer Doppelschicht beim Durchgange jenes Punktes durch die belegte Fläche sich diskontinuierlich ändert.

Daß die Gleichung (8a) allgemein gilt, auch für nicht geschlossene Flächen und für variable μ, läßt sich folgendermaßen zeigen. Geht man von dem allgemeinen Ausdruck (7) aus und beachtet, daß

$$\frac{\partial \frac{1}{\varrho}}{\partial N} = \frac{\partial \frac{1}{\varrho}}{\partial \xi} \cos(N, \xi) + \frac{\partial \frac{1}{\varrho}}{\partial \eta} \cos(N, \eta) + \frac{\partial \frac{1}{\varrho}}{\partial \zeta} \cos(N, \zeta),$$

daß ferner

$$\frac{\partial \frac{1}{\varrho}}{\partial \xi} = -\frac{\partial \frac{1}{\varrho}}{\partial x} \quad \text{usw.,}$$

so wird

$$(9)\quad \left\{\begin{aligned} U &= \iint \mu \left[\cos(N, \xi) \frac{\partial \frac{1}{\varrho}}{\partial x} + \cos(N, \eta) \frac{\partial \frac{1}{\varrho}}{\partial y} + \cos(N, \zeta) \frac{\partial \frac{1}{\varrho}}{\partial z}\right] do \\ &= \frac{\partial}{\partial x}\left(\iint \frac{\mu \cos(N, \xi)\, do}{\varrho}\right) + \frac{\partial}{\partial y}\left(\iint \frac{\mu \cos(N, \eta)\, do}{\varrho}\right) \\ &\qquad + \frac{\partial}{\partial z}\left(\iint \frac{\mu \cos(N, \zeta)\, do}{\varrho}\right) \\ &= \frac{\partial V_1}{\partial x} + \frac{\partial V_2}{\partial y} + \frac{\partial V_3}{\partial z}, \end{aligned}\right.$$

wo zur Abkürzung

$$(9a)\quad \iint \frac{\mu \cos(N, \xi)\, do}{\varrho} = V_1 \quad \text{usw.}$$

gesetzt ist. Die Gleichung (9), die für beliebige Lagen des Punktes x, y, z außerhalb der Fläche gilt, bleibt bestehen, wie nahe jener Punkt auch der Fläche kommen möge. Unterscheidet man Punkte auf der einen oder andern

Seite der Fläche dadurch, daß man zu den Größen U, V_1, V_2, V_3 den Index $+$ hinzufügt für Punkte auf der positiven Normalenseite, den Index $-$ für Punkte auf der entgegengesetzten Seite, so folgt aus (9):

$$(10)\quad \begin{cases} \lim(U^+ - U^-) = \lim\left(\frac{\partial V_1^+}{\partial x} - \frac{\partial V_1^-}{\partial x}\right) + \lim\left(\frac{\partial V_2^+}{\partial y} - \frac{\partial V_2^-}{\partial y}\right) \\ \qquad + \lim\left(\frac{\partial V_3^+}{\partial z} - \frac{\partial V_3^-}{\partial z}\right), \end{cases}$$

wo durch lim bezeichnet ist, daß $A(x, y, z)$ demselben Flächenpunkte A_0 von der einen oder andern Seite unendlich nahe kommt. Nun kann man V_1, V_2, V_3 ansehen als Potentiale von einfachen Flächenbelegungen, und zwar sind die Dichtigkeiten dieser einfachen Belegungen resp.

$$(11)\quad \varkappa_1 = \mu\cos(N, \xi), \quad \varkappa_2 = \mu\cos(N, \eta), \quad \varkappa_3 = \mu\cos(N, \zeta).$$

Für eine einfach belegte Fläche aber gilt [vgl. S. 89, Gleichung (12a)] die Relation

$$(12)\quad \lim\left(\frac{\partial V_1^+}{\partial x} - \frac{\partial V_1^-}{\partial x}\right) = -4\pi(\varkappa_1)\cos(N, x),$$

wo $(\varkappa_1)$ den Wert von $(\varkappa_1)$ in dem Punkte A_0 bezeichnet, in dem x, y, z durch die Fläche hindurchgeht, (N, x) den Winkel, den die Normale in A_0 mit der x-Achse bildet. Da $\varkappa_1 = \mu\cos(N, \xi)$ ist, so ist $(\varkappa_1) = (\mu)\cos(N, x)$, daher:

$$(12\text{a})\quad \lim\left(\frac{\partial V_1^+}{\partial x} - \frac{\partial V_1^-}{\partial x}\right) = -4\pi(\mu)\cos^2(N, x).$$

Ebenso ergibt sich wegen der Werte von $\varkappa_2$ und $\varkappa_3$:

$$(12\text{b})\quad \begin{cases} \lim\left(\frac{\partial V_2^+}{\partial y} - \frac{\partial V_2^-}{\partial y}\right) = -4\pi(\mu)\cos^2(N, y), \\ \lim\left(\frac{\partial V_3^+}{\partial z} - \frac{\partial V_3^-}{\partial z}\right) = -4\pi(\mu)\cos^2(N, z). \end{cases}$$

Setzt man die Ausdrücke (12a) und (12b) in (10) ein, so erhält man:

$$(13)\quad \begin{cases} \lim(U^+ - U^-) = -4\pi(\mu)[\cos^2(N, x) + \cos^2(N, y) + \cos^2(N, z)] \\ \qquad = -4\pi(\mu), \end{cases}$$

womit die Allgemeingültigkeit der Gleichung (8a) bewiesen ist.

c) Verhalten der Ableitungen des Potentials einer Doppelbelegung.

α) Um auch das Verhalten der Ableitungen von U nach x, y, z kennen zu lernen, wollen wir zunächst zwei einfache Beispiele betrachten.

Das erste betrifft das Potential einer doppelt belegten ebenen Kreisfläche von konstantem Moment μ für den Fall, daß der Punkt $A(x, y, z)$ senkrecht über dem Mittelpunkte des Kreises liegt. Nehmen wir den Mittelpunkt des Kreises, dessen Radius R sei, zum Anfangspunkte der Koordinaten, seine Ebene zur xy-Ebene, so ist $x = 0$, $y = 0$, $z \gtrless 0$. Werden noch in der Ebene des Kreises Polarkoordinaten r, φ eingeführt, so wird:

$$do = r\,dr\,d\varphi\,, \qquad \varrho^2 = r^2 + z^2\,.$$

Ferner ist hier N der z-Achse parallel, und wir setzen fest, daß die positive Richtung von N nach der Seite der positiven z liegt; dann ist nach dem oben (S. 153) über die Richtung von ϱ Gesagten:

$$\cos(N, \varrho) = -\frac{z}{\varrho}\,,$$

Daher ergibt der Ausdruck (7a) für unsern speziellen Fall:

$$U = -\int_0^R\int_0^{2\pi} \frac{\mu\, z\, r\, dr\, d\varphi}{\left(\sqrt{r^2 + z^2}\right)^3}\,. \tag{14}$$

Das ist, da μ konstant ist, genau der Ausdruck, der S. 16 für die Z-Komponente der Anziehung der einfach belegten homogenen Kreisfläche abgeleitet ist; wir erhalten also, wie dort, je nachdem z positiv oder negativ ist:

$$\left\{\begin{aligned} U^+ &= -\mu\, 2\pi\left[1 - \frac{z}{\sqrt{R^2 + z^2}}\right], \\ U^- &= -\mu\, 2\pi\left[-1 - \frac{z}{\sqrt{R^2 + z^2}}\right], \end{aligned}\right. \tag{14a}$$

daher, entsprechend der allgemeinen Gleichung (13):

$$\lim (U^+ - U^-) = -4\pi\mu \,. \tag{14b}$$

Ferner wird:

$$\frac{\partial U^+}{\partial z} = \frac{\partial U^-}{\partial z} = \frac{2\pi\mu R^2}{(\sqrt{R^2+z^2})^3}\,, \tag{15}$$

daher:

$$\left\{\begin{array}{c} \lim\left(\dfrac{\partial U^+}{\partial z} - \dfrac{\partial U^-}{\partial z}\right) = 0\,, \\ \text{d. h.:} \\ \lim\left(\dfrac{\partial U^+}{\partial N} - \dfrac{\partial U^-}{\partial N}\right) = 0\,. \end{array}\right. \tag{15a}$$

Die normale Ableitung von U ändert sich also beim Durchgang durch die Fläche stetig.

Als zweites Beispiel betrachten wir das Potential einer doppelt belegten Kugelfläche von konstantem Moment μ. Wir wollen hier nicht von den Ausdrücken (7) oder (7a) für U ausgehen, sondern auf die in a) erörterte Entstehung von U zurückgreifen.

Das Potential einer mit Masse von der konstanten Dichtigkeit $\varkappa$ einfach belegten Kugelfläche vom Radius R ist (vgl. S. 83) für äußere Punkte

$$V_a = \frac{4\pi\varkappa R^2}{r}\,, \qquad r = \sqrt{x^2+y^2+z^2}\,, \tag{16}$$

für innere Punkte aber

$$V_i = 4\pi\varkappa R\,. \tag{16a}$$

Die Parallelfläche O' des Abschnittes a) ist hier eine konzentrische Kugelfläche vom Radius $(R+\delta)$, ihr Potential für äußere, resp. innere Punkte ist

$$V'_a = \frac{4\pi\varkappa'(R+\delta)^2}{r}\,, \qquad V'_i = 4\pi\varkappa'(R+\delta) \tag{16b}$$

Die Gleichung (2), S. 152, wird im vorliegenden Falle

$$\varkappa'(R+\delta)^2 \sin\vartheta\, d\vartheta\, d\varphi = -\varkappa R^2 \sin\vartheta\, d\vartheta\, d\varphi\,,$$

d. h.

$$\varkappa'(R+\delta)^2 = -\varkappa R^2\,. \tag{16c}$$

Mithin wird

$$(16\text{d})\qquad V_a' = \frac{-4\pi\varkappa R^2}{r}, \qquad V_i' = \frac{-4\pi\varkappa R^2}{R+\delta}$$

und weiter

$$(16\text{e})\quad \begin{cases} V_a + V_a' = 0, \\ V_i + V_i' = 4\pi\varkappa R^2\left(\dfrac{1}{R} - \dfrac{1}{R+\delta}\right) = \dfrac{4\pi\varkappa\delta R^2}{R(R+\delta)}. \end{cases}$$

Wird $\delta = 0$ und zugleich $\lim\limits_{\delta=0}(\varkappa\delta) = \mu$, so wird

$$(17)\qquad U_a = \lim(V_a + V_a') = 0, \qquad U_i = \lim(V_i + V_i') = 4\pi\mu,$$

woraus durch Subtraktion die Gleichung (8a) folgt.

Da ferner für beliebig gelegene äußere Punkte $V_a + V_a' = 0$ ist, und da V_i und V_i' von x, y, z unabhängig sind, so wird

$$(18)\qquad \frac{\partial(V_a + V_a')}{\partial x} = 0, \qquad \frac{\partial(V_i + V_i')}{\partial x} = 0,$$

und weil diese Gleichungen für jeden Wert von δ gelten, so gelten sie auch für $\delta = 0$, d. h. es ist

$$(18\text{a})\quad \frac{\partial U_a}{\partial x} = 0, \quad \frac{\partial U_i}{\partial x} = 0 \quad \text{und} \quad \lim\left(\frac{\partial U_a}{\partial x} - \frac{\partial U_i}{\partial x}\right) = 0.$$

Analoge Gleichungen gelten auch für die Ableitungen nach y und z. Für eine kugelförmige Doppelschicht von konstantem Moment haben also die drei ersten Ableitungen des Potentials zu beiden Seiten der Kugelfläche gleiche Werte.

β) Es ist nunmehr zu untersuchen, wie weit die aus den speziellen Beispielen abgeleiteten Resultate allgemein gelten. Zu dem Zwecke knüpfen wir an den allgemeinen Ausdruck (7a) für U an, in dem

$$(19)\quad \begin{cases} \cos(N, \varrho) = \cos(\varrho, \xi)\cos(N, \xi) + \cos(\varrho, \eta)\cos(N, \eta) \\ \qquad\qquad + \cos(\varrho, \zeta)\cos(N, \zeta), \\ \qquad = \dfrac{\xi - x}{\varrho}\cos(N, \xi) + \dfrac{\eta - y}{\varrho}\cos(N, \eta) \\ \qquad\qquad + \dfrac{\zeta - z}{\varrho}\cos(N, \zeta) \end{cases}$$

ist, so daß

$$(20)\quad \begin{cases} U = \iint \mu \Big[\dfrac{\xi - x}{\varrho^3} \cos(N, \xi) + \dfrac{\eta - y}{\varrho^3} \cos(N, \eta) \\ \qquad\qquad + \dfrac{\zeta - z}{\varrho^3} \cos(N, \zeta) \Big] do \end{cases}$$

wird. Durch Differentiation nach x folgt:

$$(20\text{a})\quad \begin{cases} \dfrac{\partial U}{\partial x} = \iint \mu \Big\{ \Big[-\dfrac{1}{\varrho^3} + \dfrac{3(\xi - x)^2}{\varrho^5} \Big] \cos(N, \xi) \\ + \dfrac{3(\eta - y)(\xi - x)}{\varrho^5} \cos(N, \eta) + \dfrac{3(\zeta - z)(\xi - x)}{\varrho^5} \cos(N, \zeta) \Big\} do\,. \end{cases}$$

Hierin ist

$$\frac{3(\eta - y)(\xi - x)}{\varrho^5} = - \frac{\partial \dfrac{\eta - y}{\varrho^3}}{\partial \xi},$$

$$\frac{3(\zeta - z)(\xi - x)}{\varrho^5} = - \frac{\partial \dfrac{\zeta - z}{\varrho^3}}{\partial \xi},$$

ferner

$$-\frac{1}{\varrho^3} + \frac{3(\xi - x)^2}{\varrho^5} = \frac{\partial \dfrac{\eta - y}{\varrho^3}}{\partial \eta} + \frac{\partial \dfrac{\zeta - z}{\varrho^3}}{\partial \zeta},$$

so daß (20a) auch so geschrieben werden kann:

$$(20\text{b})\quad \begin{cases} \dfrac{\partial U}{\partial x} = \iint \mu \Bigg\{ \Bigg[\dfrac{\partial \dfrac{\eta - y}{\varrho^3}}{\partial \eta} + \dfrac{\partial \dfrac{\zeta - z}{\varrho^3}}{\partial \zeta} \Bigg] \cos(N, \xi) \\ - \dfrac{\partial \dfrac{\eta - y}{\varrho^3}}{\partial \xi} \cos(N, \eta) - \dfrac{\partial \dfrac{\zeta - z}{\varrho^3}}{\partial \xi} \cos(N, \zeta) \Bigg\} do\,. \end{cases}$$

(20b) wird weiter umgeformt, indem man im ersten Summanden

$$\mu \frac{\partial \dfrac{\eta - y}{\varrho^3}}{\partial \eta} = \frac{\partial \dfrac{\mu(\eta - y)}{\varrho^3}}{\partial \eta} - \frac{\partial \mu}{\partial \eta} \frac{\eta - y}{\varrho^3}$$

setzt und entsprechend in den anderen Summanden. Dadurch erhält man

$$
(20c)\quad \left\{\begin{aligned}
\frac{\partial U}{\partial x} = \iint \Bigg\{ & \frac{\partial \frac{\mu(\eta - y)}{\varrho^3}}{\partial \eta} \cos(N, \xi) - \frac{\partial \frac{\mu(\eta - y)}{\varrho^3}}{\partial \xi} \cos(N, \eta) \\
& + \frac{\partial \frac{\mu(\zeta - z)}{\varrho^3}}{\partial \zeta} \cos(N, \xi) - \frac{\partial \frac{\mu(\zeta - z)}{\varrho^3}}{\partial \xi} \cos(N, \zeta) \Bigg\} do \\
& - \iint \left\{ \frac{\partial \mu}{\partial \eta} \frac{\eta - y}{\varrho^3} + \frac{\partial \mu}{\partial \zeta} \frac{\zeta - z}{\varrho^3} \right\} \cos(N, \xi)\, do \\
& + \iint \frac{\partial \mu}{\partial \xi} \left\{ \frac{\eta - y}{\varrho^3} \cos(N, \eta) + \frac{\zeta - z}{\varrho^3} \cos(N, \zeta) \right\} do .
\end{aligned}\right.
$$

Fügen wir rechts noch die sich forthebenden Integrale

$$
-\iint \frac{\partial \mu}{\partial \xi} \frac{\xi - x}{\varrho^3} \cos(N, \xi)\, do + \iint \frac{\partial \mu}{\partial \xi} \frac{\xi - x}{\varrho^3} \cos(N, \xi)\, do
$$

hinzu, setzen ferner zur Abkürzung:

$$
(21)\quad \left\{\begin{aligned}
& \iint \Bigg\{ \frac{\partial \frac{\mu(\eta - y)}{\varrho^3}}{\partial \eta} \cos(N, \xi) - \frac{\partial \frac{\mu(\eta - y)}{\varrho^3}}{\partial \xi} \cos(N, \eta) \\
& \quad + \frac{\partial \frac{\mu(\zeta - z)}{\varrho^3}}{\partial \zeta} \cos(N, \xi) - \frac{\partial \frac{\mu(\zeta - z)}{\varrho^3}}{\partial \xi} \cos(N, \zeta) \Bigg\} do = J , \\
& -\iint \frac{\partial \mu}{\partial \xi} \frac{\xi - x}{\varrho^3} \cos(N, \xi)\, do = J_1 , \quad -\iint \frac{\partial \mu}{\partial \eta} \frac{\eta - y}{\varrho^3} \cos(N, \xi)\, do = J_2 , \\
& -\iint \frac{\partial \mu}{\partial \zeta} \frac{\zeta - z}{\varrho^3} \cos(N, \xi)\, do = J_3 , \\
& \iint \frac{\partial \mu}{\partial \xi} \left[\frac{\xi - x}{\varrho^3} \cos(N, \xi) + \frac{\eta - y}{\varrho^3} \cos(N, \eta) + \frac{\zeta - z}{\varrho^3} \cos(N, \zeta) \right] do = J_4 ,
\end{aligned}\right.
$$

so wird

$$
(22)\qquad \frac{\partial U}{\partial x} = J + J_1 + J_2 + J_3 + J_4 .
$$

Mit Rücksicht auf Gleichung (19), S. 159, kann J_4 so geschrieben werden:

$$J_4 = \iint \frac{\frac{\partial \mu}{\partial \xi} \cos(N, \varrho)}{\varrho^2} do. \tag{23}$$

J_4 hat somit dieselbe Form wie U, nur daß $\frac{\partial \mu}{\partial \xi}$ an Stelle von μ steht, d. h. J_4 stellt das Potential einer Doppelbelegung der betrachteten Fläche von dem Momente $\frac{\partial \mu}{\partial \xi}$ dar. Wir wollen dies Potential mit U_1 bezeichnen:

$$J_4 = U_1. \tag{23a}$$

Ferner ist

$$J_1 = -\iint \frac{\partial \mu}{\partial \xi} \cos(N, \xi) \frac{\xi - x}{\varrho^3} do = -\iint \frac{\partial \mu}{\partial \xi} \cos(N, \xi) \frac{\partial \frac{1}{\varrho}}{\partial x} do$$

$$= -\frac{\partial}{\partial x}\left(\iint \frac{\partial \mu}{\partial \xi} \frac{\cos(N, \xi)}{\varrho} do\right).$$

Das Integral

$$\iint \frac{\partial \mu}{\partial \xi} \frac{\cos(N, \xi)}{\varrho} do = V_1 \tag{24}$$

kann angesehen werden als das Potential einer **einfachen** Belegung unserer Fläche mit Masse von der Dichtigkeit $\frac{\partial \mu}{\partial \xi} \cos(N, \xi)$, und

$$-J_1 = \frac{\partial V_1}{\partial x} \tag{24a}$$

ist die X-Komponente der Anziehung der einfach belegten Fläche. Ebenso ergibt sich, daß die Integrale

$$\iint \frac{\partial \mu}{\partial \eta} \frac{\cos(N, \xi)}{\varrho} do = V_2, \quad \iint \frac{\partial \mu}{\partial \zeta} \frac{\cos(N, \xi)}{\varrho} do = V_3 \tag{24b}$$

Flächenpotentiale für die Dichtigkeiten $\frac{\partial \mu}{\partial \eta} \cos(N, \xi)$, resp. $\frac{\partial \mu}{\partial \zeta} \cos(N, \xi)$ bezeichnen, und daß

$$J_2 = -\frac{\partial V_2}{\partial y}, \quad J_3 = -\frac{\partial V_3}{\partial z} \tag{27c}$$

ist. Somit ist $\frac{\partial U}{\partial x}$ auf die Form gebracht

$$\tag{22a} \frac{\partial U}{\partial x} = J - \frac{\partial V_1}{\partial x} - \frac{\partial V_2}{\partial y} - \frac{\partial V_3}{\partial z} + U_1 .$$

Diese Gleichung gilt für beliebige Lagen des Punktes x, y, z außerhalb der doppelt belegten Fläche; sie bleibt bestehen, wie nahe auch jener Punkt der Fläche kommen mag. Nähert sich x, y, z von der einen oder der anderen Seite demselben Flächenpunkte A_0 beliebig, und geben wir den Größen U, J, V_1, V_2, V_3, U_1 die Indizes $+$ oder $-$, je nachdem die Annäherung an die Fläche von der Seite $+N$ oder $-N$ geschieht, so folgt aus (22a):

$$\tag{25} \left\{\begin{aligned} &\lim\left(\frac{\partial U^+}{\partial x} - \frac{\partial U^-}{\partial x}\right) = \lim(J^+ - J^-) - \lim\left(\frac{\partial V_1^+}{\partial x} - \frac{\partial V_1^-}{\partial x}\right) \\ &- \lim\left(\frac{\partial V_2^+}{\partial y} - \frac{\partial V_2^-}{\partial y}\right) - \lim\left(\frac{\partial V_3^+}{\partial z} - \frac{\partial V_3^-}{\partial z}\right) + \lim(U_1^+ - U_1^-) . \end{aligned}\right.$$

Nach (13), S. 156, ist nun

$$\tag{26} \lim(U_1^+ - U_1^-) = -4\pi\left(\frac{\partial \mu}{\partial \xi}\right) = -4\pi\frac{\partial \mu}{\partial x} ;$$

denn $\left(\frac{\partial \mu}{\partial \xi}\right)$ bezeichnet den Wert von $\frac{\partial \mu}{\partial \xi}$ in dem Flächenpunkte A_0, d. h. in dem Punkte, dem sich x, y, z beliebig nähert. Ferner ist, da V_1 das Potential einer einfach belegten Fläche mit der Dichtigkeit $\frac{\partial \mu}{\partial \xi}\cos(N, \xi)$ bezeichnet, nach S. 89, Gleichung (12a):

$$\tag{26a} \left\{\begin{aligned} \lim\left(\frac{\partial V_1^+}{\partial x} - \frac{\partial V_1^-}{\partial x}\right) &= -4\pi\left(\frac{\partial \mu}{\partial \xi}\cos(N, \xi)\right)\cos(N, x) \\ &= -4\pi\frac{\partial \mu}{\partial x}\cos(N, x)\cos(N, x) . \end{aligned}\right.$$

Ebenso ergibt sich

$$
(26\text{b})\quad \left\{
\begin{aligned}
\lim\left(\frac{\partial V_2^+}{\partial y} - \frac{\partial V_2^-}{\partial y}\right) &= -4\pi\left(\frac{\partial \mu}{\partial \eta}\cos(N,\xi)\right)\cos(N,y)\\
&= -4\pi\frac{\partial \mu}{\partial y}\cos(N,x)\cos(N,y)\,,\\
\lim\left(\frac{\partial V_3^+}{\partial z} - \frac{\partial V_3^-}{\partial z}\right) &= -4\pi\left(\frac{\partial \mu}{\partial \zeta}\cos(N,\xi)\right)\cos(N,z)\\
&= -4\pi\frac{\partial \mu}{\partial z}\cos(N,x)\cos(N,z)\,.
\end{aligned}\right.
$$

Durch eine gesonderte Betrachtung soll weiterhin (s. S. 166 ff.) gezeigt werden, daß für eine geschlossene Fläche stets

$$(26\text{c})\qquad \lim(J^+ - J^-) = 0$$

ist, und daß dieselbe Relation auch für ungeschlossene Flächen gilt, falls nur A_0 dem Rande der Fläche nicht unendlich nahe liegt. Demgemäß folgt aus (25):

$$
(27)\quad \left\{
\begin{aligned}
\lim\left(\frac{\partial U^+}{\partial x} - \frac{\partial U^-}{\partial x}\right) &= +4\pi\cos(N,x)\left[\frac{\partial \mu}{\partial x}\cos(N,x)\right.\\
&\left.+\frac{\partial \mu}{\partial y}\cos(N,y) + \frac{\partial \mu}{\partial z}\cos(N,z)\right] - 4\pi\frac{\partial \mu}{\partial x}\,.
\end{aligned}\right.
$$

Durch (27) wird die Diskontinuität von $\frac{\partial U}{\partial x}$ beim Durchgang des Punktes x, y, z durch die doppelt belegte Fläche dargestellt.

Wird das Koordinatensystem so gelegt, daß die positive x-Achse der positiven Flächennormale im Punkte A_0 parallel ist, so ist

$$\cos(N,y) = 0\,,\qquad \cos(N,z) = 0\,,\qquad \cos(N,x) = 1\,,$$

daher wird in diesem Falle die rechte Seite von (27) $= 0$, und wir haben allgemein

$$(27\text{a})\qquad \lim\left(\frac{\partial U^+}{\partial N} - \frac{\partial U^-}{\partial N}\right) = 0\,.$$

Ist dagegen x zur Flächennormale in A_0 senkrecht, so wird $\cos(N, x) = 0$. Für jede Richtung s, die der Tangentialebene von A_0 parallel ist, wird also

$$\text{(27b)} \qquad \lim\left(\frac{\partial U^+}{\partial s} - \frac{\partial U^-}{\partial s}\right) = -4\pi\frac{\partial \mu}{\partial s}.$$

Endlich ist für konstante μ die rechte Seite von (27) stets $= 0$. Für konstante Momente gilt also bei beliebiger Lage des Koordinatensystems die Gleichung:

$$\text{(27c)} \qquad \lim\left(\frac{\partial U^+}{\partial x} - \frac{\partial U^-}{\partial x}\right) = 0.$$

d) **Die charakteristischen Eigenschaften des Potentials von Doppelbelegungen.**

In den Abschnitten b) und c) sind nur die Eigenschaften des Potentials von Doppelbelegungen abgeleitet, in denen sich dieses Potential von dem einfach belegter Flächen unterscheidet; und diese Eigenschaften beziehen sich auf Punkte, die der belegten Fläche beliebig nahe kommen. Die Eigenschaften, die das Potential von Doppelbelegungen für Punkte außerhalb der belegten Fläche hat, sind mit denen der Potentiale einfacher Belegungen identisch, wie sich aus der im Anfang dieses Kapitels erörterten Entstehung von U aus V und V' ergibt. Wie V und V' und ihre Ableitungen sind auch U und seine Ableitungen beliebig hoher Ordnung für Punkte außerhalb der belegten Fläche endlich und kontinuierlich. Für solche Punkte gilt die Laplacesche Gleichung $\Delta U = 0$; endlich verschwinden U und seine Ableitungen im Unendlichen derart, daß

$$\text{(28)} \qquad \lim_{r=\infty}(rU) \quad \text{und} \quad \lim_{r=\infty} r^2\left|\frac{\partial U}{\partial x}\right|$$

endlich bleiben.

Charakteristisch für das Potential von Doppelbelegungen sind folgende Eigenschaften:

1. U und seine Ableitungen sind im ganzen Raume endlich und stetig; nur an der belegten Fläche ändert sich U diskontinuierlich, entsprechend der Gleichung (13), S. 156, während $\frac{\partial U}{\partial N}$ zu beiden Seiten der Fläche gleiche Werte hat.

2. Für alle Punkte außerhalb der Fläche ist $\Delta U = 0$.

3. Im Unendlichen verschwinden U und seine Ableitungen in der Art, wie es eben angegeben ist.

Daß diese Eigenschaften charakteristisch sind, d. h. daß es nicht zwei verschiedene Funktionen gibt, die in allen diesen Eigenschaften übereinstimmen, läßt sich in gleicher Weise zeigen wie S. 103—105 für das Potential einfach belegter Flächen.

Zusatz. Der Begriff des Potentials von Doppelbelegungen läßt sich auch auf das logarithmische Potential ausdehnen. Man denke sich eine ebene Kurve einfach belegt mit Masse von der Dichtigkeit $\bar{\varkappa}$, konstruiere eine sehr nahe Parallelkurve und denke auf dieser Masse mit der Dichtigkeit $\bar{\varkappa}'$ verteilt, so daß

$$\bar{\varkappa}' ds' = -\bar{\varkappa}\, ds$$

ist. Man bilde die Summe der logarithmischen Potentiale beider Belegungen und gehe dann zu dem Falle über, daß die Entfernung δ der Parallelkurven verschwindet, während zugleich $\lim(\bar{\varkappa}\,\delta)$ für $\delta = 0$ endlich bleibt. Es ergeben sich für das so entstehende logarithmische Potential der Doppelbelegung ganz analoge Eigenschaften, wie sie für das Newtonsche Potential von Doppelbelegungen gefunden sind.

e) Nachträglicher Beweis einer Hilfsformel. Das Theorem von Stokes.

Wir betrachten das über eine beliebige Fläche O ausgedehnte Integral

$$\mathfrak{J} = \iint \left\{ \frac{\partial \alpha}{\partial \zeta} \cos(N, \eta) - \frac{\partial \alpha}{\partial \eta} \cos(N, \zeta) \right\} do, \tag{29}$$

in dem α eine Funktion von ξ, η, ζ bezeichnet, die nebst ihren ersten Ableitungen an der Fläche O eindeutig, endlich und stetig ist. Die in (25) auftretenden partiellen Ableitungen von α sind so gebildet, als wären ξ, η, ζ voneinander unabhängig. Andererseits ist für die Punkte der Fläche O eine der Koordinaten eine Funktion der beiden anderen, und zwar wollen wir annehmen, daß die Flächengleichung die Form

$$\zeta = f(\xi, \eta) \tag{30}$$

hat. Bezeichnen wir die mit Rücksicht auf (30) gebildeten Ableitungen von α nach den unabhängigen Veränderlichen ξ, η durch Klammern, während die Ableitungen von α, die so gebildet sind, als wären ξ, η, ζ unabhängig, ohne Klammern geschrieben werden sollen, so haben wir:

$$\left(\frac{\partial\alpha}{\partial\xi}\right)=\frac{\partial\alpha}{\partial\xi}+\frac{\partial\alpha}{\partial\zeta}\frac{\partial f}{\partial\xi}, \qquad \left(\frac{\partial\alpha}{\partial\eta}\right)=\frac{\partial\alpha}{\partial\eta}+\frac{\partial\alpha}{\partial\zeta}\frac{\partial f}{\partial\eta}. \tag{31}$$

Ferner sind die Richtungskosinus der Flächennormale

$$\cos(N,\xi)=\frac{\pm\dfrac{\partial f}{\partial\xi}}{\sqrt{1+\left(\dfrac{\partial f}{\partial\xi}\right)^2+\left(\dfrac{\partial f}{\partial\eta}\right)^2}},$$

$$\cos(N,\eta)=\frac{\pm\dfrac{\partial f}{\partial\eta}}{\sqrt{1+\left(\dfrac{\partial f}{\partial\xi}\right)^2+\left(\dfrac{\partial f}{\partial\eta}\right)^2}},$$

$$\cos(N,\zeta)=\frac{\mp 1}{\sqrt{1+\left(\dfrac{\partial f}{\partial\xi}\right)^2+\left(\dfrac{\partial f}{\partial\eta}\right)^2}},$$

daher

$$\frac{\partial\alpha}{\partial\zeta}\cos(N,\eta)-\frac{\partial\alpha}{\partial\eta}\cos(N,\zeta)$$

$$=\pm\frac{\dfrac{\partial\alpha}{\partial\zeta}\dfrac{\partial f}{\partial\eta}+\dfrac{\partial\alpha}{\partial\eta}}{\sqrt{1+\left(\dfrac{\partial f}{\partial\xi}\right)^2+\left(\dfrac{\partial f}{\partial\eta}\right)^2}}=\frac{\pm\left(\dfrac{\partial\alpha}{\partial\eta}\right)}{\sqrt{1+\left(\dfrac{\partial f}{\partial\xi}\right)^2+\left(\dfrac{\partial f}{\partial\eta}\right)^2}}.$$

Zugleich ist

$$\frac{do}{\sqrt{1+\left(\dfrac{\partial f}{\partial\xi}\right)^2+\left(\dfrac{\partial f}{\partial\eta}\right)^2}}=do\,|\cos(N,\zeta)|$$

die Projektion des Flächenelements auf die xy-Ebene, also $=d\xi\,d\eta$, mithin haben wir

$$\mathfrak{J}=\pm\iint\left(\frac{\partial\alpha}{\partial\eta}\right)d\xi\,d\eta, \tag{29a}$$

und die Integration ist rechts über die Projektion der Fläche O auf die xy-Ebene zu erstrecken. Was das doppelte Vorzeichen betrifft, so gilt das obere, wenn $\cos(N, \zeta)$ negativ, das untere, wenn $\cos(N, \zeta)$ positiv ist.

Betrachten wir zunächst eine nicht geschlossene Fläche O, deren positive Normalen mit der positiven ζ-Achse sämtlich spitze Winkel bilden, so ist auf der linken Seite von (29a) das Zeichen — zu nehmen. Ist c die Randkurve von O, c' die Projektion von c auf die xy-Ebene, so ist das Integral (29a) über das Innere der Kurve c' zu erstrecken. Wird die Integration nach η als innere genommen, so wird

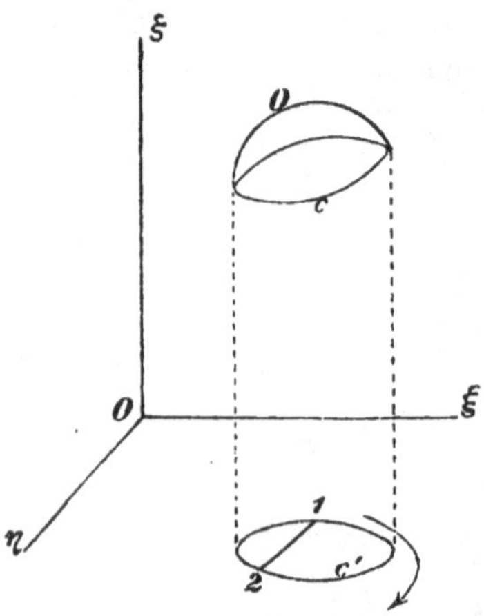

Fig. 25.

$$(29\text{b}) \qquad \mathfrak{J} = -\int_{\xi_1}^{\xi_2} d\xi \int_{\eta_1}^{\eta_2} \left(\frac{\partial \alpha}{\partial \eta}\right) d\eta\,.$$

Darin bezeichnen η_1 und η_2 die Ordinaten der Punkte 1 und 2, in denen eine beliebige Parallele zur η-Achse die Kurve c' schneidet, ξ_2 und ξ_1 den größten und kleinsten Wert von ξ für diese Kurve. Durch Ausführung der Integration nach η folgt

$$(29\text{c}) \qquad \mathfrak{J} = \int_{\xi_1}^{\xi_2} d\xi\,[\alpha_1 - \alpha_2]\,,$$

worin α_1 und α_2 die Werte von α für $\eta = \eta_1$, resp. $\eta = \eta_2$ bezeichnen. $d\xi$ drücken wir durch das Bogenelement $d\sigma$ der Kurve c' aus und setzen fest, daß σ als wachsend angesehen werden soll bei einem solchen Umlauf um c', der einer Drehung von $+\xi$ nach $+\eta$ entspricht; dann ist $\dfrac{d\xi}{d\sigma}$ an der Stelle 1 positiv, da hier ξ mit σ wächst, an der Stelle 2 dagegen negativ, da ξ mit wachsendem σ abnimmt. Andererseits ist in (29c) $d\xi$ positiv, da die untere Grenze kleiner als die obere ist; mithin ist, damit auch $d\sigma$ überall positiv sei, zu setzen:

$$\text{(32)} \qquad \begin{cases} \text{an der Stelle 1} & d\xi = +\left(\dfrac{d\xi}{d\sigma}\right)_1 d\sigma_1\,, \\[2ex] \text{an der Stelle 2} & d\xi = -\left(\dfrac{d\xi}{d\sigma}\right)_2 d\sigma_2\,, \end{cases}$$

und das Integral (29c) wird

$$\mathfrak{J} = \int\left\{\alpha_1\left(\frac{d\xi}{d\sigma}\right)_1 d\sigma_1 + \alpha_2\left(\frac{d\xi}{d\sigma}\right)_2 d\sigma_2\right\},$$

d. h.

$$\text{(33)} \qquad \mathfrak{J} = \int\limits_{c'} \alpha\,\frac{d\xi}{d\sigma}\,d\sigma\,,$$

wo die Integration über den Umfang von c' im Sinne des vorher festgesetzten Umlaufs zu erstrecken ist. Die Integration über die Kurve c' ersetzen wir durch eine solche über die Randkurve c der Fläche O. Ist ds das Bogenelement von c, und wird c in demselben Sinne durchlaufen wie c', so ist

$$d\sigma = \frac{d\sigma}{ds}\,ds \quad \text{und} \quad \frac{d\xi}{d\sigma}\cdot\frac{d\sigma}{ds} = \frac{d\xi}{ds}\,,$$

daher

$$\text{(34)} \qquad \mathfrak{J} = \int\limits_{c} \alpha\,\frac{d\xi}{ds}\,ds = \int\limits_{c} \alpha\cos(s\,,\,\xi)\,ds\,.$$

Bei der Ableitung von (34) ist angenommen, daß jede Parallele zur Achse η die Kurve c' nur in zwei Punkten schneide. Der Fall von mehr als zwei Schnittpunkten läßt sich ganz ebenso behandeln (vgl. die Entwicklung S. 61 ff.) und führt zu demselben Resultat.

Weiter ist zu zeigen, daß die Gleichung (34) noch gültig bleibt, wenn die positiven Normalen von O mit der $+\zeta$-Achse teils spitze, teils stumpfe Winkel bilden, also $\cos(N, \zeta)$ teils positiv, teils negativ ist. Ist, was wir voraussetzen, die Fläche regulär, d. h. ändert sich $\cos(N, \zeta)$ kontinuierlich, so wird beim Übergang von positiven zu negativen Werten $\cos(N, \zeta) = 0$. Alle Punkte der

Fläche O, in denen dies stattfindet, liegen auf einer Kurve C, durch welche die Fläche O in zwei Teile zerfällt, den Teil O_1, für den $\cos(N, \zeta)$ überall positive Werte hat, und den Teil O_2, für den $\cos(N, \zeta)$ negativ ist. Das über die Fläche O zu erstreckende Integral (29) zerfällt dementsprechend in zwei Teile $\mathfrak{J}_1$ und $\mathfrak{J}_2$. In dem ersten sind, wie oben in (29a) und den vorhergehenden Gleichungen, die **unteren**, im zweiten die **oberen** Vorzeichen zu nehmen. Für das erste Integral $\mathfrak{J}_1$ gelten unmittelbar die obigen Entwicklungen, mit dem Unterschiede jedoch, daß hier die Kurve C an Stelle der vorigen c tritt. Bezeichnen wir den Bogen von C mit S, so ist also

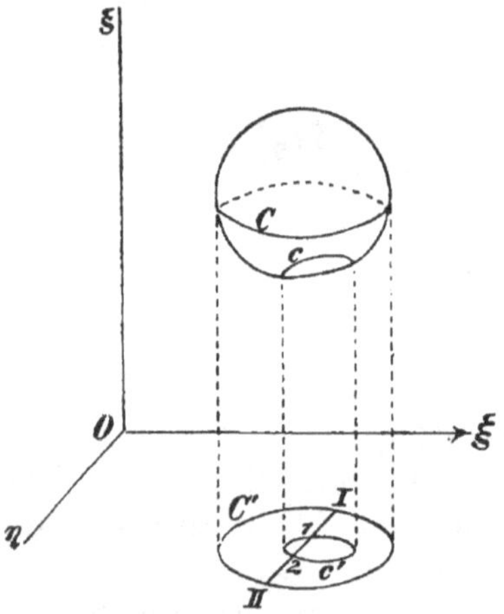

Fig. 28.

$$(35) \qquad \mathfrak{J}_1 = \int_C \alpha \cos(S, \xi)\, dS\,.$$

In $\mathfrak{J}_2$ sind, wie schon bemerkt, die umgekehrten Zeichen zu nehmen, die Gleichung (29) ergibt daher:

$$(36) \qquad \mathfrak{J}_2 = +\iint \left(\frac{\partial \alpha}{\partial \eta}\right) d\xi\, d\eta\,.$$

Ferner ist das Integrationsgebiet hier der zwischen den Kurven C' und c' liegende ringförmige Raum, falls C' die Projektion von C, c' wiederum die von c ist. Schneidet eine Parallele zur η-Achse die Kurve C' in den Punkten I und II, c' wiederum in 1 und 2, und sind die zugehörigen Werte von η, resp. $\eta_I, \eta_{II}, \eta_1, \eta_2$, so ist zu nehmen

$$\int_{\eta_I}^{\eta_1} \left(\frac{\partial \alpha}{\partial \eta}\right) d\eta + \int_{\eta_2}^{\eta_{II}} \left(\frac{\partial \alpha}{\partial \eta}\right) d\eta = \alpha_1 - \alpha_2 + \alpha_{II} - \alpha_I\,.$$

Somit geht (36) über in

$$(36\text{a}) \qquad \mathfrak{J}_2 = \int d\xi\,(\alpha_1 - \alpha_2) + \int d\xi\,(\alpha_{II} - \alpha_I)\,.$$

Der erste Summand von $\mathfrak{J}_2$ ist genau derselbe wie oben in (29c), auch liegen, wie dort, die Punkte *1*, *2* auf der Kurve c'; daher ist

$$\int d\xi\,(\alpha_1 - \alpha_2) = \int_c \alpha \cos(s, \xi)\, ds \,. \tag{36b}$$

Der zweite Summand der rechten Seite von (36a)

$$-\int d\xi\,(\alpha_I - \alpha_{II})$$

hat, abgesehen vom Vorzeichen, ebenfalls die Form des Integrals (29c), nur daß I und II auf der Kurve C' liegen, der Projektion von C. Wir können auf diesen Summanden das Resultat (34) anwenden, wenn wir nur die Kurve C an Stelle von c setzen. Dieser zweite Summand wird daher:

$$\int d\xi\,(\alpha_{II} - \alpha_I) = -\int (\alpha_I - \alpha_{II})\, d\xi = -\int_C \alpha \cos(S, \xi)\, dS \,. \tag{36c}$$

Vermöge der Gleichungen (36b) und (36c) geht (36a) über in:

$$\mathfrak{J}_2 = \int_c \alpha \cos(s, \xi)\, ds - \int_C \alpha \cos(S, \xi)\, dS \,. \tag{36d}$$

Aus (35) und (36d) aber folgt:

$$\mathfrak{J} = \mathfrak{J}_1 + \mathfrak{J}_2 = \int_c \alpha \cos(s, \xi)\, ds \,; \tag{37}$$

d. h. das Resultat (34) bleibt unverändert, wenn auch $\cos(N, \zeta)$ teils positiv, teils negativ ist.

Anmerkung. Es kann der Fall eintreten, daß die Kurven C und c einander schneiden, also das in Betracht kommende Stück von C keine geschlossene Kurve bildet, wie in Fig. 27 S. 172. Dann schneiden sich auch die ebenen Kurven c' und C'. Ihre Schnittpunkte seien a und a_1. In diesem Falle vervollständige man C' zu einer geschlossenen Kurve, indem man das Stück $a b a_1$ von c' zu C' hinzunimmt. Dann kann man ohne weiteres die vorige Entwicklung anwenden; das ringförmige Integrationsgebiet der Fig. 26 hat hier nur teilweise die Breite Null. Das Resultat (37) gilt auch für diesen Fall.

Ist O eine geschlossene Fläche, so fällt die Randkurve c und damit c' ganz fort. Konstruiert man wieder die Kurve C, für deren Punkte $\cos(N, \zeta) = 0$ ist, wodurch O in O_1 und O_2, $\mathfrak{J}$ in $\mathfrak{J}_1 + \mathfrak{J}_2$ zerfällt, so wird für das Integral $\mathfrak{J}_2$ [Gleichung (36)] das Integrationsgebiet der $\xi\eta$-Ebene durch das ganze Innere der Kurve C' gebildet, in (36a) fällt daher der erste Summand fort, und da der zweite nach (36c) $= -\mathfrak{J}_1$ ist, so erhält man:

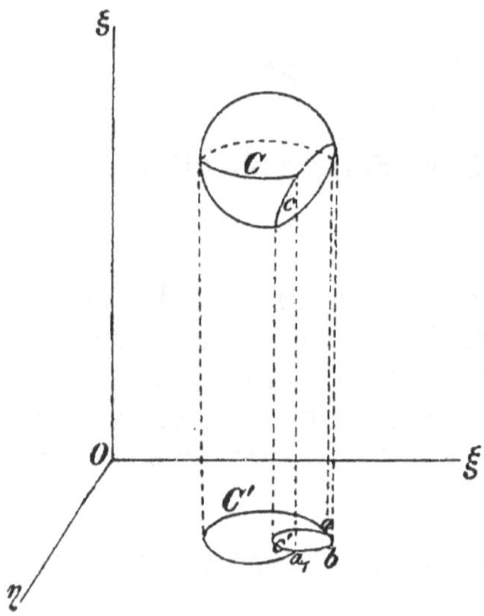

Fig. 27.

$$(37\text{a})\quad \begin{cases} \mathfrak{J}_2 = -\mathfrak{J}_1\,, \\ \mathfrak{J} = \mathfrak{J}_1 + \mathfrak{J}_2 = 0\,. \end{cases}$$

Wir haben somit folgendes Resultat:

Das über eine beliebige Fläche O erstreckte Integral

$$(38)\qquad \mathfrak{J} = \iint \left[\frac{\partial \alpha}{\partial \zeta}\cos(N, \eta) - \frac{\partial \alpha}{\partial \eta}\cos(N, \zeta)\right] do\,,$$

in dem die Funktion α den oben genannten Bedingungen genügt, ist gleich dem über die Randkurve c von O erstreckten Linienintegral

$$(38')\qquad \int\limits_c \alpha \cos(s\,, \xi)\, ds\,.$$

Falls O eine geschlossene Fläche ist, hat $\mathfrak{J}$ den Wert Null.

Dem Resultat können wir noch zwei analoge an die Seite stellen, die dadurch entstehen, daß man die Achsen ξ, η, ζ miteinander vertauscht. Damit die Kurve c jedesmal in demselben Sinne durchlaufen wird, ist erforderlich, daß die Vertauschung von ξ, η, ζ zyklisch geschieht, so daß ξ, η, ζ übergehen in η, ζ, ξ, resp. ζ, ξ, η. Nimmt man zugleich an Stelle der Funktion α andere Funktionen, die denselben Bedingungen wie α genügen, so lauten die zu (38) und (38') analogen Relationen:

$$(38a)\quad \begin{cases} \displaystyle\iint\left[\frac{\partial\beta}{\partial\xi}\cos(N,\zeta)-\frac{\partial\beta}{\partial\zeta}\cos(N,\xi)\right]do=\int\limits_c\beta\cos(s,\eta)\,ds\,, \\ \displaystyle\iint\left[\frac{\partial\gamma}{\partial\eta}\cos(N,\xi)-\frac{\partial\gamma}{\partial\xi}\cos(N,\eta)\right]do=\int\limits_c\gamma\cos(s,\zeta)\,ds\,. \end{cases}$$

Da in allen drei Linienintegralen c in demselben Sinne durchlaufen wird, kann man, wenn man die drei Gleichungen (38), (38a) addiert, die Summe der Integrale als ein Integral schreiben. Dadurch erhält man das sogenannte Stokessche Theorem:

$$(39)\quad \begin{cases} \displaystyle\iint\limits_O\left\{\left(\frac{\partial\gamma}{\partial\eta}-\frac{\partial\beta}{\partial\zeta}\right)\cos(N,\xi)+\left(\frac{\partial\alpha}{\partial\zeta}-\frac{\partial\gamma}{\partial\xi}\right)\cos(N,\eta)\right. \\ \displaystyle\qquad\qquad\left.+\left(\frac{\partial\beta}{\partial\xi}-\frac{\partial\alpha}{\partial\eta}\right)\cos(N,\zeta)\right\}do \\ \displaystyle\quad=\int\limits_c[\alpha\cos(s,\xi)+\beta\cos(s,\eta)+\gamma\cos(s,\zeta)]\,ds\,. \end{cases}$$

Hierin ist das Doppelintegral über die Fläche O, das einfache Integral über ihre Randkurve c zu erstrecken; und falls die Fläche O geschlossen ist, ist der Wert des links stehenden Integrals gleich Null.

Mittels dieses Satzes ergibt sich nun die Richtigkeit des oben benutzten Hilfssatzes [Gleichung (26c), S. 164]. Denn das durch die erste Gleichung (21) definierte Integral J hat die Form der linken Seite von (39), und zwar ist, damit die linke Seite von (39) mit J identisch wird, zu setzen:

$$(40)\quad \alpha=0\,,\quad \beta=-\frac{\mu(\zeta-z)}{\varrho^3}\,,\quad \gamma=\frac{\mu(\eta-y)}{\varrho^3}\,.$$

Wenn der Punkt $A(x, y, z)$ außerhalb der Fläche O liegt, sind α, β, γ und ihre Ableitungen an dieser Fläche eindeutige, endliche und stetige Funktionen von ξ, η, ζ. Das Stokessche Theorem ergibt daher:

$$(41)\quad J=\int\limits_c\mu[(\eta-y)\cos(s,\zeta)-(\zeta-z)\cos(s,\eta)]\frac{ds}{\varrho^3}\,,$$

während für eine geschlossene Fläche $J = 0$ ist. Die Gleichung (41) gilt, wie nahe auch der Punkt A der Fläche O liegen mag, wenn er nur außerhalb liegt. Für zwei Punkte A_+, A_-, die auf verschiedenen Seiten von O und dabei demselben Flächenpunkte A_0 unendlich nahe liegen, sind, falls nur nicht A_0 der Randkurve c unendlich nahe liegt, die Werte von

$$\mu[(\eta - y)\cos(s, \zeta) - (\zeta - z)\cos(s, \eta)] \cdot \frac{1}{\varrho^3},$$

endlich, und diese Werte unterscheiden sich für A_+ und A_- nur um unendlich Kleines. Das gleiche gilt daher für das Integral (41), d. h.

$$\lim(J^+ - J^-) = 0. \tag{42}$$

War die Fläche O geschlossen, so ist $J^+ = 0$ und $J^- = 0$, daher gilt erst recht Gleichung (42). Damit ist die S. 164 benutzte Hilfsformel (26c) bewiesen.

III. Abschnitt.

Potential und Anziehung homogener Ellipsoide.

Kapitel 1.

Das Potential und die Anziehungskomponenten homogener Ellipsoide für Punkte der Masse.

Die Berechnung der Anziehung der Ellipsoide gehört zu den berühmtesten mathematischen Problemen; hat es doch seit Newtons Zeiten die Mathematiker mehr als irgend ein anderes der Integralrechnung beschäftigt. Eine befriedigende Lösung hat die Aufgabe erst am Anfange des neunzehnten Jahrhunderts gefunden, und im Laufe jenes Jahrhunderts sind die verschiedensten Methoden zur Lösung aufgestellt, von denen die wichtigsten die von Laplace, Ivory, Gauß, Dirichlet, Chasles*) und aus der zweiten Hälfte des vorigen Jahrhunderts die von Mertens**) und die von Heine angegebene, von seinem Schüler Züge***) durchgeführte sind.

Wir wollen bei der Darstellung teils Laplace, teils Ivory folgen.

a) Das Potential ist eine Funktion zweiter Ordnung der Koordinaten.

Den angezogenen Punkt A nehmen wir zunächst als innerhalb des Ellipsoids liegend an und bezeichnen seine Koordinaten, bezogen auf die drei Hauptachsen der Fläche als Koordinatenachsen, mit x, y, z. Sind ξ, η, ζ die

*) Die Arbeiten der genannten Autoren sind, mit Anmerkungen und Erläuterungen versehen, vom Verf. in Heft 19 der Klassiker der exakten Wissenschaften herausgegeben, Leipzig 1890.

**) Crelles Journ. f. Math., Bd. 70.

***) Mathematische Annalen, Bd. 10.

Koordinaten eines beliebigen anziehenden Punktes, k die konstante Dichtigkeit, so ist

$$V = k\iiint \frac{d\xi\, d\eta\, d\zeta}{\sqrt{(\xi - x)^2 + (\eta - y)^2 + (\zeta - z)^2}} \,. \tag{1}$$

Zur Berechnung von V führen wir räumliche Polarkoordinaten ein, deren Anfangspunkt A ist, d. h. wir setzen

$$\begin{cases} \xi = x + \varrho \sin\vartheta \cos\varphi\,, \quad \eta = y + \varrho \sin\vartheta \sin\varphi\,, \\ \zeta = z + \varrho \cos\vartheta\,. \end{cases} \tag{2}$$

Das Volumenelement wird dann

$$d\xi\, d\eta\, d\zeta = \varrho^2\, d\varrho \sin\vartheta\, d\vartheta\, d\varphi \tag{2a}$$

und daher

$$V = k\iiint \varrho\, d\varrho \sin\vartheta\, d\vartheta\, d\varphi\,. \tag{3}$$

Die Integration nach ϱ nehmen wir zur inneren. Dann ist, da A innerhalb des Ellipsoids liegt, von $\varrho = 0$ an bis zu demjenigen Wert ϱ_1 des Radius zu integrieren, der einem beliebigen an der Oberfläche des Ellipsoids gelegenen Punkte B_1 entspricht. Denken wir uns ferner um A eine Kugel mit dem Radius 1 beschrieben, so trifft jeder von A nach der Ellipsoidoberfläche gezogene Radius auch die Kugel, und den sämtlichen Punkten der Ellipsoidoberfläche entsprechen sämtliche Punkte der Kugel. Die Grenzen für ϑ und φ werden daher dieselben wie bei der Integration über die Oberfläche einer Kugel. Somit wird

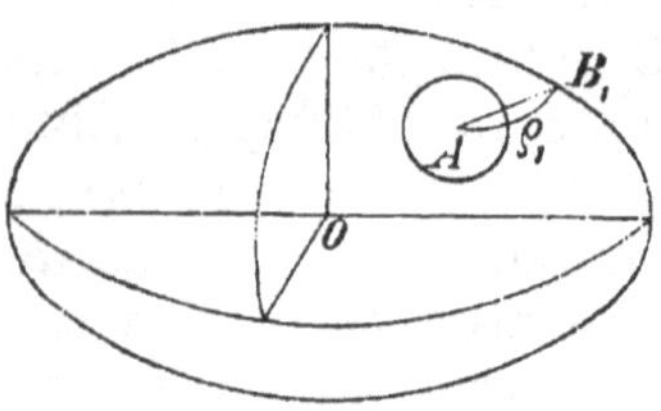

Fig. 28.

$$\begin{aligned} V &= k\int_0^{2\pi} d\varphi \int_0^{\pi} \sin\vartheta\, d\vartheta \int_0^{\varrho_1} \varrho\, d\varrho \\ &= \tfrac{1}{2} k \int_0^{2\pi}\int_0^{\pi} \varrho_1^2 \sin\vartheta\, d\vartheta\, d\varphi\,. \end{aligned} \tag{3a}$$

Um ϱ_1 als Funktion von ϑ und φ zu bestimmen, benutzen wir die Flächengleichung

$$\frac{\xi^2}{a^2} + \frac{\eta^2}{b^2} + \frac{\zeta^2}{c^2} = 1 \tag{4}$$

oder, wenn ξ, η, ζ nach (2) durch Polarkoordinaten ausgedrückt werden und beachtet wird, daß für Punkte der Ellipsoidfläche ϱ den Wert ϱ_1 hat:

$$(4a) \quad \left\{ \begin{aligned} &\frac{(x + \varrho_1 \sin\vartheta \cos\varphi)^2}{a^2} + \frac{(y + \varrho_1 \sin\vartheta \sin\varphi)^2}{b^2} \\ &\qquad + \frac{(z + \varrho_1 \cos\vartheta)^2}{c^2} = 1 . \end{aligned} \right.$$

Das gibt für ϱ_1 die quadratische Gleichung:

$$(5) \qquad L\varrho_1^2 + 2M\varrho_1 - N = 0 ,$$

wobei zur Abkürzung gesetzt ist:

$$(5a) \quad \left\{ \begin{aligned} L &= \frac{\sin^2\vartheta \cos^2\varphi}{a^2} + \frac{\sin^2\vartheta \sin^2\varphi}{b^2} + \frac{\cos^2\vartheta}{c^2} , \\ M &= \frac{x \sin\vartheta \cos\varphi}{a^2} + \frac{y \sin\vartheta \sin\varphi}{b^2} + \frac{z \cos\vartheta}{c^2} , \\ N &= 1 - \frac{x^2}{a^2} - \frac{y^2}{b^2} - \frac{z^2}{c^2} . \end{aligned} \right.$$

Der Koeffizient L ist als Summe dreier Quadrate stets positiv und kann nie verschwinden, N ist ebenfalls positiv, da der Punkt x, y, z innerhalb des Ellipsoids liegt. Das Produkt der beiden Wurzeln der quadratischen Gleichung (5) ist demnach negativ, beide Wurzeln sind also reell und die eine positiv, die andere negativ. Von den beiden Wurzeln ist hier die positive zu nehmen, da bei räumlichen Polarkoordinaten (vgl. S. 18) nur positive Werte des Abstandes vom Anfangspunkte in Betracht kommen. [Die negative Wurzel würde der entgegengesetzten Richtung entsprechen, die aber ohnedies berücksichtigt wird, wenn ϑ alle Werte von 0 bis π, φ alle von 0 bis 2π durchläuft.] Die positive Wurzel von (5) ist nun

$$\varrho_1 = \frac{-M + \sqrt{M^2 + LN}}{L} ,$$

und somit geht (3a) über in:

$$(3b) \quad V = \frac{1}{2} k \int_0^{2\pi}\int_0^{\pi} \left\{ \frac{2M^2}{L^2} + \frac{N}{L} - \frac{2M\sqrt{M^2 + LN}}{L^2} \right\} \sin\vartheta \, d\vartheta \, d\varphi .$$

Die rechte Seite von (3b) läßt sich erheblich vereinfachen. Zunächst ist

$$\int_0^{2\pi}\int_0^{\pi} \frac{M\sqrt{M^2+LN}}{L^2} \sin\vartheta\, d\vartheta\, d\varphi = 0\,. \tag{6}$$

Denn für 2 Wertepaare von ϑ, φ, die entgegengesetzten Richtungen entsprechen, d. h. für ϑ, φ einerseits, $\pi-\vartheta$, $\pi+\varphi$ andererseits hat M denselben absoluten Wert, aber entgegengesetztes Vorzeichen, während M^2, L und $\sin\vartheta$ für beide Wertepaare denselben Wert haben, ebenso N, das von ϑ und φ unabhängig ist. Für die betrachteten Wertepaare hat somit die zu integrierende Funktion denselben absoluten Wert, aber entgegengesetztes Vorzeichen. In der Summe, deren Grenzwert das Integral ist, heben sich daher je zwei Summanden auf, und das Integral erhält den Wert 0.

Aus ähnlichen Überlegungen ergeben sich folgende Gleichungen:

$$\text{(6a)}\quad \begin{cases} \displaystyle\int_0^{2\pi}\int_0^{\pi} \frac{\sin^2\vartheta \sin\varphi\cos\varphi}{L^2} \sin\vartheta\, d\vartheta\, d\varphi = 0\,, \\ \displaystyle\int_0^{2\pi}\int_0^{\pi} \frac{\sin\vartheta\cos\vartheta\cos\varphi}{L^2} \sin\vartheta\, d\vartheta\, d\varphi = 0\,, \\ \displaystyle\int_0^{2\pi}\int_0^{\pi} \frac{\sin\vartheta\cos\vartheta\sin\varphi}{L^2} \sin\vartheta\, d\vartheta\, d\varphi = 0\,. \end{cases}$$

Man braucht in dem ersten Integral nur die Wertepaare ϑ, φ und ϑ, $2\pi-\varphi$, im zweiten und dritten die Wertepaare ϑ, φ und ϑ, $\pi+\varphi$ zusammenzufassen, um die Richtigkeit der Gleichungen (6a) zu erkennen.

Nun zerfällt das Integral

$$\int_0^{2\pi}\int_0^{\pi} \frac{M^2}{L^2} \sin\vartheta\, d\vartheta\, d\varphi\,,$$

wenn man den Wert von M aus (5a) einsetzt, in die Summe von 6 Integralen, und wegen (6a) verschwinden von diesen diejenigen drei, welche die Faktoren xy, xz, yz haben; es bleiben nur die Integrale übrig, welche die Faktoren x^2, y^2, z^2 haben. Daher geht die Gleichung (3b), wenn man für M und N die Ausdrücke (5a) einsetzt, in folgende über:

$$\left\{\begin{aligned} V = \frac{1}{2}k\int_0^{2\pi}\!\!\int_0^{\pi}\Bigg\{&\frac{2}{L^2}\left[\frac{x^2\sin^2\vartheta\cos^2\varphi}{a^4}+\frac{y^2\sin^2\vartheta\sin^2\varphi}{b^4}+\frac{z^2\cos^2\vartheta}{c^4}\right]\\ &+\frac{1-\frac{x^2}{a^2}-\frac{y^2}{b^2}-\frac{z^2}{c^2}}{L}\Bigg\}\sin\vartheta\,d\vartheta\,d\varphi\,. \end{aligned}\right. \tag{7}$$

Da x, y, z weder in L, noch in den Grenzen des Integrals vorkommen, so erkennt man, daß V eine Funktion zweiten Grades von x, y, z ist, die nur die Quadrate dieser Größen enthält, d. h. daß V die Form hat:

$$V = V_0 - V_1 x^2 - V_2 y^2 - V_3 z^2\,; \tag{8}$$

und die hier auftretenden Koeffizienten haben die Werte:

$$\left\{\begin{aligned} V_0 &= \frac{1}{2}k\int_0^{2\pi}\!\!\int_0^{\pi}\frac{\sin\vartheta\,d\vartheta\,d\varphi}{L}\,,\\ V_1 &= \frac{1}{2}k\left\{\frac{1}{a^2}\int_0^{2\pi}\!\!\int_0^{\pi}\frac{\sin\vartheta\,d\vartheta\,d\varphi}{L}-\frac{2}{a^4}\int_0^{2\pi}\!\!\int_0^{\pi}\frac{\sin^2\vartheta\cos^2\varphi}{L^2}\sin\vartheta\,d\vartheta\,d\varphi\right\},\\ V_2 &= \frac{1}{2}k\left\{\frac{1}{b^2}\int_0^{2\pi}\!\!\int_0^{\pi}\frac{\sin\vartheta\,d\vartheta\,d\varphi}{L}-\frac{2}{b^4}\int_0^{2\pi}\!\!\int_0^{\pi}\frac{\sin^2\vartheta\sin^2\varphi}{L^2}\sin\vartheta\,d\vartheta\,d\varphi\right\},\\ V_3 &= \frac{1}{2}k\left\{\frac{1}{c^2}\int_0^{2\pi}\!\!\int_0^{\pi}\frac{\sin\vartheta\,d\vartheta\,d\varphi}{L}-\frac{2}{c^4}\int_0^{2\pi}\!\!\int_0^{\pi}\frac{\cos^2\vartheta}{L^2}\sin\vartheta\,d\vartheta\,d\varphi\right\}. \end{aligned}\right. \tag{8a}$$

b) Beziehungen zwischen den Koeffizienten von V. Folgerungen.

Die Koeffizienten V_1, V_2, V_3 lassen sich nun in einfacher Weise durch V_0 ausdrücken. Es ist nämlich

$$\frac{\partial V_0}{\partial a} = \frac{-1}{2} k \int_0^{2\pi}\int_0^{\pi} \frac{\sin\vartheta\, d\vartheta\, d\varphi}{L^2} \frac{\partial L}{\partial a}$$

oder mit Berücksichtigung des Ausdruckes (5a) für L:

$$\frac{\partial V_0}{\partial a} = +\frac{1}{2} k \int_0^{2\pi}\int_0^{\pi} \frac{\sin\vartheta\, d\vartheta\, d\varphi}{L^2} \cdot \frac{2\sin^2\vartheta\cos^2\varphi}{a^3} \,.$$

Demnach wird

$$(9) \qquad V_1 = \frac{1}{a^2} V_0 - \frac{1}{a}\frac{\partial V_0}{\partial a} = -\frac{\partial\left(\frac{1}{a} V_0\right)}{\partial a} \,,$$

und entsprechend wird

$$(9\text{a}) \qquad V_2 = -\frac{\partial\left(\frac{1}{b} V_0\right)}{\partial b} \,, \qquad V_3 = -\frac{\partial\left(\frac{1}{c} V_0\right)}{\partial c} \,.$$

Von den in unserem Resultat auftretenden Integralen brauchen wir somit nur V_0 zu ermitteln, während sich V_1, V_2, V_3 daraus durch einfache Differentiation ergeben.

Ehe wir an die weitere Reduktion des Integrals V_0 gehen, wollen wir aus den bisherigen Resultaten zwei wichtige Schlüsse ziehen.

Die Komponenten der Anziehung, welche das homogene Ellipsoid auf einen inneren Punkt ausübt, sind, da V_0, V_1, V_2, V_3 von x, y, z unabhängig sind, nach (8):

$$(10) \quad X = \frac{\partial V}{\partial x} = -2V_1 x \,, \quad Y = -2V_2 y \,, \quad Z = -2V_3 z \,.$$

Die anziehende Kraft ist daher

$$(10\text{a}) \qquad K = 2\sqrt{V_1^2 x^2 + V_2^2 y^2 + V_3^2 z^2} \,,$$

und die Richtungskosinus derselben sind

$$(10\text{b}) \qquad \frac{-2V_1 x}{K}, \qquad \frac{-2V_2 y}{K}, \qquad \frac{-2V_3 z}{K}.$$

Aus (10a) geht hervor, daß der Mittelpunkt des Ellipsoids keine Anziehung erleidet, was übrigens auch geometrisch sofort einzusehen ist, da für diesen je zwei symmetrisch liegende Massenteilchen vorhanden sind, die eine Anziehung von gleicher Größe und entgegengesetzter Richtung ausüben. Drücken wir ferner die Koordinaten des angezogenen Punktes durch seinen Abstand r vom Mittelpunkte und die Richtungskosinus α, β, γ von r aus:

$$x = r\alpha, \qquad y = r\beta, \qquad z = r\gamma,$$

so wird

$$K = 2r\sqrt{V_1^2\alpha^2 + V_2^2\beta^2 + V_3^2\gamma^2} = 2rK_1,$$

und die Richtungskosinus von K werden

$$\frac{-V_1\alpha}{K_1}, \qquad \frac{-V_2\beta}{K_1}, \qquad \frac{-V_3\gamma}{K_1}.$$

Diese Richtungskosinus haben, ebenso wie K_1, für alle Punkte desselben Radius denselben Wert, und wir haben somit den Satz:

Die Anziehungskräfte, die von einem homogenen Ellipsoid auf zwei Punkte eines vom Mittelpunkt ausgehenden Radius ausgeübt werden, sind parallel und verhalten sich wie die Abstände der Punkte vom Mittelpunkte.

Aus den Ausdrücken für V_1, V_2, V_3 können wir ferner noch folgendes schließen. Aus (5a) folgt:

$$a^2 L = \sin^2\vartheta\cos^2\varphi + \frac{a^2}{b^2}\sin^2\vartheta\sin^2\varphi + \frac{a^2}{c^2}\cos^2\vartheta.$$

Die Größen $a^2 L$ und $a^4 L^2$ sind daher nur von den Verhältnissen $\frac{a^2}{b^2}$ und $\frac{a^2}{c^2}$ der Hauptachsen abhängig, ebenso $b^2 L$, $c^2 L$, $b^4 L^2$, $c^4 L^2$. Nach (8a) hängen daher auch die Koeffizienten V_1, V_2, V_3, in denen ja a, b, c nur in den genannten Verbindungen $a^2 L$, $a^4 L^2$ usw. auftreten, lediglich von den Achsenverhältnissen $\frac{a}{b}$, $\frac{a}{c}$ ab. Wenn daher zwei Ellipsoide E, E' denselben Mittelpunkt, dieselben Richtungen und dasselbe Verhältnis der Hauptachsen besitzen [man nennt solche Ellipsoide ähnlich und ähnlich liegend*) oder homothetisch], so üben nach (10) beide auf einen Punkt im Inneren des kleineren Ellipsoids Anziehungen von gleicher Größe und Richtung aus, vorausgesetzt, daß beide mit Masse von derselben konstanten Dichtigkeit gefüllt sind. Die Differenzen der derselben Achse parallelen Anziehungskomponenten von E und E' sind also gleich Null, d. h. die zwischen den Ellipsoidflächen E und E' gelegene Schale übt auf einen Punkt des inneren hohlen Raumes keine Anziehung aus. Wir fassen das Resultat zusammen in den Satz:

> Eine von zwei ähnlichen und ähnlich liegenden konzentrischen Ellipsoiden begrenzte homogene Schale übt auf einen Punkt des inneren Hohlraumes gar keine Anziehung aus.

---

*) Der Name ähnlich rechtfertigt sich dadurch, daß irgend zwei Durchmesser beider Ellipsoide von gleicher Richtung stets dasselbe Größenverhältnis haben.

Beweis. Von dem gemeinsamen Mittelpunkte O beider Ellipsoide ziehe man einen Halbmesser, dessen Richtungskosinus α, β, γ seien, während seine Längen bis zum Schnitt mit den beiden Ellipsoiden mit ϱ und ϱ' bezeichnet werden mögen. Der Endpunkt von ϱ hat die rechtwinkligen Koordinaten $\varrho\alpha$, $\varrho\beta$, $\varrho\gamma$, und da er auf dem Ellipsoid mit den Achsen a, b, c liegt, so ist

$$\frac{\varrho^2\alpha^2}{a^2} + \frac{\varrho^2\beta^2}{b^2} + \frac{\varrho^2\gamma^2}{c^2} = 1$$

oder

$$\frac{a^2}{\varrho^2} = \alpha^2 + \beta^2\frac{a^2}{b^2} + \gamma^2\frac{a^2}{c^2}.$$

Ebenso ist

$$\frac{a'^2}{\varrho'^2} = \alpha^2 + \beta^2\frac{a'^2}{b'^2} + \gamma^2\frac{a'^2}{c'^2},$$

und da

$$\frac{a}{a'} = \frac{b}{b'} = \frac{c}{c'},$$

so folgt

$$\frac{\varrho}{\varrho'} = \frac{a}{a'};$$

und das gilt für jede beliebige Richtung α, β, γ.

Zusatz. Haben die ähnlichen Ellipsoide E und E' verschiedene Mittelpunkte, aber parallele Achsen, und liegt E' ganz innerhalb E, so sind die Anziehungskomponenten von E durch (10) bestimmt, während die von E'

$$-2V_1x', \quad -2V_2y', \quad -2V_3z'$$

sind, wo x', y', z' die Koordinaten des angezogenen Punktes für die Achsen von E' als Koordinatenachsen sind, x, y, z die Koordinaten desselben Punktes für die Achsen von E als Koordinatenachsen. Sind nun x_0, y_0, z_0 die Koordinaten des Mittelpunktes von E', bezogen auf die Achsen von E, so ist, da die Achsen von E und E' parallel sind,

$$x' = x - x_0, \quad y' = y - y_0, \quad z' = z - z_0.$$

Daher haben die Differenzen der Anziehungskomponenten beider Ellipsoide die Werte

$$-2V_1x_0, \quad -2V_2y_0, \quad -2V_3z_0;$$

und diese Differenzen, die von den Koordinaten des angezogenen Punktes unabhängig sind, sind die Anziehungskomponenten der von E und E' begrenzten Schale, also:

> Satz. Die von zwei ähnlichen Ellipsoiden mit parallelen Achsen, aber verschiedenen Mittelpunkten begrenzte homogene Schale übt auf Punkte im inneren Hohlraum eine Anziehung von konstanter Größe und konstanter Richtung aus.

c) Weitere Reduktion der Koeffizienten.

Wir wenden uns nun zu dem Integral V_0 [erste Gleichung (8a)] zurück. Da in L nur die Quadrate von $\sin\vartheta$, $\cos\vartheta$, $\sin\varphi$, $\cos\varphi$ auftreten, so geben die acht Oktanten der Kugelfläche vom Radius 1 gleiche Beträge zu dem Integral. Es genügt daher, die Integration über einen Kugeloktanten auszudehnen und dann mit 8 zu multiplizieren. Setzt man noch für L seinen Wert aus (5a) ein, so wird

$$V_0 = 4k \int_0^{\frac{1}{2}\pi}\int_0^{\frac{1}{2}\pi} \frac{\sin\vartheta\, d\vartheta\, d\varphi}{\frac{\sin^2\vartheta\cos^2\varphi}{a^2} + \frac{\sin^2\vartheta\sin^2\varphi}{b^2} + \frac{\cos^2\vartheta}{c^2}},$$

oder wenn wir im letzten Summanden noch den Faktor $\cos^2\varphi + \sin^2\varphi$, der ja $= 1$ ist, hinzufügen, die Glieder mit $\cos^2\varphi$ und $\sin^2\varphi$ zusammenfassen und die Integration nach φ als innere nehmen:

$$(11)\quad V_0 = 4k\int_0^{\frac{1}{2}\pi}\sin\vartheta\, d\vartheta\int_0^{\frac{1}{2}\pi}\frac{d\varphi}{\left(\frac{\sin^2\vartheta}{a^2}+\frac{\cos^2\vartheta}{c^2}\right)\cos^2\varphi+\left(\frac{\sin^2\vartheta}{b^2}+\frac{\cos^2\vartheta}{c^2}\right)\sin^2\varphi}.$$

Die Integration nach φ läßt sich ausführen, da

$$(12)\quad \int_0^{\frac{1}{2}\pi}\frac{d\varphi}{m\cos^2\varphi+n\sin^2\varphi}\, d\varphi = \frac{\frac{1}{2}\pi}{\sqrt{m\,n}}$$

ist, vorausgesetzt, daß m und n positive reelle Größen sind*). Durch Anwendung von (12) geht (11) in folgende Gleichung über:

$$(11a)\quad V_0 = 2\pi k\int_0^{\frac{1}{2}\pi}\frac{\sin\vartheta\, d\vartheta}{\sqrt{\left(\frac{\sin^2\vartheta}{a^2}+\frac{\cos^2\vartheta}{c^2}\right)\left(\frac{\sin^2\vartheta}{b^2}+\frac{\cos^2\vartheta}{c^2}\right)}}.$$

Das übrigbleibende Integral ist ein elliptisches Integral der ersten Gattung, das man leicht auf die Normalform der elliptischen Integrale zurückführen kann, und zwar, falls $a > b > c$ ist, durch die Substitution

$$\cos\vartheta = \frac{c}{\sqrt{a^2-c^2}}\operatorname{tg}\lambda\,.$$

---

*) Die Hilfsformel (12) ergibt sich sehr einfach dadurch, daß statt φ eine neue Integrationsvariable ψ einführt, indem man

$$\sqrt{\frac{n}{m}}\operatorname{tang}\varphi = \operatorname{tang}\psi$$

setzt, und beachtet, daß, wenn φ von 0 bis $\frac{1}{2}\pi$ variiert, dasselbe auch mit ψ der Fall ist.

Dann ergibt sich

$$V_0 = 2\pi k \frac{abc}{\sqrt{a^2 - c^2}} \int_0^{\lambda_1} \frac{d\lambda}{\sqrt{1 - \frac{a^2 - b^2}{a^2 - c^2} \sin^2 \lambda}},$$

wo

$$\operatorname{tg} \lambda_1 = \frac{\sqrt{a^2 - c^2}}{c}$$

ist.

Indessen ist diese Form für unsere Untersuchung nicht zweckmäßig, da in ihr die Achsen a, b, c nicht symmetrisch auftreten; außerdem würde die Ausführung der Differentiation nach a, b, c umständlich werden, da auch die obere Grenze des Integrals von a und c abhängt. Um eine in bezug auf a, b, c symmetrische Form für V_0 zu erhalten, geben wir der Gleichung (11a), indem wir in jedem Faktor des Nenners $\frac{\cos^2 \vartheta}{c^2}$ heraussetzen, die Form:

$$\text{(11b)} \qquad V_0 = 2\pi k \int_0^{\frac{1}{2}\pi} \frac{\sin \vartheta \cdot c^2 \frac{d\vartheta}{\cos^2 \vartheta}}{\sqrt{\left(\frac{c^2}{a^2} \operatorname{tg}^2 \vartheta + 1\right)\left(\frac{c^2}{b^2} \operatorname{tg}^2 \vartheta + 1\right)}}.$$

Weiter führen wir eine neue Integrationsveränderliche s ein durch die Substitution

$$\text{(13)} \qquad c \operatorname{tg} \vartheta = \sqrt{s},$$

woraus

$$\sin \vartheta = \frac{\sqrt{s}}{\sqrt{c^2 + s}}, \qquad \frac{c\, d\vartheta}{\cos^2 \vartheta} = \frac{ds}{2\sqrt{s}}$$

folgt, während die Grenzen für s werden: $s = 0$ und $s = \infty$.

Dadurch geht der Ausdruck (11b) in folgenden über:

$$(14)\qquad \begin{cases} V_0 = \pi k \displaystyle\int_0^\infty \frac{\frac{c}{\sqrt{c^2+s}}\,ds}{\sqrt{\left(\frac{s}{a^2}+1\right)\left(\frac{s}{b^2}+1\right)}} \\ \quad = a\,b\,c\,\pi\,k \displaystyle\int_0^\infty \frac{ds}{\sqrt{(a^2+s)(b^2+s)(c^2+s)}}\,. \end{cases}$$

Hieraus folgt mittels der Gleichung (9):

$$(14\text{a})\quad V_1 = -\frac{\partial\left(\frac{1}{a}V_0\right)}{\partial a} = a\,b\,c\,\pi\,k \int_0^\infty \frac{ds}{(a^2+s)\sqrt{(a^2+s)(b^2+s)(c^2+s)}}\,,$$

und analoge Ausdrücke ergeben sich für V_2 und V_3. Setzt man diese Ausdrücke in (8) ein, setzt dabei die Faktoren x^2, y^2, z^2 unter die betreffenden Integralzeichen und ersetzt die Summe der vier Integrale durch das Integral der Summe, so erhält man

$$(15)\quad V = \pi k a b c \int_0^\infty \frac{ds}{\sqrt{(a^2+s)(b^2+s)(c^2+s)}}\left\{1 - \frac{x^2}{a^2+s} - \frac{y^2}{b^2+s} - \frac{z^2}{c^2+s}\right\}.$$

Übrigens ist der Koeffizient

$$\pi\,k\,a\,b\,c = \tfrac{3}{4}\,M\,,$$

falls M die Masse des Ellipsoids ist.

Für die Anziehungskomponenten erhält man aus (15):

$$(15\text{a})\quad X = -2\,\pi\,k\,a\,b\,c\,x \int_0^\infty \frac{ds}{(a^2+s)\sqrt{(a^2+s)(b^2+s)(c^2+s)}}\,,$$

und analog Y und Z.

Auch aus (15a) kann man den Satz S. 182 ableiten. Führt man nämlich an Stelle von s eine neue Integrationsvariable ein, indem man

$$s = a^2 t$$

setzt, so sieht man, daß X nur von den Achsenverhältnissen $\frac{a}{b}$, $\frac{c}{b}$ abhängt.

Die zweiten Ableitungen von V sowie der Ausdruck für ΔV sollen später untersucht werden.

Aus den für das dreiachsige Ellipsoid abgeleiteten Formeln (15), (15a) ergeben sich leicht die entsprechenden Formeln für das verlängerte und das verkürzte Rotationsellipsoid. Man sieht dabei, daß, wenn zwei der drei Achsen a, b, c einander gleich werden, die elliptischen Integrale sich auf elementare Transzendenten (Logarithmen, resp. zyklometrische Funktionen) reduzieren. Wir wollen an dieser Stelle nur darauf hinweisen und die Ausführung der Rechnungen auf später verschieben, wo wir die entsprechende Aufgabe für äußere Punkte zu behandeln haben werden.

Kapitel 2.

Die Anziehungskomponenten homogener Ellipsoide für äußere Punkte.

Das Verfahren, das bei der Bestimmung des Potentials für innere Punkte zum Ziele führt, würde bei äußeren Punkten auf große Schwierigkeiten stoßen. Dieselben rühren daher, daß, wenn man Polarkoordinaten einführt, deren Anfangspunkt der angezogene Punkt A ist, die Grenzen der Integration nach ϑ und φ nicht mehr konstant sind. Denn denken wir uns wieder um A eine Kugel vom Radius 1 beschrieben, so trifft nicht jeder Kugelradius auch das Ellipsoid. Die Integration nach ϑ und φ ist deshalb nicht mehr über die ganze Kugelfläche zu erstrecken, sondern nur über den Teil, der aus der Kugelfläche ausgeschnitten wird durch den von A an das Ellipsoid gelegten Tangentialkegel. Die Bestimmung der Integrationsgrenzen gestaltet sich dadurch umständlich und schwierig. Daher

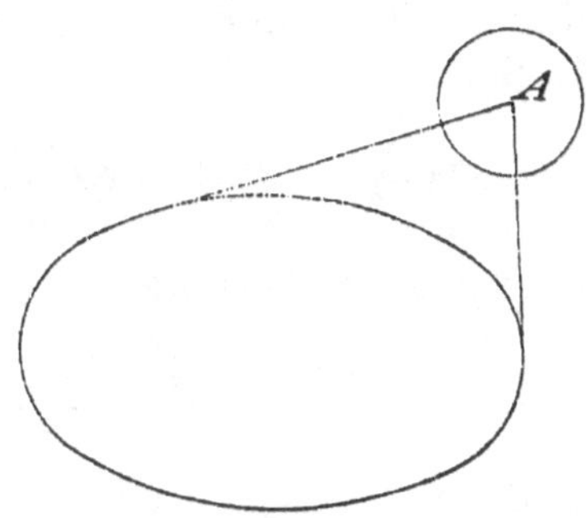

Fig. 29.

schlagen wir für äußere Punkte einen andern Weg ein als für innere, und zwar wollen wir unsere Aufgabe nach der Methode von Ivory erledigen.

a) Begriff der konfokalen Ellipsoide. Bestimmung des zu einem gegebenen konfokalen Ellipsoids, das durch einen gegebenen Punkt geht.

Wenn zwei Ellipsen konfokal sind, d. h. dieselben Brennpunkte besitzen, so haben sie auch denselben Mittelpunkt, dieselben Achsenrichtungen und außerdem dieselbe Differenz der Quadrate der Achsen.

Zwei Ellipsoide heißen konfokal, wenn ihre Hauptschnitte konfokale Ellipsen sind. Auch konfokale Ellipsoide müssen daher denselben Mittelpunkt und dieselben Achsenrichtungen besitzen; und sind ihre Gleichungen

$$(1) \qquad \frac{\xi^2}{a^2}+\frac{\eta^2}{b^2}+\frac{\zeta^2}{c^2}=1\,, \qquad \frac{\xi^2}{a'^2}+\frac{\eta^2}{b'^2}+\frac{\zeta^2}{c'^2}=1\,,$$

so muß

$$a^2-b^2=a'^2-b'^2,\quad a^2-c^2=a'^2-c'^2,\quad b^2-c^2=b'^2-c'^2$$

sein, d. h.

$$(1\text{a}) \qquad a'^2-a^2=b'^2-b^2=c'^2-c^2\,.$$

Daß zwei konfokale Ellipsoide keinen Punkt gemeinsam haben können, ergibt sich so. Die Koordinaten ξ, η, ζ des gemeinsamen Punktes müßten beiden Gleichungen (1), daher auch der daraus durch Subtraktion entstehenden Gleichung

$$\xi^2\left(\frac{1}{a^2}-\frac{1}{a'^2}\right)+\eta^2\left(\frac{1}{b^2}-\frac{1}{b'^2}\right)+\zeta^2\left(\frac{1}{c^2}-\frac{1}{c'^2}\right)=0$$

genügen. Diese kann man wegen (1a) so schreiben:

$$(a'^2-a^2)\left[\frac{\xi^2}{a^2a'^2}+\frac{\eta^2}{b^2b'^2}+\frac{\zeta^2}{c^2c'^2}\right]=0\,,$$

und man sieht, daß, da $a'^2-a^2 \gtrless 0$ ist, sie nur durch $\xi=0$, $\eta=0$, $\zeta=0$ befriedigt wird. $\xi=0$, $\eta=0$, $\zeta=0$ aber genügen keiner der beiden Gleichungen (1).

Wir wenden uns nun der Aufgabe zu, ein zu dem Ellipsoid

$$\frac{\xi^2}{a^2}+\frac{\eta^2}{b^2}+\frac{\zeta^2}{c^2}=1$$

konfokales zu bestimmen, das durch einen gegebenen Punkt x, y, z geht. Sind a', b', c' die Achsen des gesuchten Ellipsoids und setzt man

(1b) $$a'^2 = a^2 + \sigma ,$$

so wird wegen (1a)

(1c) $$b'^2 = b^2 + \sigma , \qquad c'^2 = c^2 + \sigma ,$$

und da der Punkt x, y, z auf dem Ellipsoid mit den Achsen a', b', c' liegen soll, so haben wir zur Bestimmung von σ die Gleichung

(2) $$\frac{x^2}{a^2+\sigma} + \frac{y^2}{b^2+\sigma} + \frac{z^2}{c^2+\sigma} = 1 .$$

Das ist eine Gleichung dritten Grades für σ. Um die Lage ihrer Wurzeln zu ermitteln, untersuchen wir die Funktion

(3) $$f(\lambda) = \frac{x^2}{a^2+\lambda} + \frac{y^2}{b^2+\lambda} + \frac{z^2}{c^2+\lambda} - 1$$

und nehmen dabei $a > b > c$ an.

Für $\lambda = +\infty$ ist $f(\lambda) = -1$. Liegt ferner der Punkt x, y, z außerhalb des gegebenen Ellipsoids, so ist

$$\frac{x^2}{a^2} + \frac{y^2}{b^2} + \frac{z^2}{c^2} > 1 ,$$

daher wird $f(\lambda) > 0$ für $\lambda = 0$. $f(\lambda)$ wechselt also zwischen $\lambda = \infty$ und $\lambda = 0$ mindestens einmal das Vorzeichen, und da $f(\lambda)$ für keinen positiven Wert von λ unendlich wird, kann der Zeichenwechsel nur dadurch zustande kommen, daß $f(\lambda) = 0$ wird; d. h. mindestens eine Wurzel der Gleichung (2) liegt zwischen 0 und ∞.

Wir betrachten ferner den Wert $\lambda = -c^2 + \varepsilon$, wo ε eine sehr kleine positive Größe bezeichnet. Für ihn wird

$$f(\lambda) = \frac{x^2}{a^2 - c^2 + \varepsilon} + \frac{y^2}{b^2 - c^2 + \varepsilon} + \frac{z^2}{\varepsilon} - 1 .$$

Für sehr kleine ε wird $\dfrac{z^2}{\varepsilon}$ sehr groß; es überwiegt über die übrigen Summanden, und daher wird $f(\lambda) > 0$. Ebenso erkennt man, daß für $\lambda = -c^2 - \varepsilon'$, wo ε' wieder eine kleine positive Größe ist, $f(\lambda)$ negativ wird. Der Zeichenwechsel ist hier dadurch entstanden, daß für $\lambda = -c^2$ $f(\lambda) = \infty$ wird. Betrachten wir noch ebenso die Werte $\lambda = -b^2 + \varepsilon_1$, $\lambda = -b^2 - \varepsilon_1'$, $\lambda = -a^2 + \varepsilon_2$, $\lambda = -a^2 - \varepsilon_2'$, so erhalten wir für die zugehörigen Vorzeichen von $f(\lambda)$ folgende Tabelle:

λ	∞	0	$-c^2+\varepsilon$	$-c^2-\varepsilon'$	$-b^2+\varepsilon_1$	$-b^2-\varepsilon_1'$	$-a^2+\varepsilon_2$	$-a^2-\varepsilon_2'$	$-\infty$
$f(\lambda)$	$-$	$+$	$+$	$-$	$+$	$-$	$+$	$-$	$-$

Die Tabelle zeigt, daß, wenn λ alle Werte von $+\infty$ bis $-\infty$ durchläuft, $f(\lambda)$ sechs Zeichenwechsel erleidet. Von diesen rühren drei davon her, daß $f(\lambda)$ für die Werte $-c^2$, $-b^2$, $-a^2$ von λ durch Unendlich geht. Die übrigen Zeichenwechsel, die in den Intervallen $\infty \ldots 0$, $-c^2 \ldots -b^2$, $-b^2 \ldots -a^2$ liegen, können, da sich $f(\lambda)$ in diesen Intervallen kontinuierlich ändert, nur dadurch entstehen, daß $f(\lambda) = 0$ wird. Ferner kann es in jedem der genannten Intervalle nur einen Wert von λ geben, für den $f(\lambda) = 0$ wird; denn $f(\lambda)$ ist ein Bruch, dessen Zähler und Nenner vom dritten Grade in λ sind, und eine Funktion dritten Grades kann nicht für mehr als drei Werte des Arguments verschwinden. Die Werte von λ, für die $f(\lambda)$ verschwindet, sind zugleich Wurzeln der Gleichung (2). Diese Gleichung hat daher drei reelle Wurzeln, eine positive und zwei negative. Doch nur für eine von diesen Wurzeln, die positive, ist die zu bestimmende Fläche ein Ellipsoid. Denn für die zweite Wurzel, die zwischen $-c^2$ und $-b^2$ liegt, wird $c^2 + \sigma$ negativ, während $b^2 + \sigma$ und $a^2 + \sigma$ positiv sind. Die Fläche

$$\frac{\xi^2}{a^2+\sigma} + \frac{\eta^2}{b^2+\sigma} + \frac{\zeta^2}{c^2+\sigma} = 1$$

ist daher ein einschaliges Hyperboloid. Für die zweite negative Wurzel, die zwischen $-a^2$ und $-b^2$ liegt, ist sie ein zweischaliges Hyperboloid, und nur für die positive Wurzel von (2) ist die Fläche ein Ellipsoid. Wir haben daher das Resultat:

Durch einen Punkt x, y, z außerhalb eines gegebenen Ellipsoids kann man stets ein und nur ein zu diesem konfokales Ellipsoid legen; seine Achsen sind $\sqrt{a^2+\sigma}$, $\sqrt{b^2+\sigma}$, $\sqrt{c^2+\sigma}$, und σ ist die positive Wurzel der Gleichung (2).

Zusatz. Liegt der Punkt x, y, z nicht außerhalb, sondern innerhalb des gegebenen Ellipsoids mit den Achsen a, b, c, so hat die Gleichung (2) drei reelle negative Wurzeln, die in den Intervallen $0 \ldots -c^2$; $-c^2 \ldots -b^2$; $-b^2 \ldots -a^2$ liegen. Nur der ersten Wurzel entspricht ein Ellipsoid.

b) Korrespondierende Punkte konfokaler Ellipsoide. Ivorys geometrischer Satz.

Korrespondierend nennt man zwei Punkte auf den Oberflächen zweier konfokalen Ellipsoide dann, wenn ihre Koordinaten sich wie die entsprechenden Achsen verhalten. Ist also ξ, η, ζ ein Punkt des Ellipsoids mit den Achsen a, b, c, ξ', η', ζ' der korrespondierende Punkt des konfokalen Ellipsoids mit den Achsen a', b', c', so ist

$$(4) \qquad \frac{\xi}{a}=\frac{\xi'}{a'}, \qquad \frac{\eta}{b}=\frac{\eta'}{b'}, \qquad \frac{\zeta}{c}=\frac{\zeta'}{c'}.$$

Für den Fall, daß die konfokalen Ellipsoide in konzentrische Kugeln übergehen, liegen je zwei korrespondierende Punkte mit dem Kugelmittelpunkt in gerader Linie. In diesem Spezialfall gilt nun folgender, durch einfache elementar-geometrische Betrachtungen zu beweisender Satz: Nimmt man auf jeder von zwei konzentrischen Kugeln je einen Punkt beliebig an, so ist ihr Abstand gleich dem Abstand der korrespondierenden Punkte.

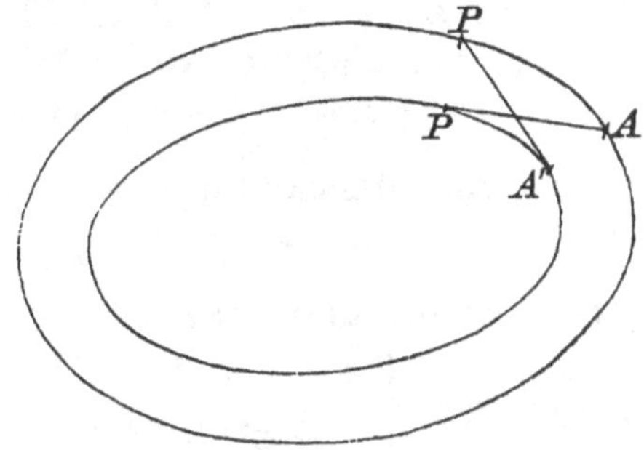

Fig. 30.

Ein analoger Satz gilt, wie Ivory gezeigt hat, auch für konfokale Ellipsoide. Es sei $P(\xi, \eta, \zeta)$ ein beliebiger Punkt des Ellipsoids mit den Achsen a, b, c, $A(x, y, z)$ ein beliebiger Punkt des konfokalen Ellipsoids mit den Achsen a', b', c', ferner sei $P'(\xi', \eta', \zeta')$ der korrespondierende

Punkt zu P auf dem zweiten, $A'(x', y', z')$ der korrespondierende Punkt zu A auf dem ersten Ellipsoid, so ist

$$PA = P'A'.$$

Beweis: Es ist

$$(5)\quad \left\{\begin{aligned} \overline{PA}^2 &= (\xi - x)^2 + (\eta - y)^2 + (\zeta - z)^2 \\ &= x^2 + y^2 + z^2 + \xi^2 + \eta^2 + \zeta^2 - 2(\xi x + \eta y + \zeta z), \\ \overline{P'A'}^2 &= x'^2 + y'^2 + z'^2 + \xi'^2 + \eta'^2 + \zeta'^2 \\ &\quad - 2(\xi' x' + \eta' y' + \zeta' z'). \end{aligned}\right.$$

Zwischen $\xi, \eta, \zeta, \ \xi', \eta', \zeta'$ bestehen die Relationen (4), während für $x, y, z, \ x', y', z'$ die Gleichungen gelten:

$$(4\text{a})\qquad \frac{x}{a'} = \frac{x'}{a}, \qquad \frac{y}{b'} = \frac{y'}{b}, \qquad \frac{z}{c'} = \frac{z'}{c}.$$

Aus (4) und (4a) folgt:

$$(4\text{b})\qquad \xi x = \xi' x', \qquad \eta y = \eta' y', \qquad \zeta z = \zeta' z'.$$

Ferner folgt aus (4a):

$$x'^2 + y'^2 + z'^2 = \frac{a^2 x^2}{a'^2} + \frac{b^2 y^2}{b'^2} + \frac{c^2 z^2}{c'^2}$$

$$= x^2 + y^2 + z^2 - (a'^2 - a^2)\frac{x^2}{a'^2} - (b'^2 - b^2)\frac{y^2}{b'^2} - (c'^2 - c^2)\frac{z^2}{c'^2},$$

also wegen (1a)

$$(4\text{c})\quad x'^2 + y'^2 + z'^2 = x^2 + y^2 + z^2 - (a'^2 - a^2)\cdot\left[\frac{x^2}{a'^2} + \frac{y^2}{b'^2} + \frac{z^2}{c'^2}\right].$$

Da nun x, y, z auf dem Ellipsoid a', b', c' liegt, so ist in (4c) der Faktor von $a'^2 - a^2$ gleich 1, mithin

$$(6)\qquad x'^2 + y'^2 + z'^2 = x^2 + y^2 + z^2 - (a'^2 - a^2).$$

Ganz ebenso folgt aus (4):

$$(6\text{a})\qquad \xi'^2 + \eta'^2 + \zeta'^2 = \xi^2 + \eta^2 + \zeta^2 - (a^2 - a'^2)$$

und aus (6) und (6a)

$$(6\text{b})\qquad \left\{\begin{aligned} & x'^2 + y'^2 + z'^2 + \xi'^2 + \eta'^2 + \zeta'^2 \\ & = x^2 + y^2 + z^2 + \xi^2 + \eta^2 + \zeta^2. \end{aligned}\right.$$

Setzt man (4b) und (6b) in die zweite Gleichung (5) ein, so wird die rechte Seite derselben gleich der rechten Seite der ersten Gleichung, d. h.

$$\overline{PA}^2 = \overline{P'A'}^2.$$

Satz. Die Entfernung zweier beliebigen Punkte, die auf den Oberflächen zweier konfokalen Ellipsoide liegen, ist gleich der Entfernung ihrer korrespondierenden Punkte.

c) Ivoryscher Satz über die Anziehung konfokaler Ellipsoide.

Die X-Komponente der Anziehung, welche ein homogenes Ellipsoid mit den Achsen a, b, c auf einen äußeren Punkt $A(x, y, z)$ ausübt, ist nach den allgemeinen Grundformeln:

$$(7) \qquad X = k\iiint \frac{(\xi - x)\,d\xi\,d\eta\,d\zeta}{\varrho^3} = -k\iiint \frac{\partial \frac{1}{\varrho}}{\partial \xi}\,d\xi\,d\eta\,d\zeta\,,$$

wobei über das Volumen des Ellipsoids zu integrieren ist. Die Integration nach ξ läßt sich ausführen, und zwar sind die Grenzen für ξ durch die Gleichung des Ellipsoids bestimmt:

$$\xi_1 = -a\sqrt{1 - \frac{\eta^2}{b^2} - \frac{\zeta^2}{c^2}}\,, \qquad \xi_2 = +a\sqrt{1 - \frac{\eta^2}{b^2} - \frac{\xi^2}{c^2}}\,.$$

Es wird also, wenn wir die Werte, die ϱ für $\xi = \xi_2$ und $\xi = \xi_1$ annimmt, mit ϱ_2 und ϱ_1 bezeichnen:

$$(7\text{a}) \qquad X = -k\iint\left(\frac{1}{\varrho_2} - \frac{1}{\varrho_1}\right)d\eta\,d\zeta\,.$$

ϱ_1 und ϱ_2 sind die Abstände des angezogenen Punktes A von den beiden Punkten P_1 und P_2, in denen das Ellipsoid von einer durch den Punkt η, ζ der $\eta\zeta$-Ebene zu der ξ-Achse gelegten Parallelen geschnitten wird; und die Integration in (7a) ist über den Hauptschnitt $\eta\zeta$ des Ellipsoids zu erstrecken.

Übrigens mag hier gleich bemerkt werden, daß die Gleichung (7a) auch für den Fall gültig bleibt, daß der angezogene Punkt innerhalb des anziehenden Ellipsoids liegt. Denn (7a) ist ein Spezialfall der allgemeinen Gleichung (12a), S. 71, und von dieser Gleichung ist die Gültigkeit auch für innere Punkte gezeigt.

Wir legen nun durch A das zu dem gegebenen konfokale Ellipsoid, nennen seine Achsen a', b', c' und bestimmen auf diesem die korrespondierenden Punkte P_1', P_2' zu P_1, P_2, ebenso zu A den korrespondierenden Punkt A' auf dem gegebenen Ellipsoid. Dann ist:

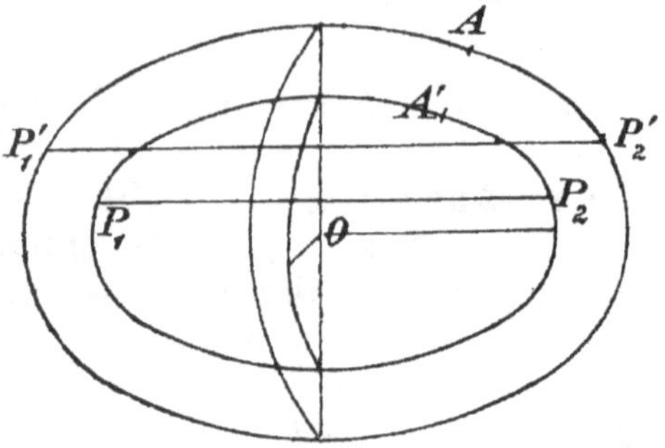

Fig. 31.

$$AP_1 = A'P_1',$$
$$AP_2 = A'P_2',$$

und die Punkte P_1', P_2' liegen ebenso wie die Punkte P_1, P_2 auf einer Parallelen zur Achse ξ. Wie nun AP_1 und AP_2 mit ϱ_1 und ϱ_2 bezeichnet waren, so mögen $A'P_1'$ und $A'P_2'$ mit ϱ_1' und ϱ_2' bezeichnet werden. Wir haben dann

$$(8) \qquad \varrho_1 = \varrho_1' \quad \text{und} \quad \varrho_2 = \varrho_2',$$

und ϱ_1' und ϱ_2' sind die Abstände des Punktes A' von den Punkten P_1', P_2' des konfokalen Ellipsoids, in denen dieses von einer durch den Punkt η', ζ' der $\eta\zeta$-Ebene zu ξ gelegten Parallelen getroffen wird, falls η', ζ' die korrespondierenden Werte von η, ζ sind.

In (7a) war die Integration nach η und ζ über den Hauptschnitt $\eta\zeta$ des gegebenen Ellipsoids zu erstrecken. Führen wir an Stelle von η, ζ die Veränderlichen η', ζ' mittels der Gleichungen

$$(8\text{a}) \qquad \eta = \frac{b}{b'}\eta', \qquad \zeta = \frac{c}{c'}\zeta', \qquad d\eta\, d\zeta = \frac{b\,c}{b'c'}\, d\eta'\, d\zeta'$$

ein, so ist die Integration nach η', ζ' über den Hauptschnitt $\eta'\zeta'$ des konfokalen Ellipsoids zu erstrecken, und (7a) geht über in:

$$(9) \qquad X = -\frac{b\,c}{b'c'}\, k\iint d\eta'\, d\zeta' \left(\frac{1}{\varrho_2'} - \frac{1}{\varrho_1'}\right).$$

Nun hat in (9) der Ausdruck

$$(10) \qquad -k\iint d\eta'\, d\zeta' \left(\frac{1}{\varrho_2'} - \frac{1}{\varrho_1'}\right)$$

dieselbe Form wie die rechte Seite von (7a), nur daß an Stelle des Ellipsoids a, b, c das konfokale Ellipsoid a', b', c' auftritt und an Stelle des angezogenen Punktes A der

Punkt A'. Der Ausdruck (10) ist also, da Gleichung (7a) auch für innere Punkte gilt, die X-Komponente der Anziehung, welche das Ellipsoid a', b', c' auf den Punkt x', y', z' ausübt. Bezeichnen wir diesen Ausdruck mit X', so geht (9) über in

$$(11) \qquad X = \frac{b\,c}{b'\,c'} X' \qquad \text{oder} \qquad \frac{X}{X'} = \frac{b\,c}{b'\,c'}\,.$$

Die Gleichung (11) enthält den Ivoryschen Satz, der sich, da analoge Gleichungen auch für die Y- und Z-Komponenten gelten, folgendermaßen in Worte fassen läßt:

Ivoryscher Satz. Die parallel einer und derselben Hauptachse genommenen Komponenten der Anziehung, die einerseits ein homogenes Ellipsoid auf einen beliebigen Punkt der Oberfläche eines konfokalen, und die andererseits dieses konfokale Ellipsoid bei gleicher Dichtigkeit auf den korrespondierenden Punkt der Oberfläche des ersten Ellipsoids ausübt, verhalten sich wie die Produkte der zu der Komponentenrichtung senkrechten Hauptachsen beider Ellipsoide.

d) Anziehungskomponenten des homogenen Ellipsoids für äußere Punkte.

Durch das Ivorysche Theorem ist die Anziehung, die ein Ellipsoid auf einen äußeren Punkt ausübt, zurückgeführt auf die Anziehung eines andern Ellipsoids auf einen innern Punkt. Der in (11) auftretende Ausdruck X' ist nach Gleichung (15a), S. 186:

$$X' = -2\pi k\, a'\, b'\, c'\, x' \int\limits_0^\infty \frac{ds'}{(a'^2+s')\sqrt{(a'^2+s')(b'^2+s')(c'^2+s')}},$$

und hierin ist

$$a'^2 = a^2 + \sigma\,, \qquad b'^2 = b^2 + \sigma\,, \qquad c'^2 = c^2 + \sigma$$

zu setzen, wo σ die positive Wurzel der Gleichung (2), S. 189, ist; denn das zu dem gegebenen konfokale Ellipsoid mit den Achsen a', b', c' geht durch den Punkt $A(x, y, z)$. Ferner ist nach (4a):

$$a'\,x' = a\,x\,.$$

Mithin folgt aus (11):

$$(11\text{a})\quad X = -2\pi k a b c x \int_0^\infty \frac{ds'}{(a^2+\sigma+s')\sqrt{(a^2+\sigma+s')(b^2+\sigma+s')(c^2+\sigma+s')}}.$$

Hier führe man an Stelle von s' eine neue Integrationsvariable ein:

$$s' + \sigma = s,$$

so wird

$$(12)\quad X = -2\pi k a b c x \int_\sigma^\infty \frac{ds}{(a^2+s)\sqrt{(a^2+s)(b^2+s)(c^2+s)}},$$

und analog werden

$$(12\text{a})\quad \begin{cases} Y = -2\pi k a b c y \displaystyle\int_\sigma^\infty \frac{ds}{(b^2+s)\sqrt{(a^2+s)(b^2+s)(c^2+s)}}, \\ Z = -2\pi k a b c z \displaystyle\int_\sigma^\infty \frac{ds}{(c^2+s)\sqrt{(a^2+s)(b^2+s)(c^2+s)}}. \end{cases}$$

Die Anziehungskomponenten für äußere Punkte unterscheiden sich somit von denen für innere Punkte [(15a), S. 186] nur dadurch, daß die untere Grenze der auftretenden elliptischen Integrale nicht mehr $= 0$ ist, sondern $= \sigma$, wo σ die positive Wurzel der Gleichung (2) ist.

Kapitel 3.

Das Potential homogener Ellipsoide für äußere Punkte.

a) Ermittelung des Ausdrucks für das Potential.

Um das Potential zu bestimmen, d. h. eine Funktion V, deren partielle Ableitungen nach x, y, z die Werte X, Y, Z annehmen, vergleichen wir die Form der Anziehungskomponenten für innere und äußere Punkte. Für innere Punkte war nach (10), S. 180:

$$\frac{\partial V}{\partial x} = -2V_1 x, \qquad \frac{\partial V}{\partial y} = -2V_2 y, \qquad \frac{\partial V}{\partial z} = -2V_3 z,$$

und da hier V_1, V_2, V_3 konstant sind, so folgt sofort:

$$V = -V_1 x^2 - V_2 y^2 - V_3 z^2 + C\,,$$

wo C eine Konstante bezeichnet.

Für äußere Punkte tritt folgender Unterschied ein. Die in (12) und (12a), S. 196, auftretenden Integrale sind transzendente Funktionen von σ, also auch, da σ durch Gleichung (2), S. 189, bestimmt wird, transzendente Funktionen von x, y, z. Bezeichnen wir die mit $\pi k a b c$ multiplizierten Integrale daher mit $f_1(x, y, z)$, $f_2(x, y, z)$, $f_3(x, y, z)$, so wird:

$$(1)\quad \begin{cases} \dfrac{\partial V}{\partial x} = -2x f_1(x, y, z)\,, \qquad \dfrac{\partial V}{\partial y} = -2y f_2(x, y, z)\,, \\ \qquad\qquad \dfrac{\partial V}{\partial z} = -2z f_3(x, y, z)\,. \end{cases}$$

Um hieraus die Form von V zu ermitteln, betrachten wir zunächst den speziellen Fall $y = 0$, $z = 0$. Dann wird:

$$\frac{\partial V}{\partial x} = -2x f_1(x)\,, \qquad \frac{\partial V}{\partial y} = 0\,, \qquad \frac{\partial V}{\partial z} = 0\,,$$

daher

$$V = -x^2 f_1(x) + \int x^2 \frac{d f_1(x)}{dx}\, dx = -x^2 f_1(x) + \varphi(x)\,,$$

d. h. einfach: bei teilweiser Integration ist statt der Integrationskonstante eine zu bestimmende Funktion von x hinzuzufügen. Analoge Überlegungen, auf die allgemeinen Gleichungen (1) angewandt, führen zu dem Ansatze:

$$(2)\quad \begin{cases} V = -x^2 f_1(x, y, z) - y^2 f_2(x, y, z) \\ \qquad -z^2 f_3(x, y, z) + F(x, y, z)\,. \end{cases}$$

Damit aus (2) die Gleichungen (1) folgen, muß

$$(3)\quad \begin{cases} \dfrac{\partial F(x, y, z)}{\partial x} = x^2 \dfrac{\partial f_1(x, y, z)}{\partial x} + y^2 \dfrac{\partial f_2(x, y, z)}{\partial x} \\ \qquad\qquad + z^2 \dfrac{\partial f_3(x, y, z)}{\partial x} \end{cases}$$

sein, wozu noch zwei analoge Gleichungen für $\frac{\partial F}{\partial y}$ und $\frac{\partial F}{\partial z}$ kommen. Nun sind f_1, f_2, f_3 die (mit $\pi k a b c$ multiplizierten) Integrale, die in (12) und (12a), S. 196, auftreten. Diese hängen direkt nur von σ ab, von x, y, z nur insofern, als σ von x, y, z abhängt. Es ist daher:

$$\frac{\partial f_1(x, y, z)}{\partial x} = \frac{d f_1(x, y, z)}{d\sigma} \frac{\partial \sigma}{\partial x} \quad \text{usw.}$$

Ferner ist:

$$f_1(x, y, z) = \pi k a b c \int_\sigma^\infty \frac{ds}{(a^2 + s)\sqrt{(a^2 + s)(b^2 + s)(c^2 + s)}},$$

daher

$$\frac{d f_1(x, y, z)}{d\sigma} = -\frac{\pi k a b c}{(a^2 + \sigma)\sqrt{(a^2 + \sigma)(b^2 + \sigma)(c^2 + \sigma)}}.$$

Ähnliche Ausdrücke erhält man für $\frac{d f_2(x, y, z)}{d\sigma}$ und $\frac{d f_3(x, y, z)}{d\sigma}$; und somit geht die Gleichung (3) in folgende über:

$$(4) \quad \begin{cases} \dfrac{\partial F(x, y, z)}{\partial x} \\ = -\dfrac{\pi k a b c}{\sqrt{(a^2 + \sigma)(b^2 + \sigma)(c^2 + \sigma)}} \left[\dfrac{x^2}{a^2 + \sigma} + \dfrac{y^2}{b^2 + \sigma} + \dfrac{z^2}{c^2 + \sigma}\right] \dfrac{\partial \sigma}{\partial x}, \end{cases}$$

und da σ der Gleichung (2), S. 189, genügt, ist die in der Klammer stehende Summe $= 1$, d. h. es ist:

$$(4\text{a}) \quad \frac{\partial F(x, y, z)}{\partial x} = \frac{-\pi k a b c}{\sqrt{(a^2 + \sigma)(b^2 + \sigma)(c^2 + \sigma)}} \cdot \frac{\partial \sigma}{\partial x}.$$

Ebenso wird:

$$(4\text{b}) \quad \begin{cases} \dfrac{\partial F(x, y, z)}{\partial y} = \dfrac{-\pi k a b c}{\sqrt{(a^2 + \sigma)(b^2 + \sigma)(c^2 + \sigma)}} \cdot \dfrac{\partial \sigma}{\partial y}, \\ \dfrac{\partial F(x, y, z)}{\partial z} = \dfrac{-\pi k a b c}{\sqrt{(a^2 + \sigma)(b^2 + \sigma)(c^2 + \sigma)}} \cdot \dfrac{\partial \sigma}{\partial z}. \end{cases}$$

Aus (4a) und (4b) folgt sofort:

$$F(x, y, z) = -\pi k a b c \int \frac{d\sigma}{\sqrt{(a^2+\sigma)(b^2+\sigma)(c^2+\sigma)}} + C,$$

ein Resultat, daß wir so schreiben:

$$(5)\quad F(x,y,z) = -\pi k a b c \left[\int \frac{ds}{\sqrt{(a^2+s)(b^2+s)(c^2+s)}}\right]_{s=\sigma} + C.$$

Zur Bestimmung der Konstante C ist zu beachten, daß, wenn der angezogene Punkt ins Unendliche rückt, V verschwinden muß, die rechte Seite von Gleichung (2), S. 197, muß dann also ebenfalls $= 0$ werden. Nun ist:

$$(6)\quad \begin{cases} x^2 f_1(x, y, z) + y^2 f_2(x, y, z) + z^2 f_3(x, y, z) \\ = \pi k a b c \int\limits_\sigma^\infty \frac{ds}{\sqrt{(a^2+s)(b^2+s)(c^2+s)}} \left[\frac{x^2}{a^2+s} + \frac{y^2}{b^2+s} + \frac{z^2}{c^2+s}\right]. \end{cases}$$

Rückt der angezogene Punkt ins Unendliche, so werden die drei Achsen des durch ihn gelegten, zu dem gegebenen konfokalen Ellipsoids unendlich groß, also $\sigma = \infty$. In dem letzten Integral wird die untere Grenze der oberen gleich, also wird das Integral $= 0$, d. h.

$$x^2 f_1 + y^2 f_2 + z^2 f_3$$

wird $= 0$. Damit V verschwindet, ist also noch nötig, daß für $\sigma = \infty$ $F(x, y, z) = 0$ wird. Das gibt nach (5) die Bedingung:

$$0 = -\pi k a b c \left[\int \frac{ds}{\sqrt{(a^2+s)(b^2+s)(c^2+s)}}\right]_{s=\infty} + C,$$

und somit wird:

$$F(x, y, z) = \pi k a b c \left\{\left[\int \frac{ds}{\sqrt{(a^2+s)(b^2+s)(c^2+s)}}\right]_{s=\infty} - \left[\int \frac{ds}{\sqrt{(a^2+s)(b^2+s)(c^2+s)}}\right]_{s=\sigma}\right\},$$

oder:

$$(7)\quad F(x, y, z) = \pi k a b c \int\limits_\sigma^\infty \frac{ds}{\sqrt{(a^2+s)(b^2+s)(c^2+s)}}.$$

Mittels der Gleichungen (6) und (7) geht der Ausdruck (2) von V in folgenden über:

$$(8)\quad V = \pi k a b c \int_{\sigma}^{\infty} \frac{ds}{\sqrt{(a^2+s)(b^2+s)(c^2+s)}} \left\{1 - \frac{x^2}{a^2+s} - \frac{y^2}{b^2+s} - \frac{z^2}{c^2+s}\right\}.$$

Das Potential des homogenen Ellipsoids für äußere Punkte unterscheidet sich daher von dem für innere Punkte lediglich durch die untere Integrationsgrenze.

b) Verifikation der Resultate mittels der Dirichletschen charakteristischen Eigenschaften.

Unabhängig von der bisherigen Ableitung der Resultate wollen wir zeigen, daß dieselben den Dirichletschen charakteristischen Bedingungen genügen und damit einen zweiten Beweis für dieselben führen.

Wir betrachten eine Funktion V_i, die für Punkte x, y, z innerhalb des Ellipsoids mit den Achsen a, b, c den Wert hat:

$$(\mathrm{I})\quad V_i = \pi k a b c \int_{0}^{\infty} \frac{ds}{\sqrt{(a^2+s)(b^2+s)(c^2+s)}} \left\{1 - \frac{x^2}{a^2+s} - \frac{y^2}{b^2+s} - \frac{z^2}{c^2+s}\right\}$$

(k konstant), während für Punkte x, y, z außerhalb jenes Ellipsoids

$$(\mathrm{II})\quad V_a = \pi k a b c \int_{\sigma}^{\infty} \frac{ds}{\sqrt{(a^2+s)(b^2+s)(c^2+s)}} \left\{1 - \frac{x^2}{a^2+s} - \frac{y^2}{b^2+s} - \frac{z^2}{c^2+s}\right\}$$

ist, wo σ die positive Wurzel der Gleichung

$$(\mathrm{IIa})\qquad \frac{x^2}{a^2+\sigma} + \frac{y^2}{b^2+\sigma} + \frac{z^2}{c^2+\sigma} = 1$$

bezeichnet. Es ist zu zeigen, daß die Ausdrücke (I) und (II) die charakteristischen Eigenschaften des Potentials jenes homogenen Ellipsoids besitzen.

Zunächst ist zu zeigen, daß V_a und V_i stets endliche Werte besitzen. Zu dem Zwecke betrachten wir das Integral:

$$J = \int_{0}^{\infty} \frac{ds}{\sqrt{(a^2+s)(b^2+s)(c^2+s)}},$$

wo ω eine große Zahl bezeichnet. Ist $a > b > c$, so ist:

(9) $$\frac{1}{\sqrt{(a^2+s)(b^2+s)(c^2+s)}} < \frac{1}{\left(\sqrt{c^2+s}\right)^3},$$

daher:

$$J < \int_0^\omega \frac{ds}{\left(\sqrt{c^2+s}\right)^3}, \quad \text{d. h.:}\ J < \frac{2}{c} - \frac{2}{\sqrt{c^2+\omega}}.$$

Daraus erkennt man, daß, wenn die obere Grenze $\omega = \infty$ wird, das Integral J doch einen endlichen Wert behält; und dieselbe Betrachtung läßt sich auf die übrigen in (I) auftretenden Integrale anwenden. Nehmen wir in J zur unteren Grenze σ statt 0, so wird:

$$J < \frac{2}{\sqrt{c^2+\sigma}} - \frac{2}{\sqrt{c^2+\omega}}.$$

J hat also ebenfalls für $\omega = \infty$ einen endlichen Wert, und ebenso die übrigen Integrale in (II). Da ferner die zu integrierenden Funktionen innerhalb der Grenzen stets endlich sind, so sind auch V_i und V_a für beliebige endliche Werte von x, y, z stets endlich.

Daß sich weiter V_i und V_a mit x, y, z kontinuierlich ändern, folgt für V_i daraus, daß es eine ganze Funktion zweiten Grades von x, y, z ist. Für V_a beachte man, daß eine unendlich kleine Änderung von x, y, z auch eine unendlich kleine Änderung der positiven Wurzel σ der Gleichung (IIa) zur Folge hat. Bei einer unendlich kleinen Änderung von x, y, z erfährt daher sowohl die zu integrierende Funktion, als die untere Grenze des Integrals in (II) eine unendlich kleine Änderung, damit auch das Integral selbst, also ist auch V_a eine kontinuierliche Funktion von x, y, z.

Rückt der angezogene Punkt x, y, z von außen an die Ellipsoidoberfläche, so wird:

$$\frac{x^2}{a^2} + \frac{y^2}{b^2} + \frac{z^2}{c^2} = 1,$$

mithin wird die positive Wurzel der Gleichung (IIa) in diesem Falle $\sigma = 0$. Die Werte von V_a schließen sich daher an der Ellipsoidoberfläche kontinuierlich an die von V_i an.

Die Ausdrücke für V_i und V_a zusammen stellen also eine im ganzen Raume endliche und kontinuierliche Funktion von x, y, z dar.

Um das Verhalten von V_a im Unendlichen zu untersuchen, beachten wir, daß in (II) der Faktor

$$1 - \frac{x^2}{a^2+s} - \frac{y^2}{b^2+s} - \frac{z^2}{c^2+s}$$

für die untere Grenze $s = \sigma$ verschwindet, für die obere Grenze $s = \infty$ den Wert 1 und für jedes innerhalb der Grenzen gelegene s einen Wert zwischen 0 und 1 hat. Setzen wir für diesen Faktor 1, so wird die zu integrierende Funktion zu groß, und es wird:

$$V_a < \pi k a b c \int_\sigma^\infty \frac{ds}{\sqrt{(a^2+s)(b^2+s)(c^2+s)}},$$

nach (9) daher für $a > b > c$ erst recht

$$V_a < \pi k a b c \int_\sigma^\infty \frac{ds}{(\sqrt{c^2+s})^3},$$

d. h.:

$$V_a < \frac{2\pi k a b c}{\sqrt{c^2+\sigma}}$$

und

(9a) $$|x V_a| < 2\pi k a b c \left|\frac{x}{\sqrt{a^2+\sigma}}\right| \frac{\sqrt{a^2+\sigma}}{\sqrt{c^2+\sigma}}.$$

Ferner ist wegen der Gleichung (IIa):

$$\left|\frac{x}{\sqrt{a^2+\sigma}}\right| < 1, \quad \text{höchstens} = 1,$$

mithin:

(9b) $$|x V_a| < 2\pi k a b c \frac{\sqrt{a^2+\sigma}}{\sqrt{c^2+\sigma}}.$$

Die Ungleichung (9a) gilt für jede Lage des angezogenen Punktes, wie weit sich derselbe auch von dem anziehenden

Ellipsoid entferne. Rückt der angezogene Punkt ins Unendliche, so wird wegen (IIa) auch $\sigma = \infty$ und

$$\lim_{\sigma=\infty} |x V_a| < 2\pi k a b c\,,$$

d. h. auch wenn der angezogene Punkt ins Unendliche rückt, bleibt der absolute Wert von $x V_a$ endlich.

Untersuchen wir nun die Ableitungen von V_a und V_i. Es wird:

$$\frac{\partial V_a}{\partial x} = -2\pi k a b c x \int_\sigma^\infty \frac{ds}{(a^2+s)\sqrt{(a^2+s)(b^2+s)(c^2+s)}}$$

$$-\frac{\pi k a b c}{\sqrt{(a^2+\sigma)(b^2+\sigma)(c^2+\sigma)}} \left\{1 - \frac{x^2}{a^2+\sigma} - \frac{y^2}{b^2+\sigma} - \frac{z^2}{c^2+\sigma}\right\} \frac{\partial \sigma}{\partial x}\,,$$

also wegen (IIa):

$$(10)\qquad \frac{\partial V_a}{\partial x} = -2\pi k a b c x \int_\sigma^\infty \frac{ds}{(a^2+s)\sqrt{(a^2+s)(b^2+s)(c^2+s)}}\,,$$

während

$$(10a)\qquad \frac{\partial V_i}{\partial x} = -2\pi k a b c x \int_0^\infty \frac{ds}{(a^2+s)\sqrt{(a^2+s)(b^2+s)(c^2+s)}}$$

ist. Genau wie bei V_a und V_i selbst folgt aus diesen Ausdrücken, daß sie überall endlich und kontinuierlich sind, daß sich auch beim Durchgang durch die Ellipsoidoberfläche die Werte von $\frac{\partial V_a}{\partial x}$ und $\frac{\partial V_i}{\partial x}$ kontinuierlich aneinander anschließen. Aus (10) folgt ferner, falls wieder $a > b > c$ ist:

$$\left| x^2 \frac{\partial V_a}{\partial x} \right| < 2\pi k a b c |x^3| \int_\sigma^\infty \frac{ds}{(\sqrt{c^2+s})^5}\,,$$

d. h.:

$$\left| x^2 \frac{\partial V_a}{\partial x} \right| < \frac{4}{3}\pi \frac{k a b c |x^3|}{(\sqrt{c^2+\sigma})^3}$$

und, da $\left|\frac{x}{\sqrt{a^2+\sigma}}\right| < 1$, weiter:

$$(11) \qquad \left| x^2 \frac{\partial V_a}{\partial x} \right| < \frac{4}{3} \pi k a b c \left(\frac{\sqrt{a^2+\sigma}}{\sqrt{c^2+\sigma}} \right)^3 .$$

Aus (11) sieht man, daß, wenn der angezogene Punkt ins Unendliche rückt, also $\sigma = \infty$ wird, der absolute Wert von $x^2 \frac{\partial V}{\partial x}$ endlich bleibt.

Wir wenden uns nunmehr den zweiten Ableitungen von V zu. Zuvor bemerken wir, daß durch Differentiation von (IIa) folgt:

$$(12) \quad \frac{2x}{a^2+\sigma} - \left[\frac{x^2}{(a^2+\sigma)^2} + \frac{y^2}{(b^2+\sigma)^2} + \frac{z^2}{(c^2+\sigma)^2} \right] \frac{\partial \sigma}{\partial x} = 0 .$$

Daher wird

$$(13) \left\{ \begin{aligned} \frac{\partial^2 V_a}{\partial x^2} &= -2\pi k a b c \int_\sigma^\infty \frac{ds}{(a^2+s)\sqrt{(a^2+s)(b^2+s)(c^2+s)}} \\ &\quad + \frac{2\pi k a b c x \frac{\partial \sigma}{\partial x}}{(a^2+\sigma)\sqrt{(a^2+\sigma)(b^2+\sigma)(c^2+\sigma)}} , \\ &= -2\pi k a b c \int_\sigma^\infty \frac{ds}{(a^2+s)\sqrt{(a^2+s)(b^2+s)(c^2+s)}} \\ &\quad + \frac{4\pi k a b c \frac{x^2}{(a^2+\sigma)^2}}{\frac{x^2}{(a^2+\sigma)^2} + \frac{y^2}{(b^2+\sigma)^2} + \frac{z^2}{(c^2+\sigma)^2}} \cdot \frac{1}{\sqrt{(a^2+\sigma)(b^2+\sigma)(c^2+\sigma)}} , \end{aligned} \right.$$

während

$$(13a) \quad \frac{\partial^2 V_i}{\partial x^2} = -2\pi k a b c \int_0^\infty \frac{ds}{(a^2+s)\sqrt{(a^2+s)(b^2+s)(c^2+s)}}$$

wird. Die Ausdrücke (13) und (13a) zeigen, daß zwar $\frac{\partial^2 V_a}{\partial x^2}$ im ganzen Außenraum, $\frac{\partial^2 V_i}{\partial x^2}$ im ganzen Innenraum endlich und kontinuierlich sind, daß aber an der Ellipsoidoberfläche, wo $\sigma = 0$ ist, $\frac{\partial^2 V_a}{\partial x^2}$ und $\frac{\partial^2 V_i}{\partial x^2}$ im allgemeinen verschiedene Werte annehmen, daß sich also die zweiten Ableitungen unserer Ausdrücke beim Durchgang durch die Ellipsoidoberfläche diskontinuierlich ändern.

Bilden wir ebenso die Ausdrücke für $\frac{\partial^2 V_a}{\partial y^2}$, $\frac{\partial^2 V_i}{\partial y^2}$, $\frac{\partial^2 V_a}{\partial z^2}$, $\frac{\partial^2 V_i}{\partial z^2}$, so erhalten wir durch Addition:

$$(14)\left\{\begin{aligned} \Delta V_a &= -2\pi k a b c \int_\sigma^\infty \frac{ds}{\sqrt{(a^2+s)(b^2+s)(c^2+s)}}\left\{\frac{1}{a^2+s}+\frac{1}{b^2+s}+\frac{1}{c^2+s}\right\} \\ &\quad + \frac{4\pi k a b c}{\sqrt{(a^2+\sigma)(b^2+\sigma)(c^2+\sigma)}} \cdot \frac{\frac{x^2}{(a^2+\sigma)^2}+\frac{y^2}{(b^2+\sigma)^2}+\frac{z^2}{(c^2+\sigma)^2}}{\frac{x^2}{(a^2+\sigma)^2}+\frac{y^2}{(b^2+\sigma)^2}+\frac{z^2}{(c^2+\sigma)^2}}, \\ \Delta V_i &= -2\pi k a b c \int_0^\infty \frac{ds}{\sqrt{(a^2+s)(b^2+s)(c^2+s)}}\left\{\frac{1}{a^2+s}+\frac{1}{b^2+s}+\frac{1}{c^2+s}\right\}, \end{aligned}\right.$$

und der Faktor von $4\pi k a b c$ im zweiten Summanden von ΔV_a reduziert sich auf $\frac{1}{\sqrt{(a^2+\sigma)(b^2+\sigma)(c^2+\sigma)}}$. Die in (14) auftretenden Integrale lassen sich ausführen. Es ist nämlich

$$-\int_\sigma^\infty \frac{ds}{\sqrt{(a^2+s)(b^2+s)(c^2+s)}}\left\{\frac{1}{a^2+s}+\frac{1}{b^2+s}+\frac{1}{c^2+s}\right\}$$

$$= +\int_\sigma^\infty \frac{d\dfrac{2}{\sqrt{(a^2+s)(b^2+s)(c^2+s)}}}{ds}\,ds = -\frac{2}{\sqrt{(a^2+\sigma)(b^2+\sigma)(c^2+\sigma)}},$$

daher

$$\Delta V_a = -\frac{4\pi k a b c}{\sqrt{(a^2+\sigma)(b^2+\sigma)(c^2+\sigma)}} + \frac{4\pi k a b c}{\sqrt{(a^2+\sigma)(b^2+\sigma)(c^2+\sigma)}} = 0,$$

dagegen

$$\Delta V_i = -\frac{4\pi k a b c}{a b c} = -4\pi k .$$

V_a genügt also der Laplaceschen, V_i der Poissonschen Gleichung.

Somit stellen die Ausdrücke (I) und (II) für V_i und V_a das Potential eines homogenen Ellipsoids von der Dichtigkeit k dar.

Zusatz 1. Mittels der in diesem Abschnitte benutzten Methode läßt sich auch die Richtigkeit der folgenden Resultate zeigen, die das Potential des Ellipsoids bei gewisser nicht homogener Massenverteilung betreffen. Zur Abkürzung werde gesetzt

$$\text{(15)} \qquad \begin{cases} \sqrt{(a^2+s)(b^2+s)(c^2+s)} = D\,, \\ 1 - \dfrac{x^2}{a^2+s} - \dfrac{y^2}{b^2+s} - \dfrac{z^2}{c^2+s} = S\,, \end{cases}$$

und es sei wiederum σ die positive Wurzel der Gleichung $S = 0$. Dann stellen die Ausdrücke

$$\text{(16)} \qquad \begin{cases} V_i = \pi a b c \displaystyle\int_0^\infty \frac{ds}{D} \cdot S \cdot F\,, \\ V_a = \pi a b c \displaystyle\int_\sigma^\infty \frac{ds}{D} \cdot S \cdot F \end{cases}$$

ebenfalls das Potential des Ellipsoids für innere, resp. äußere Punkte dar, falls F einen der folgenden Werte hat:

a) $F = \dfrac{\alpha x}{a^2+s} + \dfrac{\beta y}{b^2+s} + \dfrac{\gamma z}{c^2+s}$,

b) $F = \dfrac{\alpha y z}{(b^2+s)(c^2+s)} + \dfrac{\beta x z}{(a^2+s)(c^2+s)} + \dfrac{\gamma x y}{(a^2+s)(b^2+s)}$,

c) $F = \dfrac{\alpha x y z}{(a^2+s)(b^2+s)(c^2+s)}$,

d) $F = \varphi(S)$,

wo φ eine Funktion bezeichnet, die für alle Werte des Argumentes S zwischen 0 und 1, die Grenzen eingeschlossen, endlich ist; und zwar ist die Dichtigkeit:

im Falle a) $$k = \frac{\alpha\xi}{a^2} + \frac{\beta\eta}{b^2} + \frac{\gamma\zeta}{c^2},$$

im Falle b) $$k = \frac{\alpha\eta\zeta}{b^2c^2} + \frac{\beta\xi\zeta}{a^2c^2} + \frac{\gamma\xi\eta}{a^2b^2},$$

im Falle c) $$k = \frac{\alpha\xi\eta\zeta}{a^2b^2c^2},$$

im Falle d) $$k = \varphi(S_0) + S_0\varphi'(S_0),$$

wobei S_0 den Ausdruck bezeichnet, in den S für $s = 0$ und $x = \xi$, $y = \eta$, $z = \zeta$ übergeht, d. h.

$$S_0 = 1 - \frac{\xi^2}{a^2} - \frac{\eta^2}{b^2} - \frac{\zeta^2}{c^2}.$$

Zusatz 2. Noch zwei andere Resultate seien hier kurz erwähnt.

α) Dirichlet hat, allerdings nach einer wesentlich anderen Methode, als sie hier benutzt ist, die Komponenten der Anziehung berechnet, welche ein homogenes Ellipsoid auf innere oder äußere Punkte nach dem Gesetze $\frac{1}{\varrho^p}$ ausübt. Das Resultat ist:

$$X = -kx\frac{\pi^{\frac{3}{2}}abc}{\Gamma\left(\frac{1+p}{2}\right)\Gamma\left(2-\frac{p}{2}\right)}\int\limits_{0,\,\sigma}^{\infty}\frac{s^{1-\frac{p}{2}}S^{1-\frac{p}{2}}ds}{(a^2+s)D},$$

und zwar ist für innere Punkte 0, für äußere σ als untere Grenze des Integrals zu nehmen; Γ bezeichnet, wie üblich, das Eulersche Integral.

β) Nach derselben Methode wie in Kap. 1 kann man die Komponenten der Anziehung berechnen, welche eine homogene Ellipse auf einen Punkt ihrer Ebene nach dem Gesetze $\frac{1}{\varrho}$ ausübt (logarithmisches Potential). Die Komponenten haben, wenn a, b die Ellipsenachsen bezeichnen, die Werte:

$$X = -2\pi \bar{k} f_1 m \frac{b x}{a+b}, \qquad Y = -2\pi \bar{k} f_1 m \frac{a y}{a+b}.$$

Ferner gilt auch hier der Ivorysche Satz (vgl. S. 214), und mittels desselben ergeben sich wie in Kap. 2 die Komponenten der Anziehung, welche die Ellipse auf äußere Punkte ausübt.

c) Potential und Anziehungskomponenten der Rotationsellipsoide.

Schon oben (S. 187) ist bemerkt, daß sich die in unseren Resultaten auftretenden elliptischen Integrale für den Fall der Rotationsellipsoide auf elementare Transzendenten reduzieren. Wir wollen nun die Formeln für diese besonderen Fälle ableiten.

α) Um die Formel für das verkürzte (abgeplattete) Rotationsellipsoid zu erhalten, setzen wir

$$(17) \qquad a = b > c.$$

Dann geht der Ausdruck (II), S. 200 in folgenden über:

$$(18) \quad V_a = \pi k a^2 c \int_\sigma^\infty \frac{ds}{(a^2+s)\sqrt{c^2+s}} \left\{1 - \frac{x^2+y^2}{a^2+s} - \frac{z^2}{c^2+s}\right\}.$$

Was die Gleichung (IIa) für σ betrifft, so sieht man, wenn man zuerst die Nenner fortschafft und dann $b = a$ setzt, daß eine der drei Wurzeln dieser Gleichung $\sigma = -a^2$ wird. Für die beiden anderen Wurzeln folgt aus (IIa) die quadratische Gleichung

$$(19) \quad \sigma^2 + \sigma(a^2 + c^2 - x^2 - y^2 - z^2) + a^2 c^2 \left(1 - \frac{x^2+y^2}{a^2} - \frac{z^2}{c^2}\right) = 0,$$

und da für äußere Punkte x, y, z der Faktor von $a^2 c^2$ negativ ist, so ist eine der Wurzeln von (19) positiv, die andere negativ; und zwar hat die positive Wurzel den Wert

$$(19a) \quad \left\{ \begin{aligned} \sigma &= \tfrac{1}{2}(x^2 + y^2 + z^2 - a^2 - c^2) \\ &+ \frac{1}{2}\sqrt{(x^2+y^2+z^2-a^2-c^2)^2 + 4a^2c^2\left(\frac{x^2+y^2}{a^2} + \frac{z^2}{c^2} - 1\right)}. \end{aligned} \right.$$

Damit ist in unserem Falle für die untere Grenze σ ein ziemlich einfacher Ausdruck gefunden.

Setzen wir ferner

$$(20)\quad \begin{cases} \displaystyle\int_{\sigma}^{\infty} \frac{ds}{(a^2+s)\sqrt{c^2+s}} = J_0\,, \\ \displaystyle -\int_{\sigma}^{\infty} \frac{ds}{(a^2+s)^2\sqrt{c^2+s}} = J_1\,, \quad -\int_{\sigma}^{\infty} \frac{ds}{(a^2+s)\left(\sqrt{c^2+s}\right)^3} = J_2\,, \end{cases}$$

so wird

$$(20\text{a})\qquad J_1 = \frac{\partial J_0}{\partial (a^2)}\,, \qquad J_2 = 2\frac{\partial J_0}{\partial (c^2)}\,,$$

falls man J_0 so differentiiert, als ob σ von a und c unabhängig wäre. Zur Ermittelung des Integrals J_0 führe man die neue Integrationsveränderliche

$$u = \sqrt{c^2+s}$$

ein. Dann wird

$$J_0 = 2\int_{\sqrt{c^2+\sigma}}^{\infty} \frac{du}{a^2-c^2+u^2}$$

und weiter, da $a^2-c^2>0$ ist,

$$J_0 = \frac{2}{\sqrt{a^2-c^2}}\left[\operatorname{arctg}\frac{u}{\sqrt{a^2-c^2}}\right]_{\sqrt{c^2+\sigma}}^{\infty}$$

$$= \frac{2}{\sqrt{a^2-c^2}}\left[\frac{\pi}{2} - \operatorname{arctg}\frac{\sqrt{c^2+\sigma}}{\sqrt{a^2-c^2}}\right]$$

oder

$$(20\text{b})\qquad J_0 = \frac{2}{\sqrt{a^2-c^2}}\operatorname{arctg}\left(\frac{\sqrt{a^2-c^2}}{\sqrt{c^2+\sigma}}\right),$$

und zwar ist der Bogen zwischen 0 und $\frac{1}{2}\pi$ zu nehmen. Berechnet man hieraus mittels (20a) J_1 und J_2, so ergibt sich für das Potential des abgeplatteten Rotationsellipsoids in bezug auf äußere Punkte folgender Wert:

$$(21)\quad \left\{\begin{aligned} V_a = \pi k a^2 c \Bigg\{ & \frac{2}{\sqrt{a^2 - c^2}} \operatorname{arctg}\left(\frac{\sqrt{a^2 - c^2}}{\sqrt{c^2 + \sigma}}\right) \\ & - \frac{x^2 + y^2}{(\sqrt{a^2 - c^2})^3}\left[\operatorname{arctg}\left(\frac{\sqrt{a^2 - c^2}}{\sqrt{c^2 + \sigma}}\right) - \frac{\sqrt{a^2 - c^2}\sqrt{c^2 + \sigma}}{a^2 + \sigma}\right] \\ & + \frac{2 z^2}{(\sqrt{a^2 - c^2})^3}\left[\operatorname{arctg}\left(\frac{\sqrt{a^2 - c^2}}{\sqrt{c^2 + \sigma}}\right) - \frac{\sqrt{a^2 - c^2}}{\sqrt{c^2 + \sigma}}\right]\Bigg\}; \end{aligned}\right.$$

und um das Potential V_i für innere Punkte zu erhalten, hat man in (21) nur $\sigma = 0$ zu setzen. Die hieraus durch Differentiation nach x, y, z sich ergebenden Ausdrücke für die Anziehungskomponenten werden für innere Punkte sehr einfach, da V_i eine Funktion zweiter Ordnung von x, y, z ist. Für äußere Punkte werden die Anziehungskomponenten nicht so einfach, da σ von x, y, z abhängt [Gleichung (19)].

β) Anziehung des abgeplatteten Rotationsellipsoids auf den Pol.

Wir erhalten diese, indem wir in (21) $\sigma = 0$ setzen, dann $\frac{\partial V}{\partial z}$ bilden und darin $z = c$ nehmen. So ergibt sich

$$(22)\quad Z = -\frac{4 \pi k a^2 c^2}{(\sqrt{a^2 - c^2})^3}\left[\frac{\sqrt{a^2 - c^2}}{c} - \operatorname{arctg}\frac{\sqrt{a^2 - c^2}}{c}\right].$$

Setzen wir zur Abkürzung

$$(23)\quad \frac{\sqrt{a^2 - c^2}}{c} = \lambda$$

und abstrahieren von dem Vorzeichen, das ja nur die Richtung der Kraft bestimmt, so haben wir

$$(22a)\quad |Z| = 4 \pi k \frac{a^2}{c} \frac{1}{\lambda^3}[\lambda - \operatorname{arctg}\lambda].$$

Wir wollen diese Kraft vergleichen mit derjenigen, welche eine homogene Kugel von gleichem Volumen und gleicher Dichtigkeit auf einen Punkt ihrer Oberfläche ausübt.

Ist R der Radius der Kugel, so ist

$$a^2 c = R^3,$$

daher wegen (23)

$$c = R\,(1+\lambda^2)^{-\frac{1}{3}}\,, \qquad a = R\,(1+\lambda^2)^{\frac{1}{6}}$$

und

$$|Z| = 4\,\pi\,k\,R\,\frac{(1+\lambda^2)^{\frac{2}{3}}}{\lambda^3}\,[\lambda - \operatorname{arctg}\lambda]\,. \tag{22b}$$

Andererseits ist die Kraft K, mit der eine homogene Kugel einen Punkt ihrer Oberfläche anzieht,

$$K = \frac{4}{3}\,\frac{\pi\,k\,R^3}{R^2} = \frac{4}{3}\,\pi\,k\,R\,, \tag{22c}$$

da die Anziehung der Kugel dieselbe ist, wie die einer gleichen, im Mittelpunkt konzentrierten Masse. Ferner geht für $\lambda = 0$ das Rotationsellipsoid in die Kugel über. Für $\lambda = 0$ muß also aus (22b) der Ausdruck (22c) folgen. Das ist in der Tat der Fall, da

$$\frac{1}{\lambda^3}\,[\lambda - \operatorname{arctg}\lambda]$$

für $\lambda = 0$ den Wert $\frac{1}{3}$ annimmt.

Die Formel (22b) zeigt, wie sich die Anziehung, welche ein homogenes abgeplattetes Rotationsellipsoid auf den Pol ausübt, ändert, wenn man bei festgehaltenem Volumen und konstanter Dichtigkeit die Abplattung ändert. Letztere ist

$$\frac{a-c}{a} = 1 - \frac{1}{\sqrt{1+\lambda^2}}\,.$$

Es handelt sich also, da k und R konstant bleiben, um die Änderung von $|Z|$ mit wachsendem λ. Nun gibt die Differentiation von (22b)

$$\frac{d|Z|}{d\lambda}\,\frac{1}{4\,\pi\,k\,R} = \frac{9+5\,\lambda^2}{3\,\lambda^4\,(1+\lambda^2)^{\frac{1}{3}}}\left\{\operatorname{arctg}\lambda - \frac{\lambda\,(9+2\,\lambda^2)}{9+5\,\lambda^2}\right\}. \tag{24}$$

Entwickelt man den Faktor

$$\operatorname{arctg}\lambda - \frac{\lambda\,(9+2\,\lambda^2)}{9+5\,\lambda^2} \tag{24a}$$

nach steigenden Potenzen von λ, was für $\lambda < 1$ sicher zulässig ist, so wird das erste Glied der Entwickelung

$$+\left(\frac{1}{5} - \frac{5}{27}\right)\lambda^5 = +\frac{2}{135}\,\lambda^5\,.$$

Daraus folgt, daß die rechte Seite von (24) für sehr kleine Werte von λ positiv ist, daß also $|Z|$ mit wachsendem λ wächst. Für Werte von λ, die größer als 1 sind, ist der Ausdruck (24a) negativ, daher nimmt für diese $|Z|$ mit wachsendem λ ab. $|Z|$ wird ein Maximum, wenn der Ausdruck (24a) verschwindet. Es findet das in der Nähe von $\lambda = 1$ statt, da für $\lambda = 1$ der Ausdruck (24a) den Wert $-0{,}0003$ hat. Der genauere Wert von λ, für den (24a) verschwindet, ist

$$\lambda = 0{,}96454\,.$$

Daß $|Z|$ mit wachsendem λ zunächst zunimmt, um später ein Maximum zu erreichen, ist ein immerhin bemerkenswertes Resultat.

γ) Potential der verlängerten Rotationsellipsoide.

Setzen wir in dem Ausdruck (II), S. 200

$$b = c\,, \quad a > c\,, \tag{25}$$

so wird derselbe

$$V_a = \pi k a c^2 \int_\sigma^\infty \frac{ds}{(c^2+s)\sqrt{a^2+s}} \left\{1 - \frac{x^2}{a^2+s} - \frac{y^2+z^2}{c^2+s}\right\}. \tag{26}$$

Von den drei Wurzeln der Gleichung (IIa) für σ wird hier die eine $= -c^2$, während die positive Wurzel σ jener Gleichung ist:

$$\left\{\begin{aligned} \sigma &= \tfrac{1}{2}(x^2+y^2+z^2-a^2-c^2) \\ &+\frac{1}{2}\sqrt{(x^2+y^2+z^2-a^2-c^2)^2 + 4a^2c^2\left(\frac{x^2}{a^2}+\frac{y^2+z^2}{c^2}-1\right)}\,. \end{aligned}\right. \tag{27}$$

Das erste in (26) auftretende Integral

$$J_0' = \int_\sigma^\infty \frac{ds}{(c^2+s)\sqrt{a^2+s}} \tag{28}$$

geht durch die Substitution

$$\sqrt{a^2+s} = u$$

in

$$J_0' = 2\int\limits_{\sqrt{a^2+\sigma}}^{\infty} \frac{du}{u^2-(a^2-c^2)}$$

$$= \frac{1}{\sqrt{a^2-c^2}}\int\limits_{\sqrt{a^2+\sigma}}^{\infty} du\left(\frac{1}{u-\sqrt{a^2-c^2}} - \frac{1}{u+\sqrt{a^2-c^2}}\right)$$

über, und die Ausführung der Integration gibt

$$J_0' = \frac{1}{\sqrt{a^2-c^2}}\log\left(\frac{\sqrt{a^2+\sigma}+\sqrt{a^2-c^2}}{\sqrt{a^2+\sigma}-\sqrt{a^2-c^2}}\right)$$

$$= \frac{2}{\sqrt{a^2-c^2}}\log\left(\frac{\sqrt{a^2+\sigma}+\sqrt{a^2-c^2}}{\sqrt{c^2+\sigma}}\right).$$

Die übrigen in (26) auftretenden Integrale erhält man, indem man $2J_0'$ nach a^2, resp. J_0' nach c^2 so differentiiert, als wäre σ von a^2 und c^2 unabhängig. Führt man diese Differentiation aus, so ergibt sich:

$$(29)\quad \begin{cases} V_a = \pi k a c^2 \left\{ \dfrac{2}{\sqrt{a^2-c^2}}\log\left(\dfrac{\sqrt{a^2+\sigma}+\sqrt{a^2-c^2}}{\sqrt{c^2+\sigma}}\right) \right. \\ \qquad - \dfrac{2x^2}{(\sqrt{a^2-c^2})^3}\left[\log\left(\dfrac{\sqrt{a^2+\sigma}+\sqrt{a^2-c^2}}{\sqrt{c^2+\sigma}}\right) - \dfrac{\sqrt{a^2-c^2}}{\sqrt{a^2+\sigma}}\right] \\ \left. + \dfrac{y^2+z^2}{(\sqrt{a^2-c^2})^3}\left[\log\left(\dfrac{\sqrt{a^2+\sigma}+\sqrt{a^2-c^2}}{\sqrt{c^2+\sigma}}\right) - \dfrac{\sqrt{a^2+\sigma}\sqrt{a^2-c^2}}{c^2+\sigma}\right]\right\}. \end{cases}$$

Auch aus diesem, für äußere Punkte geltenden Ausdruck erhält man das Potential für innere Punkte, V_i, indem man $\sigma = 0$ setzt.

Zusatz. Für die Anziehung, die das verlängerte Ellipsoid auf den Pol ($x = a$) ausübt, ergibt sich aus (29) (darin $\sigma = 0$ gesetzt)

$$|X| = k\,4\pi\frac{c^2}{a}\frac{1}{e^3}\left\{\frac{1}{2}\log\left(\frac{1+e}{1-e}\right) - e\right\},$$

wo

$$e = \frac{1}{a}\sqrt{a^2-c^2}$$

die Exzentrizität bezeichnet. Ist wiederum R der Radius einer Kugel von gleichem Volumen mit dem Rotationsellipsoid, so wird

$$|X| = 4\pi k R \frac{(1-e^2)^{\frac{2}{3}}}{e^3}\left\{\frac{1}{2}\log\left(\frac{1+e}{1-e}\right) - e\right\},$$

ein Ausdruck, der für $e = 0$ in

$$|X| = \tfrac{4}{3}\pi k R$$

übergeht, im übrigen mit wachsendem e beständig abnimmt.

Kapitel 4.

Verschiedene Folgerungen.

a) Folgerungen aus dem erweiterten Ivoryschen Satz.

Der Ivorysche Satz gilt, wie zuerst Poisson bemerkt hat, nicht nur für das Newtonsche Anziehungsgesetz, sondern auch wenn die Anziehung einer beliebigen Funktion $f(\varrho)$ der Entfernung proportional erfolgt, vorausgesetzt nur, daß die zwischen zwei Massenpunkten wirkende Kraft die Richtung ihrer Verbindungslinie hat. — Für ein solches Anziehungsgesetz wird die X-Komponente der Anziehung des homogenen Ellipsoids

$$X = k\iiint d\xi\, d\eta\, d\zeta\, f(\varrho)\frac{\xi - x}{\varrho},$$

wobei die Integration über das Volumen des Ellipsoids zu erstrecken ist. Setzt man

$$\int f(\varrho)\, d\varrho = -F(\varrho),$$

so wird

$$X = -k\iiint \frac{\partial F(\varrho)}{\partial \xi}\, d\xi\, d\eta\, d\zeta = -k\iint [F(\varrho_2) - F(\varrho_1)]\, d\eta\, d\zeta,$$

wo ϱ_1 und ϱ_2 dieselbe Bedeutung haben wie S. 193, und wo die Integration über den Hauptschnitt $\eta\zeta$ des Ellipsoids zu erstrecken ist.

Wendet man auf das letzte Doppelintegral dieselbe Umformung an, die S. 194 für das Integral (7a) benutzt war, so erkennt man, daß auch für das Anziehungsgesetz

$f(\varrho)$ der Ivorysche Satz gilt. Der Satz bleibt auch gültig, wenn die konfokalen Ellipsoide in konzentrische Kugeln übergehen; korrespondierende Punkte sind dann solche, die auf demselben Radius liegen. Vergleichen wir daher die Anziehung, welche eine Kugel vom Radius r_1 auf einen äußeren Punkt A ausübt, mit der Anziehung, die eine durch A gelegte konzentrische Kugel (ihr Radius sei r_2) auf denjenigen Punkt A_1 ausübt, in dem der nach A gezogene Radius die Kugel r_1 schneidet, nennen $X_1(A)$, $Y_1(A)$, $Z_1(A)$ die Komponenten der ersten, $X_2(A_1)$, $Y_2(A_1)$, $Z_2(A_1)$ die der zweiten Kraft und setzen voraus, daß beide Kugeln homogen mit Masse von gleicher Dichtigkeit gefüllt sind, so wird nach dem Ivoryschen Satze

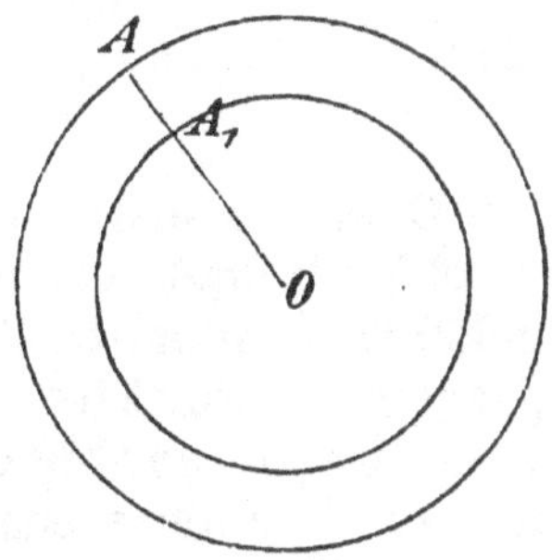

Fig. 32.

$$(1) \qquad \frac{X_1(A)}{X_2(A_1)} = \frac{r_1^2}{r_2^2}, \qquad \frac{Y_1(A)}{Y_2(A_1)} = \frac{r_1^2}{r_2^2}, \qquad \frac{Z_1(A)}{Z_2(A_1)} = \frac{r_1^2}{r_2^2}.$$

Daraus folgt, daß die anziehenden Kräfte gleiche Richtung haben und sich ebenfalls wie $r_1^2 : r_2^2$ verhalten; d. h.

$$(1\text{a}) \qquad K_1(A) = \frac{r_1^2}{r_2^2} K_2(A_1),$$

und das gilt für jedes beliebige Anziehungsgesetz. Nun setzt sich die Kraft $K_2(A_1)$, mit der der Punkt A_1 von der Kugel r_2 angezogen wird, aus zwei Kräften zusammen, nämlich aus der Kraft $K_1(A_1)$, mit der die Kugel r_1 auf A_1 wirkt, und der Anziehung $K_{12}'(A_1)$, welche die von den Kugeln r_1 und r_2 begrenzte Schale auf A_1 ausübt; es wird somit:

$$(1\text{b}) \qquad K_1(A) = \frac{r_1^2}{r_2^2} [K_1(A_1) + K_{12}'(A_1)].$$

Fragen wir nun nach demjenigen Anziehungsgesetz, bei dem eine homogene Kugelschale auf einen Punkt des inneren Hohlraums gar keine Wirkung ausübt, so ist $K_{12}'(A_1) = 0$, und (1b) gibt

$$(2) \qquad K_1(A)\, r_2^2 = K_1(A_1)\, r_1^2.$$

Ändern wir r_2, während r_1 konstant bleibt, so bleibt auch $K_1(A_1)$ konstant. Somit folgt:

$$K_1(A) = \frac{C}{r_2^2}, \tag{2a}$$

wo C eine Konstante bezeichnet, d. h. die Anziehung, die eine Vollkugel auf einen äußeren Punkt ausübt, ist umgekehrt proportional dem Quadrate des Abstands des angezogenen Punktes vom Mittelpunkt. Gilt das aber für jede Kugel, so bleibt es auch richtig, wenn der Radius, immer kleiner werdend, sich schließlich auf Null reduziert. Dann aber stellt (2a) das Newtonsche Gesetz dar. Dieses ist also das einzige, bei dem eine homogene Kugelschale auf einen Punkt des inneren hohlen Raumes keine Wirkung ausübt.

Dieser Beweis des früher (s. S. 123—126) schon auf anderem Wege abgeleiteten Resultates zeichnet sich zwar durch seine Einfachheit aus; indessen enthält er implizite die Annahme, daß die Anziehung, welche eine homogene Kugel auf einen Punkt ihrer Oberfläche ausübt, endlich ist. Der Beweis gilt daher nur unter der Voraussetzung, daß $f(\varrho)$ nicht der dritten oder einer höheren Potenz von ϱ umgekehrt proportional ist (vgl. S. 116—118), während die Anziehung der Kugelschale auf einen Punkt des inneren Hohlraums auch dann endlich ist, falls nur nicht der angezogene Punkt auf der inneren Grenzfläche der Schale liegt.

b) Der Mac Laurinsche Satz.

Der Mac Laurinsche Satz bezieht sich auf die Anziehungen, welche zwei konfokale Ellipsoide auf einen und denselben äußeren Punkt ausüben. Sind a, b, c die Achsen des ersten Ellipsoids, x, y, z die Koordinaten des angezogenen Punktes, so wird das Potential V_a durch den Ausdruck (II), S. 200, dargestellt, und die untere Grenze σ ist die positive Wurzel der Gleichung (IIa). Das konfokale Ellipsoid habe die Achsen a', b', c', dann ist

$$a' = \sqrt{a^2+u}\,, \quad b' = \sqrt{b^2+u}\,, \quad c' = \sqrt{c^2+u}\,,$$

und das Potential dieses Ellipsoids für den Punkt x, y, z ist, falls es mit Masse von der Dichtigkeit k' gefüllt ist:

$$(3)\quad \begin{cases} V'_a = \pi k' a' b' c' \int\limits_{\sigma'}^{\infty} \dfrac{ds'}{\sqrt{(a^2 + u + s')(b^2 + u + s')(c^2 + u + s')}} \\ \cdot \left\{1 - \dfrac{x^2}{a^2 + u + s'} - \dfrac{y^2}{b^2 + u + s'} - \dfrac{z^2}{c^2 + u + s'}\right\}, \end{cases}$$

und σ' ist die positive Wurzel der Gleichung:

$$(3\,\mathrm{a})\quad \frac{x^2}{a^2 + u + \sigma'} + \frac{y^2}{b^2 + u + \sigma'} + \frac{z^2}{c^2 + u + \sigma'} - 1 = 0\,.$$

(3a) ist für $u + \sigma'$ als Unbekannte genau dieselbe Gleichung wie (IIa), und da wir wissen, daß diese Gleichung nur eine positive Wurzel hat, so folgt:

$$(3\,\mathrm{b})\qquad u + \sigma' = \sigma\,.$$

Führen wir nun in (3a) eine neue Integrationsvariable ein, indem wir

$$u + s' = s$$

setzen, so wird nach (3b) die untere Grenze, die in (3) $s' = \sigma'$ war, nach der Transformation $s = \sigma$, und der Ausdruck (3) geht in folgenden über:

$$(4)\quad \begin{cases} V'_a = \pi k' a' b' c' \int\limits_{\sigma}^{\infty} \dfrac{ds}{\sqrt{(a^2 + s)(b^2 + s)(c^2 + s)}} \\ \cdot \left\{1 - \dfrac{x^2}{a^2 + s} - \dfrac{y^2}{b^2 + s} - \dfrac{z^2}{c^2 + s}\right\}. \end{cases}$$

Die Vergleichung von (II) und (4) ergibt (mit Weglassung des Indizes a)

$$(5)\qquad \frac{V}{V'} = \frac{\pi a b c k}{\pi a' b' c' k'} = \frac{M}{M'}\,,$$

falls M und M' die Massen beider Ellipsoide sind. Aus (5) folgt weiter, da V und V' sich auf denselben Punkt x, y, z beziehen:

$$\frac{\partial V}{\partial x} = \frac{M}{M'} \frac{\partial V'}{\partial x}\,, \qquad \frac{\partial V}{\partial y} = \frac{M}{M'} \frac{\partial V'}{\partial y}\,, \qquad \frac{\partial V}{\partial z} = \frac{M}{M'} \frac{\partial V'}{\partial z}\,,$$

d. h. wenn X, Y, Z, resp. X', Y', Z' die Anziehungskomponenten beider Ellipsoide bezeichnen:

$$\frac{X}{X'} = \frac{Y}{Y'} = \frac{Z}{Z'} = \frac{M}{M'}. \tag{6}$$

Aus (6) erkennt man sofort, daß, wenn die Kräfte, mit denen die beiden Ellipsoide auf den Punkt x, y, z wirken, mit K und K' bezeichnet werden, auch

$$K : K' = M : M'$$

ist, und daß die Richtungskosinus von K und K' übereinstimmen. Wir haben also folgendes Resultat:

Mac Laurinscher Satz: Die Anziehungen, welche zwei homogene konfokale Ellipsoide auf ein und denselben äußeren Punkt ausüben, haben gleiche Richtung und verhalten sich wie die Massen der Ellipsoide.

Folgerung. Ist $M = M'$, so ist $K = K'$, d. h.:

Zwei konfokale homogene Ellipsoide von gleicher Masse üben auf ein und denselben äußeren Punkt Anziehungen von gleicher Größe und Richtung aus.

Man kann daher die Anziehung eines Ellipsoids durch die eines konfokalen Ellipsoids ersetzen.

Es mag übrigens bemerkt werden, daß Mac Laurin, dessen Namen der eben bewiesene Satz trägt, den Satz nur für Rotationsellipsoide und auch für diese nur bei gewissen Lagen des angezogenen Punktes bewiesen hat.

c) Folgerungen aus dem Mac Laurinschen Satz.

α) Die Anziehung einer ebenen Ellipse bei gewisser Massenverteilung.

Von zwei konfokalen Ellipsoiden mit den Achsen a, b, c, resp. $\sqrt{a^2+u}$, $\sqrt{b^2+u}$, $\sqrt{c^2+u}$ liege das letztere im Innern des ersteren. Es sei also u negativ. Der äußerste Wert, den u annehmen darf, ist, falls $a > b > c$, $u = -c^2$. Für diesen Grenzfall geht das Ellipsoid in eine in der xy-Ebene gelegene Ellipse mit den Achsen $\sqrt{a^2-c^2}$, $\sqrt{b^2-c^2}$ über. Da nun zwei konfokale Ellipsoide bei gleicher Masse gleiche Anziehungen ausüben, so kann man aus der Anziehung des Ellipsoids die der ebenen Ellipse ableiten. Um die Dichtigkeit der Ellipse im Grenzfall zu erhalten, setzen wir zunächst $u = -c^2 + \varepsilon^2$, wo ε^2 eine kleine positive Größe bezeichnet. Das zu dem Ellipsoid a, b, c konfokale hat dann die Gleichung

$$\frac{\xi^2}{a^2 - c^2 + \varepsilon^2} + \frac{\eta^2}{b^2 - c^2 + \varepsilon^2} + \frac{\zeta^2}{\varepsilon^2} = 1. \tag{7}$$

In dem Schnitt dieses Ellipsoids mit der xy-Ebene betrachten wir das Flächenelement $d\xi\, d\eta$ und konstruieren über demselben einen geraden Zylinder; dieser schneidet aus dem Ellipsoid das Volumen

$$d\xi\, d\eta\, 2\zeta$$

heraus, wo ζ durch (7) bestimmt ist, und die in dem Zylinder enthaltene Masse ist, falls k' ihre Dichtigkeit,

$$d\xi\, d\eta\, 2\zeta k' = d\xi\, d\eta\, 2\varepsilon k' \sqrt{1 - \frac{\xi^2}{a^2 - c^2 + \varepsilon^2} - \frac{\eta^2}{b^2 - c^2 + \varepsilon^2}}. \tag{8}$$

Sollen nun das Ellipsoid (7) und das Ellipsoid a, b, c, dessen Dichtigkeit k sei, gleiche Masse haben, so muß

$$k' \varepsilon \sqrt{a^2 - c^2 + \varepsilon^2} \sqrt{b^2 - c^2 + \varepsilon^2} = k\, a\, b\, c \tag{9}$$

sein, und hieraus folgt, daß mit abnehmenden ε die Dichtigkeit k' des Ellipsoids (7) wachsen muß, derart, daß

$$\lim_{\varepsilon = 0} (k' \varepsilon) = \frac{k\, a\, b\, c}{\sqrt{a^2 - c^2} \sqrt{b^2 - c^2}}. \tag{9a}$$

In dem Grenzfall $\varepsilon = 0$, wo das Ellipsoid (7) in die ebene Ellipse übergeht, ist daher nach (8) auf dem Flächenelement $d\xi\, d\eta$ die Masse

$$d\xi\, d\eta \frac{2\, k\, a\, b\, c}{\sqrt{a^2 - c^2} \sqrt{b^2 - c^2}} \sqrt{1 - \frac{\xi^2}{a^2 - c^2} - \frac{\eta^2}{b^2 - c^2}}$$

ausgebreitet, d. h. die Dichtigkeit $\varkappa$ der Masse, die auf der Ellipse mit den Achsen $\sqrt{a^2 - c^2}$, $\sqrt{b^2 - c^2}$ verteilt ist, ist im Punkte ξ, η

$$\varkappa = \frac{2\, k\, a\, b\, c}{\sqrt{a^2 - c^2} \sqrt{b^2 - c^2}} \sqrt{1 - \frac{\xi^2}{a^2 - c^2} - \frac{\eta^2}{b^2 - c^2}}; \tag{10}$$

und zugleich ist die Gesamtmasse der Ellipse nach (9) $\frac{4}{3}\pi k a b c$. Bei der durch (10) dargestellten Massenverteilung übt unsere Ellipse auf einen äußeren Punkt dieselbe Anziehung aus wie das Ellipsoid mit den Achsen a, b, c und der Dichtigkeit k, vorausgesetzt, daß der angezogene Punkt auch außerhalb des Ellipsoids liegt.

Umgekehrt ist somit das Potential einer in der xy-Ebene liegenden Ellipse mit den Achsen a_1, b_1 und der Dichtigkeit

$$\varkappa = k_0 \sqrt{1 - \frac{\xi^2}{a_1^2} - \frac{\eta^2}{b_1^2}} \tag{11}$$

gleich dem Potential eines homogenen Ellipsoids mit den Achsen $\sqrt{a_1^2 + c^2}$, $\sqrt{b_1^2 + c^2}$, c und der Dichtigkeit

$$k = \frac{1}{2} k_0 \frac{a_1 b_1}{c\sqrt{a_1^2 + c^2}\sqrt{b_1^2 + c^2}} \tag{11a}$$

für denselben Punkt. c ist dabei beliebig und nur der Beschränkung unterworfen, daß der angezogene Punkt außerhalb des Ellipsoids liegt. Insbesondere kann man c so wählen, daß die Oberfläche des Ellipsoids durch den angezogenen Punkt geht.

Als analytischer Ausdruck für das Potential der Ellipse ergibt sich aus dem Gesagten, wie auch durch direkten Grenzübergang aus dem Ausdruck (II), S. 200:

$$V = \frac{1}{2}\pi a_1 b_1 k_0 \int_{\sigma_1}^{\infty} \frac{ds}{\sqrt{(a_1^2 + s)(b_1^2 + s)s}} \left\{1 - \frac{x^2}{a_1^2 + s} - \frac{y^2}{b_1^2 + s} - \frac{z^2}{s}\right\}, \tag{12}$$

und σ_1 ist die positive Wurzel der Gleichung

$$\frac{x^2}{a_1^2 + \sigma_1} + \frac{y^2}{b_1^2 + \sigma_1} + \frac{z^2}{\sigma_1} = 1. \tag{12a}$$

Geht die Ellipse in den Kreis über, ist also $a_1 = b_1$, so lassen sich die Integrationen ebenso ausführen, wie im Fall der abgeplatteten Rotationsellipsoide.

Anmerkung. Daraus, daß die Masse der Ellipse mit den Achsen a_1, b_1 und der durch (11) dargestellten Dichtigkeit $\varkappa$ dieselbe ist, wie die des Ellipsoids mit den Achsen $\sqrt{a_1^2 + c^2}$, $\sqrt{b_1^2 + c^2}$, c und der Dichtigkeit k, ergibt sich, da die letztere Masse nach (11a) $= \frac{2}{3}\pi k_0 a_1 b_1$ ist, daß das über die Ellipse erstreckte Integral

$$\iint \sqrt{1 - \frac{\xi^2}{a_1^2} - \frac{\eta^2}{b_1^2}}\, d\xi\, d\eta$$

den Wert

$$\frac{2}{3}\pi a_1 b_1$$

hat. Man kann dies Resultat auch leicht direkt ableiten, wenn man in dem Integral neue Variable einführt durch die Substitution:

$$\xi = a_1 \varrho \cos\varphi\,, \qquad \eta = b_1 \varrho \sin\varphi\,.$$

Dadurch geht jenes Integral in das folgende über:

$$a_1 b_1 \int_0^{2\pi} d\varphi \int_0^1 \sqrt{1 - \varrho^2}\, \varrho\, d\varrho\,,$$

und hier läßt sich die Integration sofort ausführen, wodurch sich das vorher erwähnte Resultat ergibt.

β) Ersetzung des anziehenden Ellipsoids durch eine Massenbelegung der Oberfläche.

Wir betrachten zwei konfokale Ellipsoide mit den Achsen a, b, c, resp. a', b', c' (das letztere sei das innere) und bezeichnen ihre Potentiale in bezug auf äußere Punkte mit V, resp. V'. Ferner fügen wir zu V und V' jedesmal die Dichtigkeit als Index hinzu. Haben zunächst beide Ellipsoide die Dichtigkeit k', so ist:

$$V_{k'} : V'_{k'} = a\,b\,c : a'\,b'\,c'\,,$$

also

$$\frac{V_{k'} - V'_{k'}}{V_{k'}} = \frac{a\,b\,c - a'\,b'\,c'}{a\,b\,c}\,.$$

Ferner ist, wenn demselben Ellipsoid a, b, c einmal die Dichtigkeit k, sodann die Dichtigkeit k' erteilt wird:

$$V_{k'} : V_k = k' : k\,,$$

mithin:

$$\frac{V_{k'} - V'_{k'}}{V_k} = \frac{k'(a\,b\,c - a'\,b'\,c')}{k\,a\,b\,c}\,. \tag{13}$$

$V_{k'} - V'_{k'}$ ist das Potential der von den beiden konfokalen Ellipsoiden begrenzten Schale für die Dichtigkeit k'. Wählt man nun k' so, daß

$$k'(abc - a'b'c') = kabc \tag{13a}$$

ist, so wird 1. die Masse der Schale gleich der des vollen Ellipsoids a, b, c; 2. wird auch das Potential der Schale gleich dem des vollen Ellipsoids. Wir haben also den

> Satz. Die Anziehung eines homogenen Ellipsoids auf einen äußeren Punkt kann ersetzt werden durch die einer von zwei konfokalen Ellipsoiden begrenzten homogenen Schale, falls die Masse der letzteren gleich der des ursprünglichen Ellipsoids ist.

Anmerkung. Bei der Ableitung des Satzes ist vorausgesetzt, daß das volle Ellipsoid und die Schale dieselbe äußere Grenzfläche haben. Daß der Satz aber auch ohne diese Voraussetzung gilt, erkennt man daraus, daß nach dem Mac Laurinschen Satze das volle Ellipsoid durch ein konfokales mit gleicher Masse ersetzt werden kann.

Wir behalten die Voraussetzung, daß das volle Ellipsoid und die Schale dieselbe äußere Grenzfläche haben, bei und lassen die Dicke der Schale unendlich klein werden, wobei aber die begrenzenden Ellipsoide konfokal bleiben. Im Grenzfalle können wir dann die Masse der Schale ansehen als eine auf der Oberfläche des Grenzellipsoids ausgebreitete Masse und haben damit den weiteren Satz, der einen speziellen Fall eines später zu beweisenden allgemeinen Satzes bildet:

> Satz. Die Wirkung eines homogenen Ellipsoids auf einen äußeren Punkt kann man dadurch ersetzen, daß man die Masse des Ellipsoids auf eine bestimmte Weise über die Oberfläche verteilt.

Es ist noch zu untersuchen, welches in diesem Grenzfall die Dichtigkeitsverteilung auf der Ellipsoidoberfläche ist. Zu dem Zwecke errichten wir in einem Punkte B des äußeren Ellipsoids (a, b, c) die Normale, die das innere Ellipsoid (a', b', c') in B_1 treffe. Ist $B_1B = \delta$, und sind ξ, η, ζ die Koordinaten von B, ξ_1, η_1, ζ_1 die von B_1, so ist

$$\xi_1 = \xi - \delta\cos(N, \xi), \qquad \eta_1 = \eta - \delta\cos(N, \eta),$$
$$\zeta_1 = \zeta - \delta\cos(N, \zeta),$$

wo (N, ξ), (N, η), (N, ζ) die Winkel sind, welche die äußere Normale des Ellipsoids in B mit den positiven Achsenrichtungen bildet. Der Punkt B_1 liegt nun auf dem Ellipsoid mit den Achsen a', b', c', und da dieses dem äußeren Ellipsoid konfokal ist, so ist, wenn

$$a' = \sqrt{a^2 - \varepsilon}$$

gesetzt wird, auch

$$b' = \sqrt{b^2 - \varepsilon}\,, \qquad c' = \sqrt{c^2 - \varepsilon}\,.$$

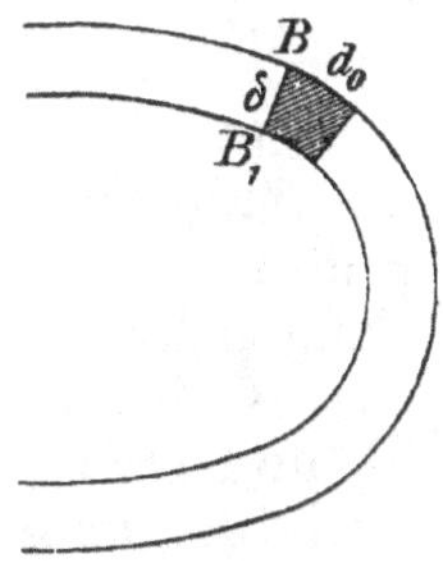

Fig. 33.

Es ist also

$$(14) \quad \left\{ \begin{aligned} & \frac{[\xi - \delta\cos(N, \xi)]^2}{a^2 - \varepsilon} + \frac{[\eta - \delta\cos(N, \eta)]^2}{b^2 - \varepsilon} \\ & \qquad + \frac{[\zeta - \delta\cos(N, \zeta)]}{c^2 - \varepsilon} = 1\,. \end{aligned} \right.$$

Entwickelt man nach Potenzen der kleinen Größen δ, ε, so erhält man

$$(14\text{a}) \quad \left\{ \begin{aligned} & \frac{\xi^2}{a^2} + \frac{\eta^2}{b^2} + \frac{\zeta^2}{c^2} - 2\delta\left[\frac{\xi\cos(N, \xi)}{a^2} + \frac{\eta\cos(N, \eta)}{b^2} + \frac{\zeta\cos(N, \zeta)}{c^2}\right] \\ & \qquad + \varepsilon\left(\frac{\xi^2}{a^4} + \frac{\eta^2}{b^4} + \frac{\zeta^2}{c^4}\right) + \cdots = 1; \end{aligned} \right.$$

die durch die Punkte angedeuteten Glieder sind von der zweiten oder höherer Ordnung in bezug auf δ, ε. Da der Punkt B auf dem Ellipsoid (a, b, c) liegt, so ist

$$\frac{\xi^2}{a^2} + \frac{\eta^2}{b^2} + \frac{\zeta^2}{c^2} = 1\,.$$

Ferner ist

$$\cos(N, \xi) = \frac{l \cdot \xi}{a^2}\,, \qquad \cos(N, \eta) = \frac{l \cdot \eta}{b^2}\,, \qquad \cos(N, \zeta) = \frac{l \cdot \zeta}{c^2}\,,$$

wo

$$(14\text{b}) \qquad \frac{\xi^2}{a^4} + \frac{\eta^2}{b^4} + \frac{\zeta^2}{c^4} = \frac{1}{l^2}$$

ist. Somit geht die Gleichung (14a) in folgende über:

$$-2\delta \cdot l \cdot \frac{1}{l^2} + \varepsilon \cdot \frac{1}{l^2} + \cdots = 0$$

oder

(14c) $$\delta = \frac{\varepsilon}{2l} + \cdots$$

Übrigens ist l die Länge des Lotes, das vom Mittelpunkte des Ellipsoids auf die Tangentialebene im Punkte ξ, η, ζ gefällt ist. Es folgt das sofort aus der Gleichung der Tangentialebene.

Konstruiert man nun bei B das Oberflächenelement do und errichtet in allen Punkten des Umfanges desselben Lote bis zum konfokalen Ellipsoid, so erhält man einen Zylinder, dessen Masse

$$k'\delta\, do = k'\left(\frac{\varepsilon}{2l} + \cdots\right) do$$

ist. Für den Grenzfall, in dem ε und damit δ verschwindet, wird diese Masse

$$\lim_{\varepsilon=0} (k'\varepsilon) \cdot \frac{1}{2l}\, do\,,$$

d. h. die Flächendichtigkeit $\varkappa$ von do hat den Wert

(15) $$\varkappa = \frac{1}{2l} \lim_{\varepsilon=0} (k'\varepsilon)\,.$$

Andererseits ist nach (13a)

$$\begin{aligned} k = k'\left(1 - \frac{a'b'c'}{abc}\right) &= k'\left\{1 - \frac{\sqrt{(a^2-\varepsilon)(b^2-\varepsilon)(c^2-\varepsilon)}}{abc}\right\} \\ &= k'\left\{1 - \left[\left(1 - \frac{\varepsilon}{a^2}\right)\left(1 - \frac{\varepsilon}{b^2}\right)\left(1 - \frac{\varepsilon}{c^2}\right)\right]^{+\frac{1}{2}}\right\} \\ &= k'\left\{\frac{1}{2}\varepsilon\left(\frac{1}{a^2} + \frac{1}{b^2} + \frac{1}{c^2}\right) + \cdots\right\}, \end{aligned}$$

wo die durch Punkte angedeuteten Glieder von der Ordnung ε^2 und höherer Ordnung sind. Mithin ist

(15a) $$\lim_{\varepsilon=0} (k'\varepsilon) = \frac{2k}{\frac{1}{a^2} + \frac{1}{b^2} + \frac{1}{c^2}}$$

und

$$(15\text{b})\qquad \varkappa = \frac{k}{\frac{1}{a^2}+\frac{1}{b^2}+\frac{1}{c^2}} \cdot \frac{1}{l} = \frac{k}{\frac{1}{a^2}+\frac{1}{b^2}+\frac{1}{c^2}} \sqrt{\frac{\xi^2}{a^4}+\frac{\eta^2}{b^4}+\frac{\zeta^2}{c^4}}\,.$$

Das ist die gesuchte Dichtigkeit in einem Punkte der Ellipsoidoberfläche.

Anmerkung. Da die mit Masse von der Dichtigkeit $\varkappa$ belegte Ellipsoidoberfläche dieselbe Gesamtmasse enthält wie das volle Ellipsoid mit der Dichtigkeit k, so folgt, daß das über die Ellipsoidoberfläche erstreckte Integral

$$\iint \varkappa\, do$$

den Wert $\frac{4}{3}\pi k a b c$ hat, ein Resultat, das sich leicht direkt nachweisen läßt, wenn man do durch seine Projektion auf die $\xi\eta$-Ebene ausdrückt und an Stelle von ξ, η neue Variable einführt durch die Substitution

$$\xi = a\varrho\cos\varphi\,, \qquad \eta = b\varrho\sin\varphi\,.$$

γ) Potential und Anziehungskomponenten dieser Massenbelegung.

Nennen wir U das Potential der mit Masse von der Dichtigkeit $\varkappa$ (15b) belegten Ellipsoidoberfläche, V das Potential des vollen homogenen Ellipsoids mit der Dichtigkeit k und bezeichnen durch den Index a, daß der angezogene Punkt außerhalb, durch den Index i, daß er innerhalb des Ellipsoids liegt, so wissen wir aus dem Vorhergehenden, daß

$$(16)\qquad U_a = V_a$$

ist, wo V_a durch (II), S. 200 gegeben ist. Um U_i zu ermitteln, betrachten wir die von den konfokalen Ellipsoiden mit den Achsen a, b, c und $\sqrt{a^2-\varepsilon}$, $\sqrt{b^2-\varepsilon}$, $\sqrt{c^2-\varepsilon}$ begrenzte homogene Schale. Ist ihre Dichtigkeit k', so ist ihr Potential für Punkte des inneren hohlen Raumes nach (I), S. 200:

$$(17)\qquad W = \pi k' a b c \int_0^\infty \frac{ds}{D}\cdot S - \pi k' \sqrt{(a^2-\varepsilon)(b^2-\varepsilon)(c^2-\varepsilon)} \int_0^\infty \frac{ds'}{D'}\cdot S'\,,$$

wobei zur Abkürzung

$$(17\text{a})\qquad \begin{cases} \sqrt{(a^2+s)(b^2+s)(c^2+s)} = D\,, \\ 1 - \dfrac{x^2}{a^2+s} - \dfrac{y^2}{b^2+s} - \dfrac{z^2}{c^2+s} = S \end{cases}$$

gesetzt ist, während D', S' aus D, S dadurch entstehen, daß $a^2-\varepsilon$, $b^2-\varepsilon$, $c^2-\varepsilon$, s' an Stelle von a^2, b^2, c^2, s gesetzt werden. Führen wir im zweiten Integral von (17) statt s' die neue Integrationsveränderliche

$$s = s' - \varepsilon$$

ein, so wird

$$\int_0^\infty \frac{ds'}{D'}\cdot S' = \int_{-\varepsilon}^\infty \frac{ds}{D}\cdot S = \int_0^\infty \frac{ds}{D}\cdot S + \int_{-\varepsilon}^0 \frac{ds}{D}\cdot S\,.$$

Um das letzte Integral nach Potenzen von ε zu entwickeln, führen wir für das unbestimmte Integral die Bezeichnung ein

$$\int \frac{ds}{D}\cdot S = \varphi(s)\,,$$

so ist

$$\begin{aligned} \int_{-\varepsilon}^0 \frac{ds}{D}\cdot S &= \varphi(0) - \varphi(-\varepsilon) = \varphi(0) - [\varphi(0) - \varepsilon\varphi'(0) + \cdots] \\ &= \varepsilon\varphi'(0) + \cdots = \varepsilon\left(\frac{S}{D}\right)_{s=0} + \cdots \\ &= \frac{\varepsilon}{abc}\left(1 - \frac{x^2}{a^2} - \frac{y^2}{b^2} - \frac{z^2}{c^2}\right) + \cdots, \end{aligned}$$

daher

$$(18)\qquad \int_0^\infty \frac{ds'}{D'}\cdot S' = \int_0^\infty \frac{ds}{D}\cdot S + \frac{\varepsilon}{abc}\left(1 - \frac{x^2}{a^2} - \frac{y^2}{b^2} - \frac{z^2}{c^2}\right) + \cdots.$$

Ferner ist

$$(18\text{a})\qquad \sqrt{(a^2-\varepsilon)(b^2-\varepsilon)(c^2-\varepsilon)} = abc\left\{1 - \frac{1}{2}\varepsilon\left(\frac{1}{a^2} + \frac{1}{b^2} + \frac{1}{c^2}\right) + \cdots\right\}$$

Durch Einsetzen von (18) und (18a) geht (17) über in:

$$(19)\quad \begin{cases} W = \pi k' a b c \varepsilon \left\{ \dfrac{1}{2}\left(\dfrac{1}{a^2} + \dfrac{1}{b^2} + \dfrac{1}{c^2}\right) \displaystyle\int_0^\infty \dfrac{ds}{D} \cdot S \right. \\ \left. \qquad - \dfrac{1}{abc}\left(1 - \dfrac{x^2}{a^2} - \dfrac{y^2}{b^2} - \dfrac{z^2}{c^2}\right) \right\} + \cdots, \end{cases}$$

wo, wie vorher, Glieder von der Ordnung ε^2 usw. nur durch Punkte angedeutet sind.

Gehen wir nun zur Grenze $\varepsilon = 0$ über, so geht W in das gesuchte U_i über; zugleich ist $\lim\limits_{\varepsilon=0}(k'\varepsilon)$ durch (15a) gegeben. Wir erhalten daher

$$(20)\quad \begin{cases} U_i = \dfrac{2\pi k a b c}{\dfrac{1}{a^2} + \dfrac{1}{b^2} + \dfrac{1}{c^2}} \left\{ \dfrac{1}{2}\left(\dfrac{1}{a^2} + \dfrac{1}{b^2} + \dfrac{1}{c^2}\right) \displaystyle\int_0^\infty \dfrac{ds}{D} \cdot S \right. \\ \left. \qquad - \dfrac{1}{abc}\left(1 - \dfrac{x^2}{a^2} - \dfrac{y^2}{b^2} - \dfrac{z^2}{c^2}\right) \right\} \end{cases}$$

oder, wenn wir beachten, daß

$$\pi k a b c \int_0^\infty \frac{ds}{D} \cdot S$$

nach (I), S. 200 das Potential V_i des vollen Ellipsoids mit der Dichtigkeit k für innere Punkte darstellt:

$$(20\text{a})\quad U_i = V_i - \frac{2\pi k}{\dfrac{1}{a^2} + \dfrac{1}{b^2} + \dfrac{1}{c^2}} \left(1 - \frac{x^2}{a^2} - \frac{y^2}{b^2} - \frac{z^2}{c^2}\right).$$

Rückt der angezogene Punkt von innen an die Oberfläche des Ellipsoids, so wird

$$1 - \frac{x^2}{a^2} - \frac{y^2}{b^2} - \frac{z^2}{c^2} = 0,$$

und da für Punkte der Oberfläche $V_i = V_a$ ist, so wird

$$\lim(U_a - U_i) = 0.$$

Dagegen wird

$$\frac{\partial U_i}{\partial x} = \frac{\partial V_i}{\partial x} + \frac{4\pi k \frac{x}{a^2}}{\frac{1}{a^2} + \frac{1}{b^2} + \frac{1}{c^2}}, \qquad \frac{\partial U_a}{\partial x} = \frac{\partial V_a}{\partial x},$$

und da für Punkte der Oberfläche $\frac{\partial V_i}{\partial x} = \frac{\partial V_a}{\partial x}$ ist, so wird für diese

$$(21) \quad \begin{cases} \lim\left(\frac{\partial U_a}{\partial x} - \frac{\partial U_i}{\partial x}\right) = \frac{-4\pi k \frac{x}{a^2}}{\frac{1}{a^2} + \frac{1}{b^2} + \frac{1}{c^2}} \\ = -4\pi \cdot \frac{k\sqrt{\frac{x^2}{a^4} + \frac{y^2}{b^4} + \frac{z^2}{c^4}}}{\frac{1}{a^2} + \frac{1}{b^2} + \frac{1}{c^2}} \cdot \frac{\frac{x}{a^2}}{\sqrt{\frac{x^2}{a^4} + \frac{y^2}{b^4} + \frac{z^2}{c^4}}}. \end{cases}$$

Der letzte Faktor rechts ist, da x, y, z ein Punkt der Ellipsoidoberfläche ist, $= \cos(N, x)$. Der zweite Faktor rechts ist nach (15b) die Dichtigkeit $\varkappa$ der Flächenbelegung im Punkte x, y, z, d. h. es ist

$$(21\text{a}) \qquad \lim\left(\frac{\partial U_a}{\partial x} - \frac{\partial U_i}{\partial x}\right) = -4\pi\varkappa\cos(N, x).$$

Damit ist direkt gezeigt, daß U die charakteristischen Eigenschaften des Flächenpotentials besitzt.

d) Anziehung einer unendlich dünnen Schale, die von ähnlichen Ellipsoiden begrenzt wird.

Bezogen sich die letzten Untersuchungen auf eine von zwei unendlich nahen konfokalen Ellipsoiden begrenzte Schale, so wollen wir nun eine analoge Untersuchung für eine Schale anstellen, die von zwei ähnlichen und ähnlich liegenden konzentrischen Ellipsoiden begrenzt wird.

Zu dem Zwecke formen wir zunächst den Ausdruck für das Potential eines vollen Ellipsoids um, indem wir in (II), S. 200 die neue Integrationsvariable

$$t = \frac{s}{a^2}$$

einführen. Setzen wir noch

$$\tau = \frac{\sigma}{a^2},$$

ferner

$$\frac{a^2}{b^2} = \beta^2, \qquad \frac{a^2}{c^2} = \gamma^2,$$

so wird

$$(22) \quad \begin{cases} V_a = \pi k \displaystyle\int_\tau^\infty \frac{dt}{\sqrt{(1+t)(1+\beta^2 t)(1+\gamma^2 t)}} \left\{ a^2 - \frac{x^2}{1+t} \right. \\ \qquad\qquad \left. - \dfrac{\beta^2 y^2}{1+\beta^2 t} - \dfrac{\gamma^2 z^2}{1+\gamma^2 t} \right\}, \end{cases}$$

wo τ die positive Wurzel der Gleichung

$$(22\text{a}) \qquad a^2 - \frac{x^2}{1+\tau} - \frac{\beta^2 y^2}{1+\beta^2 \tau} - \frac{\gamma^2 z^2}{1+\gamma^2 \tau} = 0$$

ist. V_i läßt sich ebenso umformen; das Resultat unterscheidet sich von der rechten Seite von (22) nur dadurch, daß die untere Grenze des Integrals $= 0$ ist.

Für ein konzentrisches, ähnliches und ähnlich liegendes Ellipsoid mit den Achsen a', b', c' und der gleichen Dichtigkeit k sei das Potential V'_a, so wird, da β und γ für beide Ellipsoide dieselben Werte haben,

$$(23) \quad \begin{cases} V'_a = \pi k \displaystyle\int_{\tau'}^\infty \frac{dt}{\sqrt{(1+t)(1+\beta^2 t)(1+\gamma^2 t)}} \left\{ a'^2 - \frac{x^2}{1+t} \right. \\ \qquad\qquad \left. - \dfrac{\beta^2 y^2}{1+\beta^2 t} - \dfrac{\gamma^2 z^2}{1+\gamma^2 t} \right\}, \end{cases}$$

wo τ' die positive Wurzel der Gleichung

$$(23\text{a}) \qquad a'^2 - \frac{x^2}{1+\tau'} - \frac{\beta^2 y^2}{1+\beta^2 \tau'} - \frac{\gamma^2 z^2}{1+\gamma^2 \tau'} = 0$$

ist. Aus (22) und (23) ergibt sich durch Subtraktion das Potential der von den ähnlichen Ellipsoiden begrenzten homogenen Schale.

Zerlegen wir noch das in (23) auftretende Integral in die Differenz zweier anderer

$$\int_{\tau'}^{\infty} dt(\;) = \int_{\tau}^{\infty} dt(\;) - \int_{\tau}^{\tau'} dt(\;),$$

so wird das Potential der Schale:

$$(24)\quad \begin{cases} V_a - V_a' = \pi k \displaystyle\int_{\tau}^{\infty} \frac{dt}{\sqrt{(1+t)(1+\beta^2 t)(1+\gamma^2 t)}} (a^2 - a'^2) \\ \qquad + \pi k \displaystyle\int_{\tau}^{\tau'} \frac{dt}{\sqrt{(1+t)(1+\beta^2 t)(1+\gamma^2 t)}} F_1, \end{cases}$$

wo

$$F_1 = a'^2 - \frac{x^2}{1+t} - \frac{\beta^2 y^2}{1+\beta^2 t} - \frac{\gamma^2 z^2}{1+\gamma^2 t}$$

ist. Das Potential der Schale für einen inneren Punkt erhalten wir, indem wir in (24) an Stelle von τ und τ' Null setzen, also

$$(24a)\quad V_i - V_i' = \pi k \int_0^{\infty} \frac{dt}{\sqrt{(1+t)(1+\beta^2 t)(1+\gamma^2 t)}} (a^2 - a'^2),$$

d. h. $V_i - V_i'$ ist konstant, seine Ableitungen nach x, y, z verschwinden, womit ein neuer Beweis des Satzes S. 182 erbracht ist.

Von der endlichen Schale gehen wir zu einer unendlich dünnen Schale über, indem wir

$$a' = a(1 - \varepsilon)$$

setzen und ε zu 0 konvergieren lassen. Damit auch die unendlich dünne Schale eine endliche Masse hat, müssen wir, mit abnehmendem ε, k wachsen lassen, so daß $k \cdot \varepsilon$ auch für $\varepsilon = 0$ endlich bleibt. Es sei:

$$(25)\quad \lim_{\varepsilon=0} (k\,\varepsilon) = k_0 .$$

Ferner ergibt die Subtraktion der Gleichungen (22a) und (23a):

$$a^2 - a'^2 = a^2(2\varepsilon - \varepsilon^2)$$

$$= (\tau' - \tau)\left\{\frac{x^2}{(1+\tau)(1+\tau')} + \frac{\beta^4 y^2}{(1+\beta^2\tau)(1+\beta^2\tau')} + \frac{\gamma^4 z^2}{(1+\gamma^2\tau)(1+\gamma^2\tau')}\right\}.$$

Für unendlich kleine ε wird daher auch $\tau' - \tau$ unendlich klein, und es wird

$$\lim_{\varepsilon=0} \frac{\tau' - \tau}{\varepsilon} = \frac{2a^2}{\dfrac{x^2}{(1+\tau)^2} + \dfrac{\beta^4 y^2}{(1+\beta^2\tau)^2} + \dfrac{\gamma^4 z^2}{(1+\gamma^2\tau)^2}}. \tag{25a}$$

Endlich ist für unendlich kleine Werte von $\tau' - \tau$

$$\int_\tau^{\tau'} f(t)\,dt = (\tau' - \tau) f(\tau). \tag{25b}$$

Mittels der Hilfsgleichungen (25), (25a), (25b) ergibt sich sofort der Grenzwert von $V_a - V_a'$ und $V_i - V_i'$ für $\varepsilon = 0$. Wir wollen diese Grenzwerte mit U_a und U_i bezeichnen. Da für $\varepsilon = 0$ die Schale in die mit Masse belegte Ellipsoidfläche übergeht, so stellen also U_a und U_i das Potential jener Fläche für äußere und innere Punkte dar.

Den Grenzwert von $V_i - V_i'$ kann man unmittelbar aus (24a) ablesen. Hinsichtlich des Grenzwertes von $V_a - V_a'$ ist folgendes zu beachten. Der Grenzwert des zweiten Summanden der rechten Seite von (24) ist nach (25b)

$$= \frac{\pi k(\tau' - \tau)}{\sqrt{(1+\tau)(1+\beta^2\tau)(1+\gamma^2\tau)}}\left\{a'^2 - \frac{x^2}{1+\tau} - \frac{\beta^2 y^2}{1+\beta^2\tau} - \frac{\gamma^2 z^2}{1+\gamma^2\tau}\right\},$$

also wegen (22a)

$$= \frac{-\pi k(\tau' - \tau)}{\sqrt{(1+\tau)(1+\beta^2\tau)(1+\gamma^2\tau)}}(a^2 - a'^2) = \frac{-2\pi a^2 k\varepsilon(\tau' - \tau)}{\sqrt{(1+\tau)(1+\beta^2\tau)(1+\gamma^2\tau)}}.$$

Für $\varepsilon = 0$ wird zwar $k\varepsilon$ endlich $= k_0$, dagegen ist $\tau' - \tau$ nach (25a) proportional ε, verschwindet also mit ε. Mithin ist der Grenzwert des zweiten Summanden der rechten

Seite von (24) gleich Null, und der Grenzübergang zu $\varepsilon = 0$ gibt:

$$(26) \quad \begin{cases} U_a = 2\pi k_0 a^2 \displaystyle\int_\tau^\infty \frac{dt}{\sqrt{(1+t)(1+\beta^2 t)(1+\gamma^2 t)}}, \\ U_i = 2\pi k_0 a^2 \displaystyle\int_0^\infty \frac{dt}{\sqrt{(1+t)(1+\beta^2 t)(1+\gamma^2 t)}}. \end{cases}$$

Führt man in den Ausdrücken (26) statt t wiederum

$$s = a^2 t$$

als Integrationsvariable ein und setzt für β^2 und γ^2 ihre Werte $\frac{a^2}{b^2}$, $\frac{a^2}{c^2}$, so folgt

$$(26\,a) \quad \begin{cases} U_a = 2\pi k_0 a b c \displaystyle\int_\sigma^\infty \frac{ds}{\sqrt{(a^2+s)(b^2+s)(c^2+s)}}, \\ U_i = 2\pi k_0 a b c \displaystyle\int_0^\infty \frac{ds}{\sqrt{(a^2+s)(b^2+s)(c^2+s)}}, \end{cases}$$

wo σ, wie früher, die positive Wurzel der Gleichung (IIa), S. 200, ist.

Für die Anziehungskomponenten folgt daraus

$$(27) \quad \frac{\partial U_a}{\partial x} = \frac{-2\pi k_0 a b c}{\sqrt{(a^2+\sigma)(b^2+\sigma)(c^2+\sigma)}} \cdot \frac{\partial \sigma}{\partial x}, \qquad \frac{\partial U_i}{\partial x} = 0,$$

oder wenn man für $\frac{\partial \sigma}{\partial x}$ den Wert aus Gleichung (12), S. 204, einsetzt:

$$(27\,a) \quad \frac{\partial U_a}{\partial x} = \frac{-4\pi k_0 a b c}{\sqrt{(a^2+\sigma)(b^2+\sigma)(c^2+\sigma)}} \, \frac{\dfrac{x}{a^2+\sigma}}{\dfrac{x^2}{(a^2+\sigma)^2} + \dfrac{y^2}{(b^2+\sigma)^2} + \dfrac{z^2}{(c^2+\sigma)^2}}.$$

Wir haben damit das bemerkenswerte Resultat, daß die Anziehungskomponenten sich in diesem Falle als algebraische Funktionen der Koordinaten des angezogenen Punktes darstellen lassen, nicht mehr transzendente Funktionen sind. Der zweite Faktor auf der rechten Seite von (27a) hat eine einfache geometrische Bedeutung. Denken wir uns durch den angezogenen Punkt A das zu dem gegebenen konfokale Ellipsoid gelegt, legen an dies konfokale Ellipsoid in A die Tangentialebene und fällen vom Mittelpunkte auf letztere ein Lot, so hat dieses, da $\sqrt{a^2+\sigma}$, $\sqrt{b^2+\sigma}$, $\sqrt{c^2+\sigma}$ die Achsen des konfokalen Ellipsoids sind, die Länge

$$(28) \qquad l' = \frac{1}{\sqrt{\frac{x^2}{(a^2+\sigma)^2} + \frac{y^2}{(b^2+\sigma)^2} + \frac{z^2}{(c^2+\sigma)^2}}}$$

[vgl. Gleichung (14b), S. 223], und zugleich ist

$$(28a) \qquad l' \frac{x}{a^2+\sigma} = \cos(N', x)\,,$$

wo (N', x) den Winkel bezeichnet, den die in A errichtete Normale des konfokalen Ellipsoids mit der x-Achse bildet. Demnach wird

$$(27b) \quad \frac{\partial U_a}{\partial x} = \frac{-4\pi k_0 a b c}{\sqrt{(a^2+\sigma)(b^2+\sigma)(c^2+\sigma)}} l' \cdot \cos(N', x)\,.$$

Bildet man ebenso $\frac{\partial U_a}{\partial y}$ und $\frac{\partial U_a}{\partial z}$, so tritt nur $\cos(N', y)$, resp. $\cos(N', z)$ an die Stelle von $\cos(N', x)$, und man erkennt, daß die anziehende Kraft auf dem durch A gelegten konfokalen Ellipsoid senkrecht steht, daß dieses konfokale Ellipsoid also eine Niveaufläche ist, ein Resultat, das man übrigens auch direkt aus (26a) hätte ablesen können. Die Größe der Anziehung hat den Wert

$$(27c) \qquad K' = \frac{4\pi k_0 a b c}{\sqrt{(a^2+\sigma)(b^2+\sigma)(c^2+\sigma)}} \cdot l'\,,$$

wo l' durch (28) gegeben ist.

Rückt der angezogene Punkt A an die anziehende Ellipsoidfläche, so wird $\sigma = 0$, daher

$$(29)\quad \begin{cases} \lim(U_a - U_i) = 0\,, \\ \lim\left(\frac{\partial U_a}{\partial x} - \frac{\partial U_i}{\partial x}\right) = -4\pi k_0 l \cos(N, x)\,, \end{cases}$$

wo

$$(29\text{a})\quad l = \frac{1}{\sqrt{\frac{x^2}{a^4} + \frac{y^2}{b^4} + \frac{z^2}{c^4}}}$$

die Länge des vom Ellipsoidmittelpunkte auf die Tangentialebene in A gefällten Lotes ist, N die äußere Normale des Ellipsoids in A. Die anziehende Kraft steht hier senkrecht zu dem gegebenen Ellipsoid und hat die Größe

$$(29\text{b})\quad K = 4\pi k_0 l\,.$$

Die Vergleichung der zweiten Gleichung (29) mit der für das Flächenpotential charakteristischen allgemeinen Gleichung

$$\lim\left(\frac{\partial U_a}{\partial x} - \frac{\partial U_i}{\partial x}\right) = -4\pi\varkappa\cos(N, x)$$

zeigt ferner, daß

$$(30)\quad \varkappa = k_0 l$$

die Dichtigkeit der auf der Ellipsoidfläche ausgebreiteten Masse an der Stelle x, y, z ist.

Man kann übrigens die Richtigkeit der Gleichung (30) auch leicht direkt nachweisen durch eine ähnliche Betrachtung, wie sie S. 222—225 angestellt ist. Betrachtet man nämlich zunächst eine Schale von endlicher Dicke und beachtet, daß hier die die Schale begrenzenden Ellipsoide ähnlich sind, daß also, wenn a, b, c die Achsen des äußeren Ellipsoids sind, die des inneren die Werte $a' = a(1-\varepsilon)$, $b' = b(1-\varepsilon)$, $c' = c(1-\varepsilon)$ haben, so tritt an die Stelle der Gleichung (14), S. 223, hier die folgende

$$\frac{[\xi - \delta\cos(N, \xi)]^2}{a^2} + \frac{[\eta - \delta\cos(N, \eta)]^2}{b^2} + \frac{[\zeta - \delta\cos(N, \zeta)]^2}{c^2} = (1-\varepsilon)^2\,,$$

und daraus folgt, da der Punkt ξ, η, ζ auf dem Ellipsoid a, b, c liegt:

$$\delta\left\{\frac{\xi\cos(N,\xi)}{a^2}+\frac{\eta\cos(N,\eta)}{b^2}+\frac{\zeta\cos(N,\zeta)}{c^2}\right\}+\cdots=\varepsilon+\cdots,$$

also, wenn man für $\cos(N, \xi)$ ihre Werte (s. S. 223) setzt,

$$\delta=\varepsilon l+\cdots,$$

wo l das vom Mittelpunkt auf die Tangentialebene im Punkte ξ, η, ζ gefällte Lot bezeichnet. Über dem Flächenelement do liegt hier die Masse $k\delta\cdot do$, die Flächendichtigkeit ist daher im Grenzfall

$$\varkappa=\lim_{\varepsilon=0}(k\,\delta)=\lim_{\varepsilon=0}(k\,\varepsilon)\cdot l=k_0\,l$$

nach (25).

Zusatz. In analoger Weise, wie aus dem Potential des homogenen Ellipsoids die Ausdrücke (26a) abgeleitet sind, d. h. die Werte des Potentials der mit Masse von der Dichtigkeit $k_0 l$ belegten Ellipsoidfläche, wobei k_0 konstant ist und

$$\frac{1}{l^2}=\frac{\xi^2}{a^4}+\frac{\eta^2}{b^4}+\frac{\zeta^2}{c^4},$$

kann man auch aus den S. 206 erwähnten Ausdrücken für das Potential gewisser nicht homogener Ellipsoide entsprechende Ausdrücke für das Potential der Ellipsoidfläche bei anderer Flächenbelegung ableiten. Man findet so, daß die Ausdrücke

$$(31)\quad\begin{cases} U_i=2\pi abc\displaystyle\int_0^\infty\frac{ds}{D}F, \\[2ex] U_a=2\pi abc\displaystyle\int_\sigma^\infty\frac{ds}{D}F \end{cases}$$

(die Bezeichnungen sind dieselben wie S. 206) das Potential der Ellipsoidfläche für innere, resp. äußere Punkte darstellen; und zwar ist die Dichtigkeit der Flächenbelegung, falls F einen der Werte a), b), c), S. 206, annimmt,

$$\varkappa=k\cdot l,$$

wo für k die S. 207 angegebenen, dem jedesmaligen F entsprechenden Werte zu setzen sind.

Setzt man aber für F den Wert d), S. 206, so stellen U_i, U_a nicht mehr Flächenpotentiale dar, sondern 1. für den Fall, daß $\varphi(0) = 0$ ist, das Potential eines vollen Ellipsoids mit der Dichtigkeit $2\varphi'(S_0)$, also ein Körperpotential; 2. für den Fall, daß $\varphi(0)$ von 0 verschieden ist, die Summe aus dem erwähnten Körper- und einem Flächenpotential.

Auch diese Resultate kann man sämtlich durch Verifikation mittels der charakteristischen Eigenschaften des Potentials herleiten.

e) Geometrische Ableitung des Satzes, daß eine von zwei ähnlichen und ähnlich liegenden konzentrischen Ellipsoiden begrenzte Schale auf Punkte des inneren Hohlraums keine Anziehung ausübt.

Das schon S. 182 abgeleitete Resultat, das sich im letzten Abschnitt aufs neue ergeben hat [vgl. Gleichung (24a)], läßt sich auch rein geometrisch ableiten. Die Ableitung stützt sich auf folgenden geometrischen Hilfssatz:

Schneidet eine beliebige Sekante das eine von zwei konzentrischen, ähnlichen und ähnlich liegenden Ellipsoiden in den Punkten P und P_1, das andere in den Punkten Q und Q_1, so ist $PQ = P_1Q_1$.

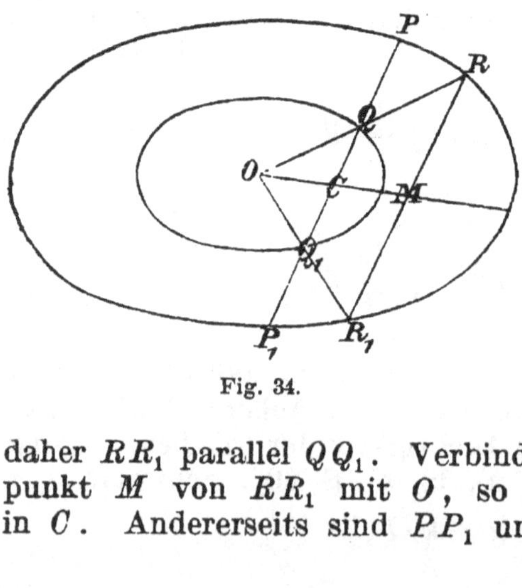

Fig. 34.

Beweis. Die Schnittpunkte Q, Q_1 der Sekante mit dem inneren Ellipsoid verbinde man mit dem Mittelpunkte O und verlängere OQ, OQ_1, bis sie das äußere Ellipsoid in R, R_1 schneiden, so ist (vgl. die Anmerkung zu S. 182)

$$OQ : OR = OQ_1 : OR_1,$$

daher RR_1 parallel QQ_1. Verbindet man nun den Mittelpunkt M von RR_1 mit O, so halbiert OM auch QQ_1 in C. Andererseits sind PP_1 und RR_1 parallele Sehnen derjenigen Ellipse, in der das äußere Ellipsoid durch die Ebene ORR_1 geschnitten wird, und ihre Mittelpunkte liegen daher auf einem Durchmesser, d. h. der Durchmesser OM, der RR_1 halbiert, halbiert auch PP_1, oder C ist auch der Mittelpunkt von PP_1. Aus $PC = P_1C$ und $QC = Q_1C$ folgt aber unmittelbar die Behauptung. —

Wir betrachten nunmehr eine unendlich dünne, von zwei ähnlichen und ähnlich liegenden Ellipsoiden begrenzte Schale und ziehen durch den Punkt A des inneren hohlen Raumes eine beliebige Linie, die das äußere Ellipsoid in den Punkten P, P_1, das innere in Q, Q_1 schneidet. Ferner beschreiben wir um A eine Kugel vom Radius 1, die von AP in N und N_1 geschnitten werden möge. Durch das bei N liegende Flächenelement $d\omega$ der Kugel legen wir einen Kegel mit A als Spitze; dieser Kegel und sein Scheitelkegel schneiden aus dem äußeren Ellipsoid bei P und P_1 Flächenelemente heraus, die mit do und do_1 bezeichnet werden mögen. Aus der von den ähnlichen Ellipsoiden begrenzten unendlich dünnen Schale schneiden der Kegel und sein Scheitelkegel Volumenelemente dv, dv_1 heraus, deren Grundflächen do, do_1 sind. Die Höhe des Volumenelements dv ist die Projektion der Linie PQ auf die durch P senkrecht zu do gezogene Linie. Mithin ist:

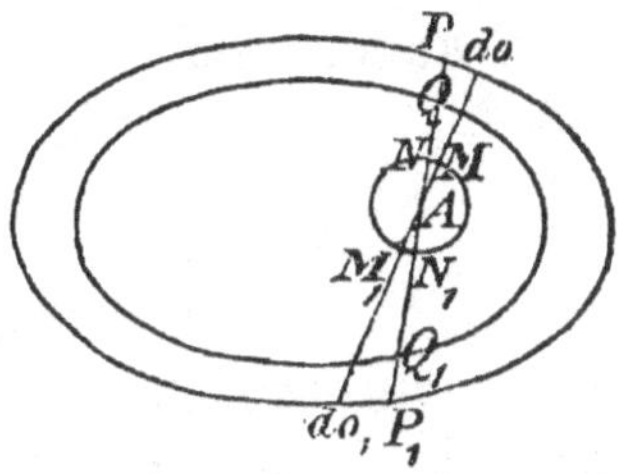

Fig. 35.

$$dv = do \cdot PQ \cdot \cos(AP, N),$$

wo (AP, N) den Winkel bezeichnet, den AP mit der äußeren Flächennormale in P bildet, und ebenso ist:

$$dv_1 = do_1 \cdot P_1Q_1 \cdot \cos(AP_1, N_1).$$

Denken wir uns die Schale mit Masse von der Dichtigkeit k gefüllt, so übt die in dv enthaltene Masse auf A eine Anziehung aus, die von A nach P gerichtet ist, und deren Größe

$$K = \frac{k \cdot dv}{\overline{AP}^2} = \frac{k \cdot do \cdot PQ \cdot \cos(AP, N)}{\overline{AP}^2}$$

ist. Die Anziehung der in dv_1 enthaltenen Masse auf A hat die Richtung von A nach P_1 und die Größe:

$$K_1 = \frac{k \cdot do_1 \cdot P_1 Q_1 \cdot \cos(AP_1, N_1)}{\overline{AP}_1^2}.$$

Zwischen do und $d\omega$ findet nun die in Kap. 6 des ersten Abschnittes abgeleitete Beziehung statt; nach Formel (10), S. 66, ist daher

$$\frac{do \cdot \cos(AP, N)}{\overline{AP}^2} = d\omega\ ;$$

und ebenso ist

$$\frac{do_1 \cdot \cos(AP_1, N_1)}{\overline{AP}_1^2} = d\omega_1\ ,$$

wo $d\omega_1$ das Flächenelement bezeichnet, das der Scheitelkegel des durch A und $d\omega$ gelegten Kegels aus der Kugel ausschneidet. Da $d\omega = d\omega_1$ und außerdem $PQ = P_1Q_1$, so ist:

$$K = K_1\ ;$$

da ferner beide Kräfte entgegengesetzte Richtungen haben, so heben sie sich auf. Die Betrachtung gilt für jede beliebige durch A gezogene Linie PAP_1, d. h. die Anziehungen, welche je zwei solche Volumenelemente der Schale, die mit A in gerader Linie liegen, auf A ausüben, heben sich auf. Die unendlich dünne Schale übt also gar keine Anziehung auf A aus.

Das Resultat läßt sich leicht auf eine Schale von endlicher Dicke übertragen. Denn teilt man einen beliebigen vom Mittelpunkte ausgehenden Radius der Schale in unendlich viele, unendlich kleine Teile und legt durch jeden Teilpunkt ein zu den beiden gegebenen konzentrisches, ähnliches und ähnlich liegendes Ellipsoid, so wird die endliche Schale in unendlich dünne Schalen geteilt, und da keine der letzteren auf A eine Wirkung ausübt, gilt dasselbe auch von der Summe aller, d. h. von der Schale von endlicher Dicke.

Kapitel 5.

Gleichgewichtsfiguren rotierender Flüssigkeiten.

a) Allgemeine Gleichgewichtsbedingungen.

Aus der Hydrostatik setzen wir als bekannt voraus, daß eine inkompressible Flüssigkeit unter Einwirkung irgendwelcher Kräfte nur dann im Gleichgewicht sein kann, wenn jene Kräfte eine Kräftefunktion besitzen; und daß eine freie Flüssigkeitsoberfläche überall auf den wirkenden Kräften senkrecht steht, mithin eine Niveaufläche ist.

Was ferner das Gleichgewicht einer um eine feste Achse mit konstanter Winkelgeschwindigkeit rotierenden Flüssigkeit betrifft, so sind die Gleichgewichtsbedingungen dieselben wie für eine ruhende Flüssigkeit, falls man zu den wirkenden Kräften noch die Zentrifugalkraft hinzunimmt. Es ist das ein allgemeiner Satz der Mechanik, den man durch folgende einfache Betrachtung ableiten kann.

Ein System von Massenpunkten rotiere gleichförmig um eine feste Achse, die z-Achse eines rechtwinkligen Koordinatensystems. Bei dieser Bewegung beschreibt jeder der Punkte einen Kreis, dessen Ebene parallel der xy-Ebene ist, und dessen Mittelpunkt auf der z-Achse liegt; ferner werden gleiche Bogen des Kreises in gleichen Zeiten durchlaufen. Bei der in Rede stehenden Bewegung bleibt also die z-Koordinate jedes Punktes ungeändert, ebenso sein Abstand r von der z-Achse. Führt man in der zur xy-Ebene parallelen Ebene Polarkoordinaten ein:

$$(1) \qquad x = r\cos\varphi\,, \quad y = r\sin\varphi\,,$$

so ändert sich bei der Rotation allein φ, und zwar wächst φ der Zeit proportional:

$$(2) \qquad \varphi = \omega t + \beta\,,$$

wo ω und β konstant sind. ω stellt die Änderung des Winkels φ in der Zeiteinheit dar und heißt die Winkelgeschwindigkeit. Mit der Umlaufszeit T hängt ω durch die Gleichung

$$(3) \qquad \omega = \frac{2\pi}{T}$$

zusammen. Denn vergleicht man die Werte von φ zu den Zeiten t und $t+T$, so ist zu der zweiten Zeit φ um 2π größer als zur ersten, d. h. es ist:

$$2\pi = \omega \cdot T .$$

Wir fragen nun zunächst: Welche Kraft muß auf den betrachteten Massenpunkt wirken, damit er dauernd in dieser Rotation erhalten wird? Durch zweimaliges Differentiieren nach t folgt aus (1) und (2):

$$\frac{d^2x}{dt^2} = -\omega^2 x , \qquad \frac{d^2y}{dt^2} = -\omega^2 y ,$$

während

$$\frac{d^2z}{dt^2} = 0$$

ist. Ist daher m die Masse des Punktes, so hat die zur Erhaltung der Rotation erforderliche Kraft die Komponenten:

$$(4) \qquad X' = -m\,\omega^2 x , \qquad Y' = -m\,\omega^2 y , \qquad Z' = 0 ,$$

d. h. die Kraft hat die Größe $m\,\omega^2 r$ und in jedem Moment die Richtung von dem rotierenden Punkte nach dem Mittelpunkte des von ihm beschriebenen Kreises. Analoges gilt für jeden Punkt des rotierenden Systems.

Es mögen nun die Punkte des Systems unter Einwirkung irgendwelcher Kräfte stehen, und X, Y, Z seien die Komponenten der auf m ausgeübten Kraft. Von dieser wird die Teilkraft, deren Komponenten X', Y', 0 [Gleichung (4)] sind, zur Erhaltung der Rotation gebraucht. Sollen daher alle Punkte des Massensystems bei der Rotation ihre gegenseitige Lage wie ihre Lage zur Rotationsachse beibehalten, so müssen die übrigbleibenden Teilkräfte den Gleichgewichtsbedingungen genügen. Diese übrigbleibenden Teilkräfte haben für den Punkt m die Komponenten:

$$(5) \quad X - X' = X + m\,\omega^2 x , \qquad Y - Y' = Y + m\,\omega^2 y , \qquad Z ;$$

d. h. damit ein System rotierender Massenpunkte im Gleichgewichte ist, müssen die Gleichgewichtsbedingungen erfüllt sein von den Kräften, die man erhält, wenn man zu den sonst wirksamen Kräften in jedem Punkte m noch eine Kraft hinzufügt, die die Komponenten

$$(5a)\qquad m\omega^2 x\,,\quad m\omega^2 y\,,\quad 0$$

hat. Die Kraft, deren Komponenten durch (5a) dargestellt werden, ist die sogenannte Zentrifugalkraft.

Was für ein beliebiges Massensystem gilt, gilt auch für Flüssigkeiten. Zum Gleichgewicht einer gleichförmig rotierenden Flüssigkeit ist daher erforderlich, daß, wenn auf das nicht rotierende Flüssigkeitsteilchen m die Kraft mit den Komponenten X, Y, Z wirkt, die andere Kraft, deren Komponenten

$$(5b)\qquad X + m\omega^2 x\,,\quad Y + m\omega^2 y\,,\quad Z$$

sind, eine Kräftefunktion hat. Dazu müssen X, Y, Z für sich eine Kräftefunktion besitzen. Ist diese V, so ist die Kräftefunktion der Kräfte (5b):

$$(5c)\qquad U = V + \frac{m\omega^2}{2}(x^2 + y^2)\,.$$

Für eine freie Flüssigkeitsoberfläche muß ferner $U =$ Konst. sein. Die Bestimmung einer freien Flüssigkeitsoberfläche ist hiernach eine sehr einfache Aufgabe, wenn die wirkenden Kräfte unabhängig von der Gestalt der Flüssigkeitsmasse sind, wie z. B. bei der elementaren Aufgabe, die Gestalt einer um eine vertikale Achse gleichförmig rotierenden Flüssigkeit zu bestimmen, auf die nur die Schwere wirkt. Die Komponenten der letzteren sind, wenn die positive z-Achse der Schwerkraft entgegengesetzt gerichtet ist:

$$X = 0\,,\quad Y = 0\,,\quad Z = -mg\,,\quad \text{daher } V = -mgz\,,$$

$$U = \frac{m}{2}[\omega^2(x^2 + y^2) - 2gz]\,;$$

und da für die freie Flüssigkeitsoberfläche $U =$ Konst. ist, so ist diese ein Rotationsparaboloid.

b) Rotierende feste Kugel, die mit einer dünnen Flüssigkeitsschicht bedeckt ist. Anwendung auf die Figur der Erde.

Von besonderer Wichtigkeit ist die Untersuchung der Gestalt rotierender Flüssigkeiten für die Frage nach der

Figur der Erde. Um über die Entstehung dieser Figur Aufschluß zu erhalten, machen wir betreffs der rotierenden Flüssigkeit gewisse Annahmen und untersuchen, wie weit die Folgerungen aus diesen Annahmen der Wirklichkeit entsprechen.

Die einfachste Annahme ist die, daß die Erde aus einem festen, kugelförmigen Kern besteht, der mit einer Flüssigkeitsschicht von geringer Dicke bedeckt ist. Die Masse dieser Flüssigkeit sei im Verhältnis zur Masse des festen Kerns so klein, daß von der gegenseitigen Anziehung der Flüssigkeitsteilchen abstrahiert werden kann, daß also nur die Anziehung in Betracht kommt, die von der Kugel auf die Flüssigkeit ausgeübt wird. Und betreffs der Massenverteilung in der Kugel machen wir die Annahme, daß die Dichtigkeit nur von dem Abstande vom Mittelpunkte abhängt. Die Kugel wirkt in diesem Falle so, als wäre ihre Masse im Mittelpunkte vereinigt. Das Potential der Kugel ist daher, da die Flüssigkeit außerhalb der anziehenden Masse liegt:

$$V = \frac{f m M}{r} \text{ *)}, \tag{6}$$

wo

$$r = \sqrt{x^2 + y^2 + z^2} \tag{6a}$$

den Abstand vom Kugelmittelpunkte darstellt, während M die Gesamtmasse der Kugel ist. Nach Hinzunahme der Zentrifugalkraft haben wir, wenn die durch den Kugelmittelpunkt gehende z-Achse die Rotationsachse ist:

$$U = m\left\{\frac{f M}{r} + \frac{\omega^2}{2}(x^2 + y^2)\right\}. \tag{6b}$$

Die Gleichung der freien Flüssigkeitsoberfläche ist daher:

$$\frac{f M}{\sqrt{x^2 + y^2 + z^2}} + \frac{\omega^2}{2}(x^2 + y^2) = \text{Konst.}, \tag{7}$$

---

*) Der Faktor f, der der Einfachheit halber in den früheren Abschnitten meist fortgelassen ist, darf hier nicht mehr $= 1$ gesetzt werden, weil das eine besondere, für das Folgende nicht zweckmäßige Annahme über das Maß der Kraft einschließen würde. Auch die Masse m des angezogenen Punktes nehmen wir beliebig.

d. i. eine Rotationsfläche. Zur Bestimmung der Konstante auf der rechten Seite von (7) muß ein Radius der Fläche bekannt sein; wir wählen als solchen den Radius R_p nach dem Pole. Dann wissen wir, daß die Werte $x = 0$, $y = 0$, $z = R_p$ der Gleichung (7) genügen. Daher ist:

$$\text{Konst.} = \frac{fM}{R_p},$$

und die Gleichung (7) geht in folgende über:

$$(7\text{a}) \qquad fM\left\{\frac{1}{R_p} - \frac{1}{\sqrt{x^2 + y^2 + z^2}}\right\} = \frac{\omega^2}{2}(x^2 + y^2).$$

Die Konstante fM, die direkt nicht meßbar ist, drücken wir durch die Schwere g_p am Pole aus. Die Schwere ist die Resultante aus der Anziehung und der Zentrifugalkraft, hat also die Komponenten:

$$\frac{\partial U}{\partial x}, \qquad \frac{\partial U}{\partial y}, \qquad \frac{\partial U}{\partial z},$$

wo U durch (6b) bestimmt ist. Für den Pol ist $x = 0$, $y = 0$, $z = R_p$, daher:

$$\frac{\partial U}{\partial x} = 0, \qquad \frac{\partial U}{\partial y} = 0, \qquad \frac{\partial U}{\partial z} = -\frac{mfM}{R_p^2}.$$

Der absolute Wert von $\frac{\partial U}{\partial z}$ ist somit die Schwerkraft mg_p, d. h.:

$$(8) \qquad mg_p = \frac{mfM}{R_p^2}, \qquad fM = R_p^2 g_p.$$

Durch Substitution dieses Wertes von fM geht die Gleichung (7a) in folgende über:

$$(9) \qquad \frac{1}{R_p} - \frac{1}{\sqrt{x^2 + y^2 + z^2}} = \frac{\omega^2}{2g_p}\,\frac{x^2 + y^2}{R_p^2}.$$

(9) stellt eine Rotationsfläche dar, deren Meridiankurve vom sechsten Grade ist. Doch läßt sich diese Meridiankurve, wie wir sogleich sehen werden, mit sehr großer Annäherung durch eine Ellipse ersetzen, deren Nebenachse in die Rotationsachse fällt, so daß die Gleichgewichtsfigur

16*

angenähert ein abgeplattetes Rotationsellipsoid wird. Für die Erde ist nämlich

$$\frac{\omega^2 \cdot R_p}{2\, g_p} = \delta \tag{10}$$

eine sehr kleine Größe. Wird als Längeneinheit das Meter, als Zeiteinheit die Sekunde gewählt, so ist $g_p = 9{,}831$. Für dieselbe Zeiteinheit ist die Umdrehungszeit der Erde (d. i. die Länge eines Sterntages) $T = 86164$, daher:

$$\omega = \frac{2\pi}{86164}.$$

Ferner ist $R_p = 6356079$ (nach **Bessel**), somit:

$$\delta = \frac{4\pi^2 \cdot 6356079}{2 \cdot 9{,}831 \cdot 86164^2}, \tag{10a}$$

d. i. (mit Weglassung der Dezimalstellen):

$$\delta = \frac{1}{582}. \tag{10b}$$

Führt man noch in der Meridianebene Polarkoordinaten ein, setzt also:

$$\sqrt{x^2 + y^2} = r\cos\vartheta, \qquad z = r\sin\vartheta, \tag{11}$$

so geht die Gleichung (9) unter Benutzung der Bezeichnung δ [Gleichung (10)] über in:

$$1 - \frac{R_p}{r} = \delta \cdot \cos^2\vartheta \cdot \left(\frac{r}{R_p}\right)^2. \tag{9a}$$

Betrachten wir in (9a) die Größe $\frac{R_p}{r}$ als Unbekannte, so ist zu beachten, daß jene Gleichung vom dritten Grade ist und drei reelle Wurzeln hat, eine nahe $= 1$, während die beiden andern, von denen eine positiv, die andere negativ ist, sehr nahe an 0 liegen [für $\delta = 0$ wird die erste $= 1$, die beiden andern $= 0$]. Von den drei Wurzeln kann nach der Stellung des Problems, da die die Kugel bedeckende Flüssigkeitsschicht überall nur eine geringe Dicke haben soll, nur die erste in Betracht kommen; und diese ist angenähert, wenn man Größen von der Ordnung δ^2 vernachlässigt:

$$\frac{R_p}{r} = 1 - \delta \cos^2 \vartheta \,, \tag{12}$$

weiter bei derselben Vernachlässigung:

$$\frac{R_p^2}{r^2} = 1 - 2\,\delta \cos^2 \vartheta$$

oder

$$R_p^2 = r^2 - 2\,\delta\, r^2 \cos^2 \vartheta \,,$$

d. i. nach (11):

$$R_p^2 = x^2 + y^2 + z^2 - 2\,\delta (x^2 + y^2)$$

oder, da bei unserer Näherung $1 - 2\,\delta$ durch $\frac{1}{1 + 2\,\delta}$ ersetzt werden kann:

$$\frac{x^2 + y^2}{R_p^2 (1 + 2\,\delta)} + \frac{z^2}{R_p^2} = 1 \,; \tag{12a}$$

d. h. die Oberfläche der rotierenden Flüssigkeit bildet ein abgeplattetes Rotationsellipsoid. Die halbe große Achse R_a wird:

$$R_a = R_p \sqrt{1 + 2\,\delta} = R_p (1 + \delta) \,,$$

daher die Abplattung:

$$\mathfrak{a} = \frac{R_a - R_p}{R_a} = \delta \,, \tag{12b}$$

wenn man von Größen von der Ordnung δ^2 absieht. Unsere Annahme, daß die Erde aus einer mit einer dünnen Flüssigkeitsschicht bedeckten festen Kugel besteht, und daß nur die Kugel anziehend auf die Flüssigkeit wirkt, führt somit, wenn man im übrigen die wirklichen Verhältnisse der Erde zugrunde legt, auf den Wert:

$$\mathfrak{a} = \delta = \frac{1}{582}$$

der Abplattung. Das ist ein zu kleiner Wert, da nach Bessel für die Erde

$$\mathfrak{a} = \frac{1}{299{,}15}$$

ist.

Übrigens hat der hier sich ergebende Wert von $\mathfrak{a}$ folgende physikalische Bedeutung. Bei Vernachlässigung aller Größen von der Ordnung δ^2 kann man schreiben:

$$\mathfrak{a} = \delta \frac{R_a}{R_p} = \frac{\frac{1}{2}\omega^2 R_a}{g_p},$$

d. h., da $\omega^2 R_a$ die Zentrifugalkraft am Äquator darstellt: die Abplattung ist gleich dem Verhältnis der halben Zentrifugalkraft am Äquator zur Schwere am Pole.

c) **Rotierende Flüssigkeit, deren Teilchen sich nach dem Newtonschen Gesetze anziehen.**

Da die der vorstehenden Entwicklung zugrunde gelegte Annahme auf einen zu kleinen Wert der Abplattung geführt hat, legen wir an deren Stelle die andere zugrunde, daß die Erde als eine Flüssigkeit von konstanter Dichte anzusehen ist, deren Teilchen sich nach dem Newtonschen Gesetze anziehen. Die Bestimmung der Gleichgewichtsfigur einer solchen Flüssigkeit ist eine wesentlich schwierigere Aufgabe als die vorhergehende. Denn die Kräftefunktion ist hier nicht, wie vorher, von vornherein bekannt, sondern hängt von der erst zu bestimmenden Gestalt der Flüssigkeit ab. Die Aufgabe kann so formuliert werden: Es ist eine Funktion $f(x, y, z)$ zu bestimmen, die folgende Eigenschaft besitzt: ist V das Potential einer von der Fläche $f = 0$ begrenzten homogenen Masse in bezug auf Punkte dieser Fläche, so soll $V + \frac{m\omega^2}{2}(x^2 + y^2) - C$ mit $f(x, y, z)$ identisch sein. Da eine einfache Beziehung zwischen einer beliebigen Funktion f und dem zugehörigen Werte von V nicht existiert, so ist die allgemeine Lösung der Aufgabe nicht möglich. In dem speziellen Falle indessen, in dem $f = 0$ die Gleichung eines Ellipsoids ist, ist bekannt, daß V für innere Punkte und daher auch für Punkte der Oberfläche eine Funktion zweiter Ordnung ist, die nur die Quadrate der Koordinaten x, y, z des angezogenen Punktes enthält. Die Gleichung $V + \frac{m\omega^2}{2}(x^2 + y^2) = C$ ist daher eine Gleichung von derselben Form wie $f = 0$. Die Möglichkeit der Identität beider Gleichungen ist somit von vornherein vorhanden, und es handelt sich nur noch darum, die Bedingungen für die Achsen des Ellipsoids zu finden, unter denen beide Gleichungen identisch werden.

Das Potential des Ellipsoids

$$\frac{x^2}{a^2} + \frac{y^2}{b^2} + \frac{z^2}{c^2} = 1 \tag{13}$$

hat, wenn wir ebenso wie S. 242 den Faktor fm hinzufügen, für Punkte der Masse sowie für Punkte der Oberfläche die Form:

$$V = fm(V_0 - V_1 x^2 - V_2 y^2 - V_3 z^2)\,, \tag{14}$$

wo V_0, V_1, ... durch die Gleichungen (14) und (14a). S. 186, gegeben sind. Die Gleichung der freien Flüssigkeitsoberfläche ist daher:

$$fm(V_0 - V_1 x^2 - V_2 y^2 - V_3 z^2) + \frac{m\,\omega^2}{2}(x^2 + y^2) = C \tag{15}$$

oder

$$\left(V_1 - \frac{\omega^2}{2f}\right)x^2 + \left(V_2 - \frac{\omega^2}{2f}\right)y^2 + V_3 z^2 = V_0 - \frac{C}{fm}\,. \tag{15a}$$

Damit diese Gleichung mit (13) identisch werde, muß sein:

$$\frac{V_1 - \dfrac{\omega^2}{2f}}{V_0 - \dfrac{C}{fm}} = \frac{1}{a^2}\,, \qquad \frac{V_2 - \dfrac{\omega^2}{2f}}{V_0 - \dfrac{C}{fm}} = \frac{1}{b^2}\,, \qquad \frac{V_3}{V_0 - \dfrac{C}{fm}} = \frac{1}{c^2} \tag{16}$$

oder, nach Elimination von C,

$$\frac{V_1 - \dfrac{\omega^2}{2f}}{V_3} = \frac{c^2}{a^2}\,, \qquad \frac{V_2 - \dfrac{\omega^2}{2f}}{V_3} = \frac{c^2}{b^2}\,. \tag{16a}$$

Ohne auf die allgemeine Möglichkeit der Erfüllung der Bedingungen (16a) einzugehen, erkennen wir, daß ihnen durch ein Rotationsellipsoid genügt werden kann; denn für $a = b$ wird $V_1 = V_2$, und für diesen Fall reduzieren sich die Bedingungen (16a) auf die eine:

$$V_1 - \frac{c^2}{a^2} V_3 = \frac{\omega^2}{2f}\,. \tag{16b}$$

Setzen wir hierin für V_1 und V_3 die Integrale (14a), S. 186, darin $a = b$ genommen, so nimmt (16b) die Form an:

$$a^2 c \pi \int_0^\infty \frac{ds}{(a^2+s)\sqrt{c^2+s}} \left[\frac{1}{a^2+s} - \frac{c^2}{a^2} \frac{1}{c^2+s} \right] = \frac{\omega^2}{2kf},$$

d. h.

$$a^2 c \pi (a^2 - c^2) \int_0^\infty \frac{s\,ds}{(a^2+s)^2 (\sqrt{c^2+s})^3} = \frac{\omega^2}{2kf}. \tag{16c}$$

Die rechte Seite von (16c) ist sicher positiv; denn da es sich um anziehende Massen handelt, sind f sowohl, als k positiv. Ebenso ist das Integral auf der linken Seite positiv, daher kann dieser Gleichung nur genügt werden, wenn

$$a^2 - c^2 > 0$$

ist, d. h. nur abgeplattete Rotationsellipsoide genügen der Bedingung der Aufgabe. Die Integration in (16c) könnte man leicht ausführen; noch einfacher ist es, die Werte von V_1 und V_3 aus Gleichung (21), S. 210 zu entnehmen und in (16b) einzusetzen. Setzt man in (21), S. 210 $\sigma = 0$, so stellt die rechte Seite das Potential eines abgeplatteten Rotationsellipsoids für Punkte der Oberfläche dar. Es ist also

$$\left\{ \begin{aligned} V_1 &= \frac{\pi k a^2 c}{(\sqrt{a^2-c^2})^3} \left[\operatorname{arctg}\left(\frac{\sqrt{a^2-c^2}}{c} \right) - \frac{c\sqrt{a^2-c^2}}{a^2} \right], \\ V_3 &= \frac{2\pi k a^2 c}{(\sqrt{a^2-c^2})^3} \left[\frac{\sqrt{a^2-c^2}}{c} - \operatorname{arctg}\left(\frac{\sqrt{a^2-c^2}}{c} \right) \right], \end{aligned} \right. \tag{17}$$

und die Gleichung (16b) geht über in:

$$\left\{ \begin{aligned} \frac{\omega^2}{2kf} = \frac{\pi a^2 c}{(\sqrt{a^2-c^2})^3} \Bigg\{ & \left(1 + \frac{2c^2}{a^2}\right) \operatorname{arctg}\left(\frac{\sqrt{a^2-c^2}}{c} \right) \\ & - \frac{3c}{a^2} \sqrt{a^2-c^2} \Bigg\}. \end{aligned} \right. \tag{18}$$

Setzt man zur Abkürzung:

$$\frac{\sqrt{a^2 - c^2}}{c} = \lambda\,, \tag{19}$$

so nimmt (18) die einfache Form an:

$$\frac{\omega^2}{2\pi k f} = \frac{3+\lambda^2}{\lambda^3}\left[\operatorname{arctg}\lambda - \frac{3\lambda}{3+\lambda^2}\right]. \tag{20}$$

Diese Relation muß zwischen dem Achsenverhältnis und der Rotationsgeschwindigkeit bestehen, damit das abgeplattete Rotationsellipsoid Gleichgewichtsfigur der rotierenden Flüssigkeit ist. Mittels dieser Gleichung kann man (bei gegebenem kf) einerseits zu einem gegebenen Achsenverhältnis die zugehörige Rotationsgeschwindigkeit, andererseits zu einer gegebenen Rotationsgeschwindigkeit das zugehörige Achsenverhältnis bestimmen.

δ) Diskussion des Resultates.

Um zu erkennen, unter welchen Umständen die beiden Aufgaben lösbar sind, und welche Lösung sie ergeben, wenn für ω, k, f die Werte genommen werden, die der Erde zukommen, untersuchen wir zunächst, wie sich die Größe

$$u = \frac{\omega^2}{2\pi k f} \tag{21}$$

mit λ ändert, d. h., geometrisch ausgedrückt, wir untersuchen die Gestalt der Kurve

$$u = \frac{3+\lambda^2}{\lambda^3}\left[\operatorname{arctg}\lambda - \frac{3\lambda}{3+\lambda^2}\right], \tag{22}$$

deren Ordinate u, deren Abszisse λ ist. Zu dem Zwecke differentiieren wir (22) nach λ:

$$\frac{du}{d\lambda} = \frac{1}{\lambda^4}\left[\frac{9\lambda + 7\lambda^3}{1+\lambda^2} - (9+\lambda^2)\operatorname{arctg}\lambda\right] \tag{22a}$$

und betrachten daneben noch die Funktion

$$F(\lambda) = \frac{9\lambda + 7\lambda^3}{(1+\lambda^2)(9+\lambda^2)} - \operatorname{arctg}\lambda \tag{23}$$

sowie

$$F'(\lambda) = \frac{8\lambda^4(3-\lambda^2)}{[(1+\lambda^2)(9+\lambda^2)]^2}. \tag{23b}$$

Für alle diese Funktionen kommen der Bedeutung von λ wegen nur positive λ in Betracht. Die Funktion $F(\lambda)$ verschwindet, da $\operatorname{arctg}\lambda$ einen Bogen zwischen 0 und $\frac{1}{2}\pi$ darstellt, für $\lambda = 0$ und nimmt für $\lambda = \infty$ den Wert $-\frac{1}{2}\pi$ an. Ferner ist $F'(\lambda)$ für kleine λ positiv, für größere λ negativ, und $F'(\lambda)$ verschwindet für $\lambda = \sqrt{3}$, d. h. $F(\lambda)$ wächst zunächst von $\lambda = 0$, erreicht bei $\lambda = \sqrt{3}$ ein Maximum, um von da an beständig abzunehmen. Da $F(\lambda)$ für sehr große λ negativ ist, so muß $F(\lambda)$ einmal, aber nur einmal $= 0$ werden, und zwar für einen Wert λ_1 von λ, der größer als $\sqrt{3}$ ist.

Was ferner die Funktion u betrifft, so sehen wir zunächst, daß zu jedem λ nur ein Wert von u gehört. Für kleine λ kann man u nach steigenden Potenzen von λ entwickeln. Es ist

$$\operatorname{arctg}\lambda = \lambda - \tfrac{1}{3}\lambda^3 + \tfrac{1}{5}\lambda^5 - \tfrac{1}{7}\lambda^7 + \cdots,$$

$$\frac{3\lambda}{3+\lambda^2} = \lambda - \tfrac{1}{3}\lambda^3 + \tfrac{1}{9}\lambda^5 - \tfrac{1}{27}\lambda^7 + \cdots.$$

Setzt man diese Ausdrücke in (22) ein, so wird

$$u = (\tfrac{4}{15}\lambda^2 - \tfrac{20}{189}\lambda^4 + \cdots)(3+\lambda^2). \tag{24}$$

Wir sehen also, daß u für $\lambda = 0$ verschwindet, und daß für sehr kleine λ, für die λ^2 an Größe über λ^4 usw. weit überwiegt, u positiv ist. Ebenso ergibt sich aus (24) [resp. aus der Reihenentwicklung der rechten Seite von (22a)], daß auch $\frac{du}{d\lambda}$ für $\lambda = 0$ verschwindet, und daß $\frac{du}{d\lambda}$ für kleine λ positiv ist. Die Kurve u geht also vom Anfangspunkte aus, berührt dort die Achse λ und hat zunächst positive Ordinaten.

Weiter ist für beliebige λ

$$\frac{du}{d\lambda} = \frac{9+\lambda^2}{\lambda^4}F(\lambda),$$

$\frac{du}{d\lambda}$ ist also so lange positiv, als $F(\lambda)$ positiv ist, d. h. bis zu dem oben mit λ_1 bezeichneten Werte. Bis $\lambda = \lambda_1$ wächst u. Für $\lambda = \lambda_1$ ist $F(\lambda) = 0$, also u ein Maximum, für größere λ ist $F(\lambda)$ beständig negativ, also nimmt u beständig ab. Für sehr große λ ist aber u noch positiv; denn arctgλ ist dann nahe an $\frac{1}{2}\pi$, $\frac{3\lambda}{3+\lambda^2}$ ist sehr klein; erst für $\lambda = \infty$ wird $u = 0$, da dann der Faktor $\frac{3+\lambda^2}{\lambda^3}$ verschwindet. Die Kurve u nähert sich somit der λ-Achse asymptotisch und hat für jede positive Abszisse λ eine positive Ordinate u; sie hat beistehende Gestalt*).

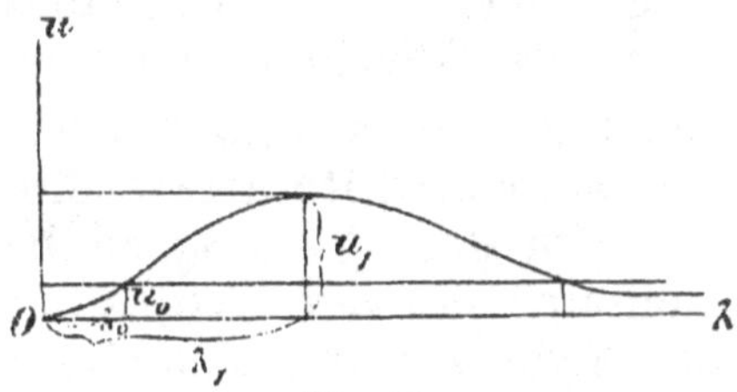

Fig. 36.

Wichtig ist es noch, den Wert λ_1, für den $F(\lambda)$ verschwindet, sowie den zugehörigen Wert u_1 von u zu ermitteln. Wir wissen, daß $\lambda_1 > \sqrt{3}$ ist. Setzen wir $\lambda = 2$, so ist $F(\lambda)$ noch positiv, während $F(\lambda)$ für $\lambda = 3$ schon negativ ist. Für den Zwischenwert $\lambda = 2{,}5$ ist $F(\lambda)$ noch positiv, aber sehr klein; denn arctg2,5 ist der zum Winkel $68^0 11'55''$ gehörige Bogen des Kreises vom Radius 1, also $= 1{,}19029$; $\frac{9\lambda + 7\lambda^3}{(1+\lambda^2)(9+\lambda^2)}$ nimmt für $\lambda = 2{,}5$ den Wert 1,19276 an, so daß $F(2{,}5) = +0{,}00247$ wird. 2,5 ist daher ein angenäherter Wert für λ_1. Den genaueren Wert findet man, indem man $\lambda_1 = 2{,}5 + h$ setzt und h mit Vernachlässigung von h^2 aus $F(2{,}5 + h) = 0$ berechnet, dann mit dem gefundenen Werte ebenso verfährt usw. So findet man durch sukzessive Näherung

$$\lambda_1 = 2{,}5293 \,, \tag{25}$$

und aus (22) ergibt sich für den zugehörigen Wert von u:

$$u_1 = 0{,}2246 \,. \tag{25a}$$

*) In der Figur 36 sind die Ordinaten u in größerem Maßstabe gezeichnet als die Abszissen λ.

Aus dem Verlauf der Kurve u sieht man, daß zu jedem gegebenen Wert von λ stets ein und nur ein Wert von u gehört, und zwar immer ein positiver, daß daher die erste der oben erwähnten Aufgaben stets eine und nur eine Lösung hat; daß dagegen zu jedem gegebenen Werte von u zwei Werte von λ gehören, solange $u < 0{,}2246$, ein Wert für $u = u_1 = 0{,}2246$, daß aber für $u > 0{,}2246$ Gleichung (22) keine reelle Lösung für λ ergibt. Nicht für jede Rotationsgeschwindigkeit ist also das abgeplattete Rotationsellipsoid eine Gleichgewichtsfigur der rotierenden Flüssigkeit, sondern nur, wenn ω den Wert $\sqrt{2\pi f \cdot k \cdot 0{,}2246}$ nicht übersteigt. Für diesen Grenzwert von ω erhält man als Gleichgewichtsfigur ein Rotationsellipsoid, für das $\sqrt{a^2 - c^2} : c = 2{,}5293$ ist; für kleinere ω endlich erhält man stets zwei Rotationsellipsoide als Gleichgewichtsfiguren.

Um den Wert u_0 zu berechnen, den u für die Erde annimmt, denken wir uns, was bei der geringen Abweichung der Erde von der Kugelgestalt und bei der geringen Änderung der Schwere auf ihrer Oberfläche eine hinlängliche Näherung gibt, die Erde ersetzt durch eine homogene Kugel von gleichem Volumen und gleicher Masse. Die Anziehung, die diese Kugel auf einen Punkt ihrer Oberfläche ausübt, ist, wenn R der Radius:

$$f m \frac{4}{3} \frac{\pi k R^3}{R^2} = m \cdot \frac{4}{3} \pi f k R .$$

Diese Anziehung ist am Pol gleich der Schwerkraft (während für andere Punkte die Schwerkraft die Resultierende aus Anziehung und Zentrifugalkraft ist), d. h. wir haben

$$m \tfrac{4}{3} \pi f k R = m g_p , \tag{26}$$

daher

$$\frac{\omega^2}{2\pi f k} = \frac{2}{3} \frac{\omega^2 \cdot R}{g_p} = \frac{2}{3} \frac{4\pi^2 \cdot R}{86164^2 \cdot 9{,}831} , \tag{26a}$$

und da R, der Radius einer Kugel von gleichem Volumen mit der Erde, $= 6370283$ m ist, so folgt aus (26a):

$$u_0 = \frac{\omega^2}{2\pi f k} = \frac{1}{435} . \tag{26b}$$

Da u_0 sehr viel kleiner als u_1 ist, so gehören zu dem Werte $u = u_0$ zwei Gleichgewichtsfiguren, entsprechend den Abszissen λ der beiden Punkte, in denen die zur λ-Achse in dem Abstande u_0 gezogene Parallele die u-Kurve trifft. Von diesen beiden Punkten liegt, wie ein Blick auf die Kurve zeigt, einer dem Anfangspunkte sehr nahe, während für den anderen λ sehr groß wird. Um die Abszisse λ_0 des ersteren Punktes zu berechnen, kann man für u die Entwicklung (24) nach steigenden Potenzen von λ benutzen und in erster Näherung λ^4 usw. gegen λ^2 vernachlässigen, so folgt der Näherungswert:

$$(27)\qquad u_0 = \tfrac{4}{15}\lambda_0^2\,, \qquad \lambda_0^2 = \tfrac{15}{4}\,\tfrac{1}{435}\,.$$

Der zugehörige Wert der Abplattung ist

$$(28)\quad \mathfrak{a} = \frac{a-c}{a} = 1 - \frac{1}{\sqrt{1+\lambda_0^2}} = \frac{1}{2}\lambda_0^2 = \frac{15}{8}\cdot\frac{1}{435} = \frac{1}{232}\,.$$

Um die zweite Wurzel λ_0' der Gleichung (22) für $u = u_0$ zu erhalten, ist zu beachten, daß λ_0' sehr groß, daher $\operatorname{arctg}\lambda_0'$ sehr nahe $= \frac{1}{2}\pi$ ist. Vernachlässigt man die zweite und höhere Potenzen von $\frac{1}{\lambda_0'}$ gegen die erste Potenz, so ergibt sich der angenäherte Wert:

$$(29)\qquad u_0 = \frac{1}{\lambda_0'}\,\frac{\pi}{2}\,, \qquad \text{d. h.} \qquad \lambda_0' = \frac{\pi}{2}\cdot 435 = 683\,.$$

Weiter wird

$$a = c\sqrt{1+\lambda_0'^2} = c\,\lambda_0'$$

und die Abplattung

$$(30)\qquad \mathfrak{a}' = 1 - \frac{1}{\lambda_0'} = 1 - \frac{1}{683}\,.$$

Von den beiden für $u = u_0$ ermittelten Gleichgewichtsfiguren hat nur die erste eine kleine Abplattung, während die zweite einem Ellipsoid entspricht, das so stark abgeplattet ist, daß es einer dünnen Kreisscheibe gleicht. Nur die erste dieser Figuren kommt der wirklichen Gestalt der Erde nahe; doch ist die sich ergebende Abplattung

$\frac{1}{232}$ etwa das $\frac{5}{4}$-fache der Abplattung der Erde $\left[\frac{1}{299{,}15}\right]$. Von den beiden in b) und c) dieses Kapitels gemachten Annahmen über die Beschaffenheit der rotierenden Flüssigkeit gibt demnach die erste, auf die Erde angewandt, eine zu kleine, die zweite eine zu große Abplattung.

Wir wollen noch sehen, wie groß, die übrigen Verhältnisse als gleich vorausgesetzt, die Rotationsdauer der Erde sein müßte, damit nur eine Gleichgewichtsfigur möglich wäre, d. h. damit an Stelle von u_0 der Wert u_1 trete. Denn in diesem Falle würde die Parallele zur λ-Achse die u-Kurve berühren, statt zu schneiden. Ist ω_1 die zugehörige Winkelgeschwindigkeit, T_1 die Umdrehungszeit, so ist also

$$\omega_1 = \sqrt{2\pi k f u_1}\,, \qquad \omega = \sqrt{2\pi k f u_0}\,, \tag{31}$$

mithin

$$\frac{\omega}{\omega_1} = \frac{T_1}{T} = \sqrt{\frac{u_0}{u_1}} = \frac{1}{\sqrt{435 \cdot 0{,}2246}} = \frac{1}{\sqrt{97{,}7}}\,, \tag{31a}$$

d. h. angenähert ist:

$$T_1 = \tfrac{1}{10}\,T\,. \tag{31b}$$

Wenn die Rotationsdauer der Flüssigkeit kleiner als $\frac{1}{10}$ der Tageslänge, d. h. kleiner als etwa 2,4 Stunden Sternzeit wäre, würde das Rotationsellipsoid aufhören, eine Gleichgewichtsfigur zu sein.

Zusatz. Wir haben nur die Lösungen der Gleichungen (16a) untersucht, für die $a = b$ wird. Daß jene Gleichungen auch, wenn a und b verschieden sind, eine Lösung zulassen, d. h. daß auch das dreiachsige Ellipsoid Gleichgewichtsfigur einer rotierenden Flüssigkeit sein kann, hat Jacobi 1834 entdeckt. Wir weisen auf dies Resultat nur hin, ohne auf die Ableitung einzugehen, und erwähnen noch folgendes. Damit das dreiachsige Ellipsoid eine mögliche Gleichgewichtsfigur ist, darf u den Wert 0,1871 nicht überschreiten; ferner gehört zu jedem u unter 0,1871 nur ein einziges dreiachsiges Ellipsoid. Hiernach gehören zu jedem u zwischen 0 und 0,1871 drei ellipsoidische Gleichgewichtsfiguren, ein dreiachsiges und zwei Rotationsellipsoide, zu jedem u zwischen 0,1871 und 0,2246 dagegen gehören nur zwei solche Figuren, beides Rotationsellipsoide. Für $u = 0{,}2246$ fallen die beiden Rotationsellipsoide zusammen, und für $u > 0{,}2246$ ist eine ellipsoidische Gleichgewichtsfigur nicht mehr möglich. — Für den Wert $u = u_0 = \frac{1}{435}$, der den Verhältnissen der Erde entspricht, ergibt sich als Gleichgewichtsfigur neben den beiden oben ermittelten Rotationsellipsoiden ein dreiachsiges Ellipsoid mit den Achsenverhältnissen

$$\frac{a}{c} = 52{,}4\,, \qquad \frac{b}{c} = 1{,}0023\,.$$

FSC
www.fsc.org
MIX
Papier | Fördert gute Waldnutzung
FSC® C083411

Zeitfracht Medien GmbH
Ferdinand-Jühlke-Straße 7
99095 Erfurt, Deutschland
produktsicherheit@kolibri360.de